NATALIE ANGIER

Schön scheußlich

W0178091

Buch

Die Themenskala von Natalie Angiers hier versammelten Bio-Miniaturdramen ist so bunt wie die schier unerschöpfliche Vielfalt der Natur. Die nach Grundmomenten des Lebens wie Lieben, Tanzen, Anpassen oder Sterben gruppierten Texte handeln etwa von den Rätseln der genetischen Information im Zellkern, von der Beziehung zwischen Parasiten und Sex, von der Schönheit der Bestie und des Ungeziefers, von menschlicher Kreativität anhand eines Porträts von Stephen Jay Gould, von Partnerwerbung und Elternschaft, von Menstruation und Tod. Gemeinsam ist ihnen die spürbare Lust, das scheinbar Vertraute aus ungewohnter Perspektive zu beleuchten. Angiers inspirierende Ansichten von der Natur räumen auch mit Legenden auf wie der vom Bienenfleiß oder der Treue im Tierreich und eröffnen eine neue Sicht auf unseren Mikro- wie Makrokosmos.

Autorin

Natalie Angier hat als Wissenschaftskolumnistin für die »New York Times« mehrere renommierte Auszeichnungen erhalten, darunter 1991 den Pulitzer-Preis und 1992 den amerikanischen Preis für Wissenschaftsjournalismus. Auf Deutsch ist von ihren bislang vier Buchveröffentlichungen bereits »Frau. Eine intime Geographie des weiblichen Körpers« (2000, bei C. Bertelsmann) erschienen.

Natalie Angier

Schön scheußlich

Neue Ansichten von der Natur – von brutalen Delfinen, zärtlichen Schaben und hinterhältigen Orchideen

Aus dem amerikanischen Englisch
von Susanne Kuhlmann-Krieg

GOLDMANN

Die Originalausgabe erschien 1995
unter dem Titel »The Beauty of the Beastly«
bei Houghton Mifflin, Boston/New York.

Umwelthinweis:
Alle bedruckten Materialien dieses Taschenbuches
sind chlorfrei und umweltschonend.

Deutsche Erstausgabe März 2001
© 2001 der deutschsprachigen Ausgabe
by Wilhelm Goldmann Verlag, München,
in der Verlagsgruppe Bertelsmann GmbH
© 1995 der Originalausgabe by Natalie Angier
Umschlaggestaltung: Design Team München
Umschlagfoto: Stone/NHMPL
Redaktion: Christine Stecher
Satz: deutsch-türkischer fotosatz, Berlin
Druck: Elsnerdruck, Berlin
Verlagsnummer: 15094
AM · Herstellung: Sebastian Strohmaier
Made in Germany
ISBN 3-442-15094-9
www.goldmann-verlag.de

1 3 5 7 9 10 8 6 4 2

Inhalt

IV. Anpassen

V. Heilen

VI: Erschaffen

VII. Sterben

Einleitung

Als junges Mädchen ekelte ich mich so sehr vor Schaben, dass es schon ans Pathologische grenzte – eine äußerst unpassende Art von Phobie für jemanden, der in einer slumähnlichen Wohnung in der Bronx hauste, wo die Schaben ihre Kunst der arroganten Koexistenz mit Menschen, die sie beim ersten Anblick zu erschlagen pflegen, aufs Höchste perfektioniert hatten. Mein Vater zerquetschte sie mit der bloßen Hand. Meine Mutter nahm ein Küchentuch oder einen Schuh. Mein jüngerer Bruder zermalmte sie mit jedem beliebigen Gerät oder Werkzeug, das den ekligen Krabbeltieren am nächsten lag. Nicht so ich. Gleichgültig, wie viele hundert Schaben mir über den Weg gelaufen sein mochten, egal, wie oft ich mir schon versichert hatte, dass sie weder Stachel noch Beißwerkzeuge hatten und mir wirklich nichts anhaben konnten – ich sprang an die Decke und kreischte, wann immer mir eine vor Augen kam. Mit einer Schabe im Blickfeld fand ich in keinem Raum Ruhe. Ich ertrug es aber auch nicht, ihr nahe genug zu kommen, um sie zu töten. Wenn ich den Schrank aufmachte, um ein Glas herauszuholen, und eine Schabe sah, zog ich durstig von dannen. Abend für Abend rief ich, bevor ich mich ins dunkle Badezimmer traute, meinen Bruder als eine Art Minenhund zu Hilfe, um das Licht anzumachen – ein Akt, der für Schaben dasselbe ist wie der Morgenappell für einen schlafenden Soldaten. Dem leidenschaftlichen Gestampfe und Gebrüll nach zu urteilen, das herausdrang, war es für meinen Bruder eine ziemlich ernste, aber nicht ganz unwillkommene Herausforderung. »Okay«, sagte er, wenn er schließlich mit einem forschen Händereiben aus dem Bad auftauchte, »ich glaube, ich habe sie alle erwischt.«

Mein Ekel war einfach abgrundtief. Einmal wachte ich mitten in der Nacht auf und erblickte auf dem Rand meines Kopfkissens eine große Schabe, die mich unverwandt ansah. Eine beispiellose Dreistigkeit, denn so sehr die Schabenpopulation auch umherwuseln mochte, in mein Bett hatte sie sich bislang noch nicht gewagt. Ich schrie auf und sprang aus den Federn – doch was nun? Ich konnte nicht gut meinen Bruder wecken, und meine Eltern hatten wenig Verständnis für meine Empfindsamkeit. Vor allem aber konnte ich die Schabe nicht selbst umbringen.

Ich beschloss, meinem Feind das Feld zu überlassen, und rollte mich am Fußende zusammen. Quer statt längs im Bett, die Knie unters Kinn gezogen, den Kopf ohne Kissen auf die Matratze gedrückt, in unbequemster Lage und noch immer voller Angst brachte ich es dennoch fertig, wieder einzuschlafen. Am anderen Morgen sah ich, dass die Schabe nichts weiter gewesen war als ein Stückchen Wachsmalstift, das sich in den Kissenfalten bewegt hatte und mir zur Geisterstunde als etwas kleines, dunkles Lebendiges erschienen war.

Ich erzähle Ihnen das alles, damit Sie wissen, warum ich mein Buch *Scheußlich schön* genannt habe. Ich habe Schaben seinerzeit gehasst, und noch immer mag ich meine Wohnung nicht mit ihnen teilen. Aber in diesem Buch werden auch die Schaben einen Augenblick lang im Rampenlicht stehen – ob diese lichtscheuen Kreaturen dies nun zu schätzen wissen oder nicht. Ich habe über die Biologie der Schaben Dinge gelernt, die in mir das Bedürfnis geweckt haben, diesen Tieren Respekt zu zollen. Ihr Verhalten, die Vielfalt an Arten innerhalb ihrer Familie, die Anpassungen, die sie im Lauf der Evolution entwickelt haben, um mit den Menschen oder ohne sie, wie es meistens der Fall ist, leben zu können, all das ist Bestandteil einer großen Schaben-Saga. Es ist eine Geschichte von Ausdauer und Widerstand, von Sensibilität und unermüdlichem Wandel.

Wandel und Anpassung sind in der Tat das Markenzeichen der Schaben. Im Kapitel »Nichts geht über eine Schabe« berichte ich über die erstaunliche Wirksamkeit des Pestizids Combat bei dem Versuch, die städtischen Schabenpopulationen in Schach zu halten. Combat wirkte früher wirklich viel besser als ein altmodischer Sprühnebel aus der Dose, doch während ich dies hier schreibe – Ende 1994 –, haben die Schaben in meiner Washingtoner Wohnung erste Siege über die kleinen schwarzen Giftfallen errungen. Meine Küche ist mit zwei Dutzend Combat-Dosen verziert, und trotzdem überleben einige Schaben. Entweder haben die Insekten einen Mechanismus entwickelt, das Toxin zu entgiften, oder – und das ist es, was ich glaube – sie haben gelernt, es nicht mehr zu fressen. Immerhin bin ich auf Hausmäuse gestoßen, die schlau genug waren, Leimfallen zu meiden. Wie olympische Hürdenläufer überwanden sie eine nach der anderen, um an ein Päckchen Nudeln auf der anderen Seite des Fallengürtels heranzukommen. Zweifellos hatten diese Mäuse etwas aus dem Schicksal ihrer Geschwister gelernt, die in die Fallen geraten waren. Wenn Mäuse sich durch Beobachtung statt durch Mutationen in ihren Fertigkeiten verbessern können, warum dann nicht auch Schaben? Und wenn solche Flexibilität, Widerstandsfähigkeit und solcher Lebenshunger nicht etwas Wunderbares sind, was sonst gäbe es Gutes über die Evolution zu sagen, diese Mutter aller Erfindungen, die am Rand des Biomarathons steht und ruft: »Sieht gut aus! Weiter so! Bleib am Leben! Bleib am *Leben*!«

Die Schönheit der Naturwelt liegt im Detail; die meisten

dieser Details sind aber nicht das geeignete Material für Hochglanz-Bildkalender. Ich habe es zu meinem Hobby gemacht – fast schon zu einer Mission –, über Organismen zu schreiben, die viele Menschen abstoßend finden: Spinnen, Skorpione, Parasiten, Würmer, Klapperschlangen, Mistkäfer und Hyänen. Ich tue das zum einen aus einer etwas verdrehten Vorliebe für Themen, die von anderen Autoren in der Regel gemieden werden. Zum anderen hoffe ich, in den Lesern ein Gefühl der Hochachtung für die Vielfalt, für die Fantasie, für die verflochtenen, vernetzten, unendlichen Möglichkeiten der Naturwelt zu wecken. Jede einzelne Geschichte, die die Natur uns erzählt, ist überwältigend. Sie ist die wahre Scheherazade; sie vermag ein ums andere Mal eine neue Überraschung aus dem Ärmel zu zaubern. Natürlich kann ich nur einen winzigen Bruchteil dieser Geschichten erzählen. Doch damit plädiere ich in einem umfassenden Sinn für all die Geschichten, die noch erzählt werden könnten, für den Erhalt einer ungestörten Natur mit all ihren Golems, gruseligen Krabblern und Menschenfressern, mit Schaben und Schlangen, Blutsaugern, allem Gelichter und allen Ungeheuern der Welt.

Neben Berichten über die Schönheiten etlicher ausgemachter Fieslinge liefere ich auch Beweise über das Fiese in einigen von uns landläufig als Ikonen der Schönheit geschätzten Existenzen. Viel geliebte Delfine benehmen sich gelegentlich wie Matrosen auf Landgang. Orchideen betreiben betrügerischen Handel. Die legendären Arbeiter der Wildnis – Vögel, Bienen, Biber – vertrödeln in Wirklichkeit mehr Zeit im Müßiggang als der Durchschnittseuropäer. Und jedes einzelne Geschöpf hintergeht seinen Partner oder versucht es zumindest.

Aber auch all dieses wenig beispielhafte Benehmen ist in seiner Exklusivität wunderbar. Nach dem ersten Blick gibt es stets hinter den augenfälligen Merkmalen, die sich zu Beginn einer Betrachtung offenbaren und die zur Klassifizierung einer Art, eines Sozialsystems oder eines Geschlechts dienen, noch sehr viel mehr zu sehen. Ich freue mich immer wieder über neue Befunde, die zementierte Wahrheiten über den Haufen werfen oder zumindest komplizieren – auch dann, wenn ich über jene Wahrheiten in der Vergangenheit bereits geschrieben habe. So findet sich in diesem Buch beispielsweise ein Bericht über die weibliche Partnerwahl, ein Forschungsgebiet, das in den vergangenen zehn Jahren geradezu explodiert ist. Man vermutet, dass es bei vielen Arten die Weibchen sind, die sich wählerisch geben, wenn es um den Partner geht, und dass ihr extravagantes Verhalten bei der Evolution vieler reichlich übertriebener Merkmale der Männlichkeit eine wesentliche Rolle gespielt hat – Beispiele sind ein grell buntes Federkleid oder eine markerschütternde Stimme. Begründet wurde diese These mit dem relativ hohen Preis, den ein Weibchen für die Fortpflanzung zu zahlen hat. Das Weibchen investiert die größere Menge an Energie in das Austragen und die Aufzucht der Jungen, also muss der Theorie zufolge beim Weibchen der Anreiz zu einer besonders sorgsamen Wahl des Partners stärker ausgeprägt sein. Man nahm an, dass die enorm hohen Kosten der Fortpflanzung sich bis hinunter auf das Niveau der Geschlechtszellen auswirken. Das Ei eines Weibchens ist groß und mit Nährstoffen, Proteinen, Fetten und molekularen Signalen voll gestopft, um das Wachstum des Embryos zu gewährleisten. Das Spermium des Männchens ist klein und ökonomisch, nichts weiter als eine in ein schlüpfriges Proteingeschoss verpackte Portion Gene. Es ist eine gute alte wissenschaftliche Binsenwahrheit, dass Eizellen teuer, Spermien hingegen billig sind. Wen wundert's, dass Männer bei jeder Gelegenheit so willig mit ihrem Kleingeld um sich werfen?

Doch diese Trennung zwischen den beiden Geschlechtern hat sich als ein bisschen zu glatt erwiesen. Spermien sind gar nicht so billig zu haben. Ja, bei Versuchstieren wie Fliegen und Würmern hat sich gezeigt, dass ihre Herstellung zu einer beträchtlichen Verkürzung der Lebensspanne führt, und wir können nur spekulieren, ob das bei einigen unserer Lieblingsexemplare unter den höheren Organismen nicht ebenso der Fall ist.

Diese neue Erkenntnis schmälert jedoch in keiner Weise die Bedeutung der weiblichen Partnerwahl für die Evolution männlichen Aussehens und Verhaltens. Weibchen geben ihren Jungen von sich trotzdem immer noch weit mehr als nur ihre Eizellen. Säugetiermütter tragen ihre Babys lange mit sich und geben ihnen die Brust; sie haben jeden Anlass, bei der Wahl des Vaters für ihre Jungen überaus anspruchsvoll zu sein. Dennoch rückt das Wissen darum, dass der Spermien-Output seinen männlichen Produzenten einen beträchtlich hohen Preis kostet, die Dynamik des Sexualverhaltens in ein neues und differenzierteres Licht. Man beginnt Dinge zu sehen, die einem zuvor entgangen sind. Man sieht, wie das Weibchen seine Wahl trifft, und dann beobachtet man plötzlich, wie das Männchen die seine trifft: Entweder es begrüßt seine neue Geliebte, oder es marschiert davon, als dächte es: »Die ist es nun wirklich nicht wert, auf ein paar Minuten meines Lebens zu verzichten.«

Wenn es eine Lektion gibt, die ich in all den Jahren gelernt habe, in denen ich mich mit Wissenschaft beschäftigt habe, dann die, dass nichts so ist, wie es zu sein scheint. Sondern die Dinge sind so, wie sie scheinen, *plus* all der Einzelheiten, die Sie gerade erst wahrzunehmen beginnen. Selten werfen neue Wahrheiten die alten vollkommen über den Haufen; sie fügen dem Porträt einfach ein paar nuancierende Pinselstriche hinzu. Delfine mögen zeitweilig von niederer Gesinnung sein und einander derart brutal an die Kehle gehen, dass das Blut nur so spritzt, aber sie können auch spielerisches, zärtliches Verhalten an den Tag legen. Sie entscheiden gemeinsam, wann es auf die Reise geht, wann gefischt und wann geruht wird. Hyänen stehen an der Spitze der Raubtierpyramide, und dies mit all der grausamen Wildheit, die eine solche Position verlangt. Im Unterschied zu Löwen verzehren sie ihr Opfer restlos – Fleisch, Fell, Schädel, Knochen. Zwei Hyänenjunge beginnen einander zu bekriegen, sobald sie den Mutterleib verlassen haben, und meist endet dies mit dem Tod eines der beiden Geschwister. Aber wenn eine Hyäne gut drauf ist – wenn sie Sie kennt und Ihnen vertraut –, dann lässt sie sich mit ihren zweihundert Pfund Lebendgewicht wie ein Haustier auf Ihren Schoß plumpsen und bettelt darum, hinter den Ohren gekrault zu werden.

Die Sünden der gesalbten Heiligen, die Jekylls hinter den hydeschen Fassaden – sie sind der Grund dafür, dass ich voller Freude die Ungeheuer, über die ich schreibe, als besondere Protagonisten vorstelle, als Helden mit Schönheitsfehlern, die das Drama ihrer Einschränkungen und Möglichkeiten ausleben. Und ich vermenschliche dabei schamlos. Ich unterstelle nicht menschlichen Arten alle möglichen Persönlichkeiten, Absichten, Gefühle, Eindrücke, sogar Träume und Wünsche. Ich tue dies, um das Buch spannend zu machen, aber auch weil die Kontinuität des Lebens auf genetischer und morphologischer Ebene ein hohes Maß an brüderlicher Nähe zwischen den verschiedenen Kreaturen unseres Planeten vermuten lässt. Unlängst sah ich in einem Museum für Naturgeschichte eine Ausstellung von Skeletten verschiedenster Arten: Pferde, Krokodile, Affen, Hunde, Mäuse, Vögel, Delfine, Menschen. Ihr Anblick machte mir einmal mehr deutlich, wie häufig die Natur ihre besten Erfindungen wieder verwertet: Die Knochen der Gliedmaßen fügen sich, je nachdem, ob das Tier vier- oder zweibeinig, Huftier oder Flieger ist, in entsprechender Weise zu Schultern und Hüften. Bei jedem Wirbeltier ragen die Rippen in paralleler Anordnung und Raum bildend aus der Wirbelsäule heraus. Der

Oberschenkel besteht jeweils aus einem dicken, der Unterschenkel hingegen aus zwei dünnen Knochen. Wir alle verfügen über Fingerknochen, auch wenn die Finger womöglich zu Flossen verschmolzen sind. Unter der Haut sind wir wirklich alle gleich.

In Anbetracht der Ähnlichkeiten des Skelettbaus überfiel mich die übliche Mischung sich widersprechender Gefühle von geschmälertem Ego und glühendem Gemeinschaftsgefühl. Hier stand ich also, ein weiteres Exemplar aus den Tiermodellbaukästen der Natur, sämtliche Standardeinzelteile wie nach einer bezifferten Vorlage sorgfältig zusammengefügt, und zwar in einer so gut wie unveränderten Anordnung, wenn man von einer leichten Verbreiterung des Beckenknochens einmal absieht.

Gleichzeitig stand ich hier aber auch gesegnet mit einem Design, das der Prüfung durch ein Dutzend geologische Epochen standgehalten hatte. Ich fühlte mich als ein Beweis dafür, dass das Leben wirklich den Bogen raus hat, einen beweglichen Körper zu bauen, der kräftig und doch leicht, geschmeidig und doch widerstandsfähig ist. Ich besaß einen Körper, der herumwirbeln, fliegen, springen, graben, klettern, fliehen, sich wiegen kann – der Leben in sich birgt. Ich fühlte, wie wunderbar jedes einzelne wilde Wesen, mich selbst eingeschlossen, von Geburt an darauf eingerichtet ist, sich zu bewegen, Probleme zu lösen, aus der Erde und ihrer Schwerkraft das Beste zu machen. Ich glaube, dass Körper aus derart gleichartigen Bausteinen ganz sicher auch Naturen von ähnlichen Empfindungen und Neigungen beherbergen müssen: Wesen voller Angst und Freude, beseelt von Neugier und Langeweile, Freundlichkeit und Antipathien.

Damit soll nicht gesagt sein, dass alle Tiere auf dieselben Ereignisse in derselben Weise reagieren. (Das tun sie ganz offensichtlich nicht. Ich selbst renne vor Schaben davon, meine Katzen aber nähern sich ihnen furchtlos, wenn nicht gar frohgemut.) Aber ich betrachte es als sicher, dass andere Arten sich ihrer selbst und ihrer Umgebung durchaus gewahr werden, dass sie ihre eigene Version von Bewusstsein besitzen. Ein Spinnenbewusstsein. Ein Finkenbewusstsein. Mir scheint dies eine Frage der Höflichkeit zu sein – und ein Eingeständnis meiner Unwissenheit. Wir wissen nicht, was im Kopf anderer Kreaturen vor sich geht. Warum also davon ausgehen, dass er leer ist? Warum davon ausgehen, dass ein Tier ein programmierter Roboter oder ein tauber Rohling sein muss, wenn es doch mit all der neurotischen Unwägbarkeit agiert, die Sie von jedem Wesen erwarten würden, das man wohl oder übel mitten ins Leben schubst? Deshalb war es mir eine echte Freude zu hören, dass unter den Naturforschern eine heftige Debatte über die Berechtigung des Anthropomorphismus tobt (Kapitel 27). Die Traditionalisten beharren darauf, dass das Ganze nichts weiter als unseriöse Wissenschaft ist. Schließlich sollten Wissenschaftler rastlos darum bemüht sein, ihre emotionale Objektivität zu wahren. Die Bilderstürmer stehen hingegen auf dem Standpunkt, dass man niemals in der Lage sein wird, ein anderes Wesen zu verstehen, wenn man nicht bereit ist, mit ihm zu fühlen. Ich schlage mich freimütig auf die Seite der Anthropomorphisten, wenngleich ich als Nichtwissenschaftlerin – und somit nicht gezwungen, meine intuitiven Beobachtungen mit Ergebnissen zu untermauern – darin weiter gehe als die meisten anderen und sogar Pflanzen vermenschliche. Wir erfahren zu viel über die Komplexität pflanzlicher Verteidigungsmechanismen und Kommunikationssysteme, um pauschal die Möglichkeit von der Hand zu weisen, dass Pflanzen sich und ihre Umgebung in irgendeiner Weise wahrnehmen.

Ich vermenschliche sogar Moleküle, ja auch Proteine, Nukleinsäuren, Steroidhormone. Sie sind ebenso Darsteller kleiner Dramen. Sie bewegen sich, sie rotieren, sie umschließen Dinge, sie sind erfolgreich oder versagen. Ich habe den

Teil über die molekularen Fundamente des Lebens mit »Tanzen« überschrieben, denn so präsentiert sich vor meinem geistigen Auge das, was man nicht sehen kann. Doch es gibt andere Möglichkeiten, sich das Reich des Submikroskopischen vorzustellen. Vor Jahren fragte ich einen Proteinkristallographen, der vermittels hochenergetischer Röntgenstrahlen die atomare Struktur von Proteinen untersucht, wie Proteine aussähen, wenn man sie auf normale Dimensionen vergrößern würde. Er überlegte einen Augenblick, dann sagte er: »In sich verdrehte Gummibälle.« – »Fantastisch!«, rief ich, und dieses Bild habe ich im Gedächtnis behalten. Die Arbeiter in unseren Körperzellen, die Zehntausende von Proteinen, die ihre zentralen Aufgaben erfüllen, egal, ob es uns bewusst oder gleichgültig ist, sind nichts anderes als buntes, knautschbares Spielzeug.

Beim Thema Molekularbiologie tue ich alles, um mit Vergleichen oder Metaphern aufzuwarten. Ich tue das einerseits für mich selbst, um das Abstrakte konkret zu machen, und andererseits, um lebendig zu schreiben. Es ist nicht von der Hand zu weisen, dass die Molekularbiologie in ihrer Undurchsichtigkeit etwas Unheimliches hat, deshalb wird sie auch von so vielen Leuten ignoriert. Aber Revolutionen sollten nicht ignoriert werden, und die Molekularbiologie durchlebt derzeit eine solche. Als Wissenschaftsjournalistin habe ich versucht, beides zu verstehen: das ganz Große – die evolutionären Prozesse, die uns das Leben brachten, mit dem wir es heute zu tun haben – und das ganz Kleine – jene Mikrostadt Zelle. Letztere ist der Ort, an dem die Wissenschaft die atemberaubendsten Fortschritte macht, und dies aus dem einfachen Grund, dass in der Molekularbiologie Fortschritte möglich sind. Das entsprechende Instrumentarium ist vorhanden, und im Unterschied zu den meisten Evolutionsproblemen lassen sich hier die Fragen in Einzelteile zerlegen, die sich in sinnvoller, reproduzierbarer Weise analysieren lassen. Wissenschaftler wenden sich im Allgemeinen eher Problemen zu, die sich lösen lassen, als solchen, für die sie ihre Fantasie bemühen müssen. Während wir also einerseits wünschen mögen, dass Wissenschaftler in ihren Ansätzen zum Verständnis der Natur des Lebens weniger reduktionistisch und dafür ganzheitlicher vorgehen, müssen wir andererseits auch anerkennen, dass sie versuchen, die Natur bis zur Kenntlichkeit zu zerlegen. Und nichts stellt sich dem Zerlegen bereitwilliger zur Verfügung als die Bestandteile der Zelle.

Neben speziellen Geschichten über spezielle Moleküle versuche ich in dem Abschnitt über Molekularbiologie, ein Gefühl für die übergreifenden Konzepte zu vermitteln. Da das Genom-Projekt (Human Genome Project) seit Jahren im Mittelpunkt des öffentlichen Interesses steht, beherrschen DNS und Gene nicht mehr nur die wissenschaftlichen, sondern auch die allgemeinen Vorstellungen, warum die Abläufe im Leben so sind, wie sie sind, warum wir nun einmal gerade so denken und fühlen. Wenn wir nur den genetischen Code eines menschlichen Wesens herausfinden könnten, so das Argument, dann hätten wir »es«, den Schlüssel, das Rezept für ein menschliches Wesen. Wir verstünden die chemischen Grundlagen dafür, dass der eine sich schüchtern aus jeder Gesellschaft zurückzieht, während ein anderer keinen Augenblick allein verbringen kann, dass der eine so wunderbar Geige spielt, während der andere über die Musikalität eines Laubsaugers verfügt, oder dafür, dass der eine schwul, der Nächste einfach heterosexuell und ein Dritter ein Damenschuh-Fetischist ist. Alternativ dazu rufen die anderen: »Vergesst die Umwelt nicht! Vergesst nicht die erworbene Hälfte der Angeboren-erworben-Gleichung.« Als würde uns die Formulierung einer Dialektik näher an die Lösung des Problems bringen, an das ungeheure Mysterium, wie Leben Gestalt und Farbe erhält. Als würde es etwas bedeuten, wenn man

17

feststellte, dass sechzig Prozent der Intelligenz angeboren und vierzig Prozent umweltbedingt sind (oder umgekehrt, das können Sie sich aussuchen, denn über die Jahre ist beiden Lagern so ziemlich jede mögliche Zahl zugeordnet worden). Was zählt eigentlich als erblich und was als umweltbedingt? Die Leute denken bei »Umwelteinflüssen« in der Regel an Dinge wie, welche Fernsehsendungen sie als leicht zu beeindruckendes Vorschulkind angeschaut haben oder wie sie als Kind von den Eltern behandelt wurden. Doch inzwischen glauben die Wissenschaftler, dass zu Ihrer Umwelt auch Dinge zählen, die Ihnen bereits vor Ihrer Geburt, im Uterus Ihrer Mutter, widerfahren sind. Wenn also eine Schwangere unter einem so hohen Stress zu leiden hat, dass dadurch ihr Hormongleichgewicht gestört wird und sich dieses nachweislich auf ihr Baby auswirkt, so gilt auch dies als umweltbedingt. Oder wenn sich herausstellen sollte, dass Schizophrenie durch pränatale Virusinfektionen verursacht wird – ein Verdacht, dem man derzeit nachgeht –, so würde auch dies als umweltbedingte und nicht als ererbte Krankheitsursache gelten.

Was aber, wenn Ereignisse im Mutterleib die fetalen Gene selbst beeinflussen? Was, wenn Hormonschwankungen oder andere chemische Effekte im Mutterleib an entscheidenden Schnittstellen der Entwicklung die Gen-Expression beeinträchtigen und gewisse Gene an-, andere dafür abschalten? Würde das Ergebnis dieser Veränderungen als Werk der Umwelt oder der Genetik zu gelten haben? Wir begeben uns hier in eine Grauzone der Biologie, wo Angeborenes und Erworbenes so ineinander verflochten sind, dass Sie, wenn Sie versuchten, beide auseinander zu dividieren, letztlich etwas in der Hand hielten, was für sich genommen keinerlei Bedeutung mehr hat. Entwicklung findet schließlich nicht im luftleeren Raum statt. Die chemischen Sequenzen, die wir Gene nennen, die Ketten aus Hunderten von As, Ts, Gs und Cs, können ihr Potenzial, uns zu dem zu machen, was wir sind, nicht ausschöpfen, ohne gleichzeitig selbst das zu sein, was wir sind. Sie finden ihre Aufgabe in einer bestimmten Verknüpfung, und, nicht minder wichtig, sie werden durch diese Verknüpfung verändert. Die Doppelhelix ist ein flexibles, sich permanent veränderndes Molekül, die Lava in der Lampe. Mit ihrer Form ändern sich auch viele ihrer Funktionen: Ein Abschnitt der Helix verdoppelt sich, und ein Gen, das einst nach außen gekehrt war, ist nun plötzlich im Inneren verborgen, und nichts kann mehr zu ihm gelangen, um es zu neuem Leben zu erwecken. Ein verirrtes Hormon heftet sich an das Genom wie ein Stück Kaugummi an einen Kinositz, und die betreffende Sequenz ist für Minuten, Tage, Monate außer Gefecht. Dies sind nur ein paar Beispiele dafür, was die Umwelt zu sagen haben kann und wie sie in der Sprache der Gene das Wort ergreift. Mich interessiert die DNS als Wesen, das sich in Raum und Zeit bewegt, als eigener Organismus. Die meisten Geschichten, die ich über die Molekularbiologie erzähle, haben daher etwas mit dieser Beweglichkeit zu tun. Ich glaube, dass die Bedeutung der DNS-Struktur massiv unterschätzt worden ist, und so will ich auf bescheidene Weise versuchen, dieses Versäumnis auszubügeln. Ich schreibe von DNS-Verformungen, von der Doppelhelix wie von einem Paar Pfeifenputzern, die gefaltet, verdreht und zu Ösen geschlungen werden, auf dass die Gene, die auf ihnen aufgereiht sind, zum Sprechen gebracht werden können. Die Histone, knubbelige Proteinverbände, die am Erbgut haften, komprimieren dieses im Kern zur Unsichtbarkeit und schwingen sich bei sämtlichen Kontakten zwischen der DNS und dem Rest der Zelle zum Chef auf. Und die Telomere, dünne Zipfel aus sich wiederholenden DNS-Sequenzen an der Spitze eines Chromosoms, sagen der Zelle, wie alt sie ist und wie viel Zeit ihr noch bis zu ihrem Tod bleibt. Diese zellulären Komponenten stehen weit weniger häufig im Rampenlicht als die angeblich unbesiegbaren Gene, und doch gehören sie zu den Elementen, die den Genen Leben und Sinn verleihen. Überdies bilden sie die Brücke zwischen dem Text der Rede, wie er in den Nukleinsäure-Untereinheiten der Gene geschrieben steht, und der tiefen, wilden, ungebärdigen Schönheit des auf seiner Grundlage entstehenden Körpers und Gehirns. Wo DNS vorkommt, verquicken sich Angeborenes und Erworbenes.

Neben der Beschreibung einzelner Darsteller auf der makroskopischen und mikroskopischen Bühne wird mich auch die Untersuchung von Themen beschäftigen, die diese Darsteller miteinander verknüpfen. In dem Abschnitt über Anpassung und auch an anderer Stelle beschäftige ich mich mit Verhaltensweisen, die Menschen und Nichtmenschen gleichermaßen häufig an den Tag legen, die jedoch in unserer gegenwärtigen Wirtschafts- und Arbeitsordnung wenig Beachtung und noch weit weniger Bewunderung erregen: das fundamentale Bedürfnis nach Spiel, Freude und ausgedehnten Ruhephasen. Wiederholt werde ich bei einer Vielfalt von Geschöpfen auf das Thema Sexualität, Balzrituale und Strategien der Partnerwahl zu sprechen kommen. Ein Teil meines Interesses an tierischem Sex entspringt purer lüsterner Neugier: einer Neugier auf die Details dessen, wie Weibchen und Männchen einander begegnen, wie sie einander umkreisen – bedächtig, stolz, verführbar, einer Neugier auf die Art und Weise, wie sie zusammenkommen, zusammenbleiben, auseinander gehen. Sexgeschichten sind stets aus sich heraus interessant, und manchmal ist das ein hinreichender Grund, sie zu erzählen. Dennoch kann ich oft nicht umhin, in einer bestimmten Art von Beziehung eine Botschaft auszumachen und einen Einblick zu nehmen in das, was ist und was sein könnte – welche Optionen es gibt, welche Lösungen für das immer während, brisante Problem der Treue. Ein Tier in seiner sexuellen Blüte ist pralles, allumfassendes Leben. Es verhält sich, wie Leben es von Anbeginn an getan hat. Das heißt, es ist in erster Linie voller Hingabe darauf aus, mehr Leben in die Ungewissheit der Zukunft zu entsenden. Es ist der Einzelne, der ganz spezielle Liebende, dessen Leidenschaft das Leben neu und unmittelbar macht, dessen eigene Begierde stärker ist als jede andere vor ihr. Ein brünstiges Tier ist das unantastbare Individuum per se, das überheblichste aller Geschöpfe; es wähnt sich für einen Augenblick unter den Unsterblichen. Und die Einzelheiten seiner Geschichte, die Details dessen, wie das Männliche und das Weibliche aufeinander treffen, sind für den Moment das einzig Interessante, sie sind das Ein und Alles. Sie künden von dem Geschöpf, das sich zu höchstmöglicher Leistung aufschwingt, von höchster Komplexität, höchstem Ausgeliefertsein, höchster Offenbarung. Sie berichten von der Kreatur, die leidenschaftlich kundtut: »Schau mich an! Schau, was ich kann! Ich lebe, und ich habe vor, am Leben zu bleiben, indem ich mich auf dieser Bühne in Szene setze, wie sich noch niemand in Szene gesetzt hat! Ich bin das tollste, das fürsorglichste, das unwiderstehlichste Exemplar, das du je gesehen hast. Schau her, hier bin ich!« Also gut, da schaue ich eben hin.

Bevor Sie mich jetzt für einen billigen Voyeur halten: Zum Sexualverhalten gehört für mich auch elterliches Verhalten. Ich glaube, dass beides eng miteinander verknüpft ist. Wie Tiere sich ihren Jungen gegenüber verhalten, kommt oftmals einer Variation über das Thema ihrer Paarungsrituale gleich. Es wird von ähnlichen Hormonen gesteuert und ist ebenso schlicht oder verschnörkelt wie die Affäre, die überhaupt zur Entstehung der Brut geführt hat. Das mag natürlich eine Widerspiegelung meiner Weiblichkeit sein, denn Frauen nehmen Sex und Mutterschaft ganz allgemein nur im Doppelpack wahr. Und viele der Evolutionsbiologen, die den Standpunkt vertreten, elterliches Verhalten sei ebenso wie, sagen wir einmal, das Gefieder eines Männchens als sexuell selektioniertes Merkmal zu betrachten, sind ebenfalls Frauen. Doch die Wahrheit ist, dass sich bei den meisten Tieren, die ich – oft aus Gründen, die nichts mit ihrem Familienleben zu tun haben – für spannend genug hielt, um über sie zu schreiben, herausstellte, dass sie ein bemerkenswertes Sexualverhalten an den Tag legen. Sie opfern ihren Körper als Brustäquivalent. Sie fressen Kot, damit sie genügend Stickstoff aufnehmen, um ihre Jungen zu schützen. Sie nehmen Nagetiere auseinander und verwandeln sie in vorverdautes Gulasch für ihre Sprösslinge. Sogar manche Insekten, so abartig sie uns auch manchmal erscheinen mögen, investieren Jahre in die Aufzucht ihrer Jungen. In manchen Fällen enthalten die Paarungsrituale, die Tiere vollführen, Hinweise auf ihre elterlichen Fürsorgequalitäten, beispielsweise wenn ein werbendes Buntbarschmännchen ein Weibchen auf das Heftigste misshandelt, um zu sehen, ob es sich wehrt – was es als verlässlichen Kämpfer und Beschützer seiner Jungen auswiese.

Das Thema Gemeinsamkeiten, die wir mit den anderen Bewohnern des Planeten teilen, bezieht sich auch auf unsere Gesundheit und unser Wohlbefinden. Im Abschnitt »Heilen« spreche ich medizinische Themen und Gesundheitsfragen an, allerdings aus evolutionärer und artenübergreifender Perspektive. Bevor wir zu einer Nation von Übergewichtigen abrutschen, könnten wir davon profitieren, uns anzuschauen, wie andere Säugetiere ihr Körperfett metabolisieren und speichern. Warum setzt Fett an manchen Körperteilen so gut an, an anderen hingegen fast gar nicht? Und warum ist Körperfett am Bauch so viel bedrohlicher für unsere Gesundheit als Fett an Gesäß und Oberschenkeln? Warum macht Fettleibigkeit Menschen anfällig für Herzerkrankungen und Bluthochdruck, während ein Murmeltier in jedem Herbst geradezu obszön fett wird, ohne dass seine Arterien dafür bezahlen müssen? Dies sind nur einige der pikanten

Themen, die sich ergeben, wenn man aus evolutionärer Perspektive auf ein vertrautes Thema blickt: unser Dicksein. Dasselbe lässt sich für die Menstruation sagen. In Kapitel 28 stelle ich eine revolutionäre Betrachtung über den Sinn der Periode vor, die sich nur eine Evolutionsbiologin hat einfallen lassen können.

Ein Abschnitt aber ist nahezu ausnahmslos dem Menschen gewidmet: »Erschaffen«. Der schöpferische Impuls mag nicht auf uns Menschen beschränkt sein – man denke nur an Laubenvögel oder auch an den Mistkäfer und seine makellosen Brutballen –, aber wir haben ihn in jeder Hinsicht zu den extravagantesten Höhen getrieben; das *n* der Möglichkeiten reicht hier ins Unendliche. Erst kürzlich kam mir dies wieder zu Bewusstsein, als ich eine Illustrierte durchblätterte und über eine Reklame stolperte – vermutlich von einem Reisebüro, das die Wunder Roms anpreisen wollte –, die einige briefmarkengroße Abbildungen der Gemälde von Raffael, Leonardo da Vinci und Michelangelo enthielt. So klein sie auch waren, diese Abbildungen dominierten in ihrer Großartigkeit die Seite, ja die ganze Illustrierte in ihrer dumpfen, zweidimensionalen Alltäglichkeit. Sie waren nicht von derselben Art wie die Grafiken und Texte um sie herum. Dasselbe gilt für eine Zeile von Shakespeare, Rilke oder Whitman: Die Ausgewogenheit der Wörter, die Sprachmelodie und Komposition – nichts von alledem hat etwas mit unserer Umgangssprache zu tun. Ihr Genie hob diese Künstler weit über alles Menschliche und Tierische hinaus, über Anfang, Mitte und Ende – sie haben sich von den Gesetzen und Grenzen der Natur losgelöst. Und so widme ich zwei Kapitel dem Thema Kunst und Genie. Im einen Fall geht es darum, was die Wissenschaft über die Neurobiologie wahrer Größe zu sagen hat, im anderen darum, wie sich der Besitz eines sterblichen Körpers mit all seinen weltlichen Unpässlichkeiten auf die Arbeit eines Künstlers auswirkt. Damit das Thema Kreativität nicht auf die Künste beschränkt bleibt, habe ich drei Kapitel über besonders kreative Wissenschaftler hinzugefügt, über Forscher, die sich nicht darauf beschränkten, die Welt zu ergründen, wie sie ist, sondern sie durch die Macht der Synthese von Intelligenz und Fantasie neu erfunden haben.

Im letzten Abschnitt kehre ich zu einem Thema zurück, das keine Artengrenzen kennt, zu jenem Mantel, der weit genug ist, um uns alle zu umhüllen: zum Tod. Für diesen Aspekt habe ich einen molekularen, einen evolutionären und letztlich einen persönlichen Ansatz gewählt. Von meinem Gefühl her hasse und fürchte ich den Gedanken an den Tod, doch vom Verstand her und aus biologischer Sicht erkenne ich seine Rechtmäßigkeit, seine Macht und Geradlinigkeit. Das Leben mag sich verlängern lassen, aber vom Tod loslösen lässt es sich nie. Ja, wenn Sie die Gene betrachten, die den Tod einer Zelle dirigieren – und der Zelltod ist der *petit mort*, aus dem unser großer körperlicher Tod gemacht ist –, so sind dies dieselben Gene, die sich durch winzige Änderungen zu Mittlern der Unsterblichkeit wandeln lassen. Aber genau da liegt der Haken: Eine unsterbliche Zelle ist eine Krebszelle. Es gibt kein Entkommen, und wenn alles Tierische über eine Art unterschwelliger Schönheit verfügt, dann ist dies die unangreifbare Unparteilichkeit des Todes.

Ein letzter Punkt. Fast alle der folgenden Kapitel sind ursprünglich in der *New York Times* erschienen (eine Ausnahme bildet »Nur ein Körnchen Sand«). Für die vorliegende Sammlung wurden sie jedoch ausführlich überarbeitet und mit einer persönlichen Note versehen. Das heißt nicht, dass ich das Buch zu Geschichten umgearbeitet habe, in denen ich selbst die Hauptrolle spiele à la »Der Mistkäfer und ich«, oder dass ich mich in übermäßiger Weise irgendwelcher Personalpronomina bediene – es sei denn, ich habe es hautnah mit einem Ungeheuer zu tun und möchte Sie wissen lassen, wie es sich genau anfühlt, einer wütenden meterlangen Klapperschlange ins Gesicht zu blicken, während man ihr den rasselnden Schwanz streichelt. Auch stehe ich nicht hinter allen Theorien, die ich hier vorstelle. Einige von ihnen sind selbst bei großzügigster Untertreibung nur höchst spekulativ zu nennen. Aber die in ihnen enthaltenen Ideen reflektieren meine Empfindungen und mein Denken über die Natur. Und wenn Sie manchem nur lange genug nachsinnen, um verächtlich die Nase zu rümpfen, so habe ich Sie doch immerhin unterhalten.

I

Lieben

1

Partner fürs Leben?

Ach ja, die Liebe. Gibt es einen lieblicheren Anblick als ein Stockentenpärchen, das anmutig Seite an Seite auf einem Teich dahingleitet, Männchen und Weibchen allem Anschein nach unzertrennlich? Oder, noch schöner, ein Paar Trompeterschwäne, legendäres Symbol ewiger Liebe, beide den elfenbeinfarbenen Hals zur Hälfte eines Herzens gekrümmt, zwei Seelen im Einklang, ein Leben lang einander treu ergeben?

Ein Leben lang treu – wenn man von ein bisschen Ehebruch, Hörneraufsetzen und gelegentlicher gemeinschaftlicher Vergewaltigung einmal absieht.

Es ist ein Jammer für die Grußkartenindustrie, aber es wird immer offensichtlicher, dass es so etwas wie Monogamie im Tierreich eigentlich gar nicht gibt. Eine Vielzahl an Beweisen hat in jüngster Zeit so klar wie eine Krokodilsträne gezeigt, dass sogar Geschöpfe, bei denen man lange an einen Hang zur Treue geglaubt und eine starke Partnerbindung zur Aufzucht der Jungen für erforderlich gehalten hatte, in Wirklichkeit treulose Gesellen sind.

In der Vergangenheit glaubten Biologen beispielsweise, dass bis zu vierundneunzig Prozent aller Vogelarten monogam leben und sich ein Vater und eine Mutter die Last der Kükenaufzucht teilen. Heute, da man die Vaterschaft mit genetischen Methoden bestimmen kann, hat man herausgefunden, dass im Durchschnitt dreißig Prozent der Jungvögel oder mehr pro Nest von einem anderen als dem ansässigen

Männchen gezeugt wurden. Tatsächlich besteht dieser Tage die große Herausforderung vielmehr darin, eine Vogelart zu finden, die *nicht* zu derart nachweisbarem Herumpoussieren neigt.

Und bei Arten, von denen man bereits wusste, dass sie polygam leben, stellen die Forscher mehr und mehr fest, dass sich ihre Lieblinge in ihrer Treulosigkeit noch weit rücksichtsloser als zuvor angenommen gebärden. Säugetiere beispielsweise hat man nie für ein Muster an Tugend gehalten, doch selbst hier ist eine Revision angebracht. Experten korrigieren die bereits Mitleid erregenden Zahlen von zwei bis vier Prozent, die, wie sie dachten, die Anzahl der treuen Säugetierarten repräsentieren würden, noch weiter nach unten. Zum großen Erstaunen, wenn nicht gar zum tiefen Missfallen vieler traditioneller Verhaltensforscher geht ein Großteil der Ausschweifungen auf das Konto der Weibchen.

Auf den Spuren von wild lebenden Hasen, Elchen und Eichhörnchen haben die Wissenschaftler lernen müssen, dass die Weibchen bei allen drei Arten an einem einzigen Tag mit zahlreichen Männchen kopulieren, wobei sie nach jeder Paarung den größten Teil des Samens ausscheiden, um Platz für den nächsten Anwärter zu schaffen. Auf diese Weise bekommt ein Weibchen eine Vielfalt an Spermien zusammen und sichert so ihrem Nachwuchs eine optimale genetische Bandbreite. Die in dieser Hinsicht leistungsfähigste Kreatur ist womöglich die Bienenkönigin, die auf ihrem einzigen Ausflug aus dem Stock mit einer Vielzahl an willfährigen, dem Tod geweihten Drohnen kopuliert.

Was die Männchen betrifft, so legen diese bei ihren Versuchen, weiblicher Flatterhaftigkeit einen Riegel vorzuschieben, einen erstaunlichen Erfindungsreichtum an den Tag. Bei den Idaho-Zieseln harren die Männchen unbeirrt an der Seite der Weibchen aus, solange diese fruchtbar sind. Manchmal jagen sie sie sogar in ein Erdloch und setzen sich auf die

Öffnung, um ihre Angebetete daran zu hindern, mit irgendwelchen Konkurrenten herumzuziehen. Andere Eichhörnchen verwenden eine Nagerversion des Keuschheitsgürtels und setzen auf ihr Ejakulat eine gummiartige Absonderung, die als Stöpsel fungiert. Wieder andere Strategien resultieren in dem, was man als »Krieg der Spermien« bezeichnen könnte: aufreibende Kämpfe zwischen den Männchen, durch die jeweils dem eigenen Sperma die besten Erfolgsaussichten gewährt werden sollen, da die Weibchen sich offensichtlich nicht mit einem Partner begnügen. Bei vielen Säugetieren hat das letzte Männchen in der Reihe die größte Chance, das Weibchen tatsächlich zu befruchten. Also versuchen verschiedene Männchen in einem kräftezehrenden Wettkampf immer wieder, der jeweils letzte Partner des Weibchens zu sein. Doch wie könnte man seinem Rivalen besser einen Strich durch die Rechnung machen als mit dem richtigen Werkzeug? Die Männchen der Kleinlibellen beispielsweise tragen am Ende des Penis eine Art Löffel, mit dem sie vor der Kopulation flugs den Samen des vorherigen Männchens entfernen können.

Diese neuen Befunde zum Paarungsverhalten und zu dem schier universellen Vorhandensein von Untreue haben die Vorstellungen der Biologen über tierisches Verhalten und über die Dynamik verschiedener tierischer Sozialsysteme neu geformt. Die Forschung straft den trostlosen Allgemeinplatz Lügen, demzufolge nur Männchen zur Promiskuität neigen und das einzige Ziel eines Weibchens ein guter Partner ist. Vielmehr haben sich zahlreiche tierische Sozialsysteme höchstwahrscheinlich dahin entwickelt, ihren Mitgliedern sowohl ein gewisses Maß an selektivem Betrug zu gestatten, als auch Tieren zu erlauben, sich zu glücklichen Paaren zusammenzufinden. Die meisten Paarbindungen sind daher womöglich reine Zweckgemeinschaften, die beiden Partnern hinreichend Stabilität gewähren, ihre Jungen aufzuziehen, während sie andererseits locker genug sind, gelegentliche Seitensprünge zu ermöglichen.

Ein Großteil der falschen Vorstellungen zum Thema Monogamie und Untreue datiert aus den Tagen Darwins, als er und andere Naturforscher anhand ihrer Feldstudien an Tierpaaren im Grunde völlig vernünftige Vermutungen zum Thema Paarbindung aufstellten. Fast alle Vogelarten bilden während der Brutsaison Paare, und die Naturforscher glaubten, diese Bindung sei für das Überleben der Jungen unerlässlich. Ohne den Beitrag beider – Männchen und Weibchen – beim Ausbrüten der Eier und zum Schutz wie auch zur Versorgung der Jungen würden es nur wenige Nachkommen schaffen, flügge zu werden. Die Forderung nach Stabilität schloss offenbar auch die Forderung nach Monogamie ein.

Doch als die Feldforscher in ihren Beobachtungsmethoden versierter wurden, entdeckten sie mehr und mehr Fälle, in denen bei einem angeblich monogamen Vogelpaar der eine Partner auf ein Schäferstündchen mit einem Geliebten abschwirrte.

Solche Beobachtungen veranlassten die Forscher dazu, DNS-Fingerprinting und andere in Vaterschaftsverfahren eingesetzte Techniken anzuwenden, um die Abstammung von Küken zu klären. Sie stellten fest, dass zwischen zehn und siebzig Prozent der Nachkommen in einem Nest nicht von dem Männchen abstammten, das für sie sorgte.

Betrachten Sie die wohl vertraute Schwarzkopfmeise Nordamerikas. Im Winter bildet sich innerhalb eines Schwarms eine Dominanzhierarchie, in der jeder Vogel seine eigene Stellung in Relation zu der seiner Artgenossen ebenso kennt wie den jeweiligen Rang der anderen Vögel. Sobald im Frühjahr die Brutsaison naht, zerfällt der Schwarm in Paare, die jeweils eine Reviernische verteidigen und dort brüten. Bei passender Gelegenheit wird sich jedoch ein Meisenweibchen, das zu einem Männchen von geringerem Rang gehört, aus dem Nest stehlen und sich in das Territorium des höherrangigen Männchens von nebenan begeben. Diese unverfrorene Meise hat am Ende von beidem das Beste: einen treuen Partner daheim, der ihr hilft, die Jungen großzuziehen, und die Chance, zumindest einem oder zwei ihrer Nachkommen die überlegeneren Gene eines dominanten Männchens zu bescheren.

Auch Rauchschwalbenweibchen sind bei ihren außerehelichen Beziehungen überaus anspruchsvoll. Wenn ein Weibchen fremdgeht, kopuliert es grundsätzlich mit einem Männchen, das einen etwas längeren oder symmetrischer geformten Schwanz besitzt als der eigene Partner. Der prächtigere Schwanz scheint ein Beweis dafür zu sein, dass das Männchen vor Parasiten gefeit ist, ein Merkmal, das auf das Weibchen eine beträchtliche Anziehungskraft ausübt. Das Weibchen verhilft unter Umständen nicht nur seinen Jungen zu diesem Merkmal, sondern es setzt sich auch weniger den Blut saugenden Parasiten aus, wenn es befallene Partner meidet.

Manche Weibchen, die sich mit vielen verschiedenen Partnern zusammentun, erhalten vielleicht nicht unbedingt die besten Gene, dafür aber hinreichende genetische Variabilität, um sicherzustellen, dass wenigstens ein Teil ihres Nachwuchses gedeiht. Eine Bienenkönigin verlässt ihren Stock nur ein einziges Mal, aber auf diesem einen Ausflug paart sie sich mit mindestens fünfundzwanzig Drohnen. Ihre Zügellosigkeit lässt sich leicht dokumentieren: Um die Begattung zu vollenden, muss die arme Drohne ihre Geschlechtsorgane explosionsartig in den Leib der Königin entleeren und geht dabei zugrunde, wobei sie aber ein unwiderlegbares Zeugnis ihrer Begegnung hinterlässt. Obwohl die Bienenkönigin beträchtliche reproduktive Ansprüche stellt – genügend Samen, um vier Millionen Eier zu befruchten –, könnte jede einzelne Drohne durchaus genügend Sperma zur Verfügung stellen, um diesen Bedarf zu decken. Das ausschweifende Verhalten der Bienenkönigin ist also offensichtlich dazu da, ihrer Brut genetische Vielfalt zu sichern.

Doch es haben sich im Verlauf der Evolution auch Gegengewichte entwickelt, die dazu beitragen, weibliche Treulosigkeit im Zaum zu halten. Weibchen, die sich aktiv nach »außerehelichen« Affären umtun, laufen Gefahr, sich die Ergebenheit ihres Partners zu verscherzen. Wenn ein Rauchschwalbenmännchen beobachtet, dass sein Weibchen sich mit seinem Nachbarn paart, rächt es sich, indem es seine Fürsorglichkeit gegenüber den Jungen einschränkt. Deshalb werden die meisten ehebrecherischen Begegnungen rasch und im Verborgenen vollzogen.

Natürlich verdienen sich die Männchen ihrerseits auch keinen Heiligenschein. Bei ihrem Bestreben, ihren Samen so weit wie möglich zu verbreiten, gehen manche aufs äußerst komplizierte Ganze. Die älteren Männchen der Purpurschwalbe, der größten Schwalbenart der Welt, betrügen frohgemut ihre jüngeren Kollegen. Ein älteres Schwalbenmännchen richtet sein Nest ein und wirbt um eine Partnerin, mit der es sich dann ohne Umschweife paart. Doch damit nicht genug. Es geht diesem Geschäft dreist weiter nach und trällert einen Gesang, der speziell dazu angelegt ist, ein jüngeres Männchen in seine Nähe zu locken. Der unerfahrene Jährling zieht in die Nachbarschaft und lässt einen Schmachtgesang vom Stapel, der ihm eine Gefährtin herbeilocken soll – die alsbald nach ihrer Ankunft zuerst einmal von dem älteren Männchen verführt wird. Ein Jährling bringt es infolgedessen selten fertig, mehr als dreißig Prozent der Eier seiner Partnerin zu befruchten, obwohl er am Ende derjenige ist, der für die Brut zu sorgen hat.

In einer für alternde Hollywoodhelden herzerwärmenden Weise schaffen es ältere Männchen überhaupt oft, jüngere Artgenossen in ihrem Umfeld vorzuführen, zum Hahnrei zu machen oder anderweitig zu demütigen. Stockentenmännchen versuchen unablässig, Weibchen, die mit anderen Männchen liiert sind, zum Sex zu drängen. Das Weibchen wehrt sich heftig, um der Kopulation zu entgehen. Es fliegt davon, taucht unter oder kämpft, und wenn sein Partner in der Nähe ist, hilft er bei der Verteidigung. Nur die reifsten und erfahrensten Männchen im Umkreis bringen es fertig, jeden Widerstand zu überwinden und ein fremdes Weibchen zu missbrauchen.

Doch Vergewaltigung kommt im Tierreich eher selten vor, und in den meisten Fällen müssen sich die Männchen auf ihre Physiologie verlassen, um zum Erfolg zu kommen. In vielen Fällen begünstigt die natürliche Selektion die Männchen mit der ergiebigsten Ejakulation und lässt somit ein Paar beeindruckende Hoden entstehen. Je größer die Wahrscheinlichkeit dafür ist, dass die Weibchen einer Art sich mit mehr als einem Männchen paaren werden, umso größer werden die spermienproduzierenden Organe bei dieser Art. Biologen haben bei einem Vergleich der Hodengröße verschiedener höherer Primaten festgestellt, dass diese im Vergleich zum übrigen Körper bei den Schimpansen am größten ausfallen. Schimpansen sind die Einzigen, die in gemischtgeschlechtlichen Herden leben, in denen es zu lebhaften Kreuz- und Querpaarungen kommt. Das Männchen mit der größten Spermienmenge hat eine gute Chance, den Samen seiner Konkurrenten auszubooten.

Gorillas sind größer, ihr Skrotum aber ist kleiner, und dies lässt darauf schließen, dass das Sozialsystem dieser großen Menschenaffen einen Krieg der Spermien nicht begünstigt. Durch eine Kombination aus echter Wildheit und brustkorbtrommelndem Imponiergehabe schafft es ein Silberrückenmännchen, einen ganzen Harem an Weibchen mit nur wenig Störungen oder Konkurrenzsperma von anderen Männchen unter Kontrolle zu halten. Es bringt niemandem etwas, mit riesenhaften Testikeln herumzulaufen, wenn ein Männchen die meisten Weibchen allein beherrschen kann. Statt Energie in das Wachstum großer Genitalien zu investieren, trachten die untergeordneten Männchen eher danach, einen Silberrückenmann zu besiegen, um in den Genuss der Haremsprivilegien zu kommen.

Menschen verfügen über mittelgroße Hoden, ein guter Hinweis darauf, so die Biologen, dass unsere Art im Prinzip monogam ist. Garantien dafür gibt es jedoch nicht.

O ja, die Menschen. Es bedarf eines unerschrockenen Biologen, die neuesten Befunde zur Untreue in der Tierwelt auf Untersuchungen am Menschen zu übertragen – halten diese doch hartnäckig an Vorstellungen wie freiem Willen, bewusster Entscheidung und Spontaneität fest. Zufällig gibt es eine Menge tapferer Theoretiker, und viele von ihnen stehen auf dem Standpunkt, dass der menschliche Drang zur Untreue eine evolutionäre Basis hat.

Babys benötigen eine lange Zeit hindurch Fürsorge, und dies hat vermutlich bereits früh in der menschlichen Evolution zur Paarbindung geführt. Doch selbst ein glücklich verheirateter Mann könnte durchaus motiviert sein, ein bisschen herumzustreunen, weil er in sich den Drang verspürt, ein paar mehr von seinen Genen in den gemeinsamen Pool befördern zu müssen. Und was die Frau betrifft, so geht diese vielleicht mit einem Mann fremd, der aussieht, als habe er die kernigeren Gene, oder zumindest so, als könne er ihr ein Stück Zebrafleisch für ihre Dienste bieten. Viele Evolutionsbiologen vertreten die Ansicht, dass der eine oder andere Knacks in der Monogamie dazu beitrug, die sexuelle Eifersucht beim Mann entstehen zu lassen – und damit so grausame kulturelle Rituale wie die Beschneidung weiblicher Genitalien, das Verkrüppeln der Füße und andere Methoden, mit denen Männer weibliche Untreue unter Kontrolle zu bringen versucht haben. Und wenn eine Frau auch manches

Mal gute Gründe haben mag, angesichts der Untreue ihres Gatten in Rage zu geraten, so ist sie doch in der Regel die Kleinere und kaum in der Lage, einen Mann lange genug festzuhalten, um ihm ein eisernes Penisfutteral anzulegen.

Aber die Frauen sind nicht ganz und gar hilflos. Die Evolution hat ihnen Möglichkeiten verliehen, sich der allzu engen Überwachung durch den Mann zu entziehen – in erster Linie durch das Geschenk des verborgenen Eisprungs. Im Unterschied zum Rhesusäffchen färbt sich das Hinterteil einer Frau nicht grellrot, wenn sie fruchtbar wird. Im Unterschied zu Motten sendet sie keine Pheromonnachricht über ihren Zustand in den Äther. Und sie steht auch nicht wie eine Katze maunzend am Fenster. Der Mann kann sie während der gefährlichen Zeit um den Eisprung herum also nicht ganz so leicht überwachen.

Um die Männer zusätzlich zu verwirren, haben Frauen durchgehend mehr oder minder gleichbleibend große Brüste. Bei den Menschenaffen sind große Brüste ein Signal dafür, dass das Weibchen stillt und daher in reproduktiver Hinsicht wenig von ihm zu erwarten ist. Beim Menschen aber macht es die unveränderte Form des weiblichen Busens dem Mann schwer, zu beurteilen, wann die Frau fruchtbar ist und wann sie stillt – ein weiterer Strich durch seine Bestrebungen, ihre reproduktiven Aktivitäten einzuschränken. Vielleicht ist das die Erklärung dafür, dass Männer so ungemein busenfixiert sind: Sie suchen nach Hinweisen. Zu dumm, dass sie an der verkehrten Stelle suchen.

2

Streicheleinheiten

Es ist der Balsam für eine kriegerische Welt. Manchmal wirkt es als Aphrodisiakum: Es veranlasst Männer dazu, Frauen noch leidenschaftlicher zu begehren, und Frauen dazu, männliche Annäherungsversuche noch hingebungsvoller entgegenzunehmen. Es lässt den Körper erbeben und löst wohlige Wellen der Erregung aus. Hinterher bildet es die klassische »Zigarette danach«: Es verstärkt das Gefühl von entspannter Zufriedenheit. Zu anderer Zeit dient es als Verstärker des Familienlebens: Es bringt frisch gebackene Mütter dazu, ihre Jungen zu nähren, und macht frisch gebackene Väter eher bereit, ums Nest herum zu helfen. Auch unter Individuen, die weder Geschlechtspartner noch Eltern sind, kann diese Verbindung einen unwiderstehlichen Drang zum Schmusen erzeugen.

Die magische Verbindung, von der hier die Rede ist, heißt Oxytozin, ein kleines, hoch wirksames Peptidhormon, das von der mandelgroßen Hypophyse am Grund des Gehirns ausgeschüttet wird. Oxytozin ist der Wissenschaft seit langem als die chemische Substanz bekannt, die die Kontraktionen der Gebärmutter im Verlauf der Geburt stimuliert und die Brust der Mutter dazu anregt, Milch für das Neugeborene zu produzieren. Nun scheint es, als könne das Hormon weit mehr, als Muskelkontraktionen auszulösen. Wissenschaftler haben festgestellt, dass es bei beiden Geschlechtern aktiv ist und dazu beiträgt, einen Großteil der angenehmeren sozialen und sexuellen Interaktionen des Lebens zu dirigieren – Beziehungen zwischen männlichem und weiblichem Geschlecht, zwischen Eltern und Nachwuchs, zwischen Nachbar und Nachbar. Es ist das Zufriedenheitshormon, das Hausmittel von Mutter Natur, dem Glück auf die Sprünge zu helfen.

Wie so häufig bei den interessantesten Fragen der Forschung ist ein Großteil der Arbeit an nicht menschlichen Arten erfolgt, und niemand kann sagen, wie leicht sich die Befunde künftig auf uns Menschen anwenden lassen. Es ist zwar mit Sicherheit anzunehmen, dass Oxytozin integraler Bestandteil menschlicher Sexualität und menschlichen Glücklichseins ist, aber ebenso wahrscheinlich ist, dass sich der Hormonstoffwechsel auf seinen verschlungenen Wegen durch unseren Körper und unser Gehirn als ungemein komplex erweisen wird. Machen Sie sich also keine Hoffnungen, dass Oxytozinpillen in absehbarer Zeit Prozac ersetzen werden.

Trotzdem hat sich die Oxytozinmanie eindeutig unserer bemächtigt. Untersuchungen an Ratten, Hasen, Feldmäusen, Schafen und anderen Tieren haben gezeigt, dass das Hormon auf viele Gehirnregionen wirkt und auf sexuelles wie fürsorglich-zärtliches Verhalten Einfluss hat. Die Experimente legen die Vermutung nahe, dass Oxytozin das Signal ist, das den Organismus reagieren und einen Partner aufspüren lässt, sobald der Körper durch Sexualhormone wie Östrogen und Testosteron auf Fortpflanzung eingestellt worden ist. Im Rahmen einer Studie haben Forscher von der Rockefeller University in New York entdeckt, dass Mäuseweibchen, denen man während des Eisprungs eine zusätzliche Dosis Oxytozin verabreicht, zu sechzig bis siebzig Prozent engagierter dafür sorgen, dass sie von einem Männchen bestiegen werden, als Weibchen ohne die Injektion. Immer wieder biegt das Weibchen begehrlich seinen Rücken durch und bietet sein Hinterteil auf berückendste Weise dar.

Unter anderen Umständen trägt Oxytozin dazu bei, die Bindung zwischen Eltern und Nachwuchs zu stärken. Rattenmütter, die man mit Oxytozin behandelt hat, nehmen ihre Jungen häufiger hoch und stupsen sie öfter sanft mit der Schnauze an als Rattenweibchen ohne zusätzliches Oxytozin. Rattenväter bauen unter Oxytozineinfluss mit erhöhter Wahrscheinlichkeit ein Nest für ihre Jungen und bewachen diese eifrigst. Sobald man den Männchen jedoch eine Substanz spritzt, die die Aktivität des Oxytozins blockiert, vernachlässigen sie nicht nur die Pflege ihrer Jungen, sondern gehen unter Umständen sogar so weit, die Neugeborenen als bequeme Nahrungsquelle zu betrachten.

Abgesehen von seiner speziellen Wirkung in Bezug auf Sexualität und Fortpflanzung scheint Oxytozin überdies eine allgemein fraternisierende Substanz zu sein. Feldmäuse, die ohnehin schon die Nähe anderer Mäuse suchen, sind von Natur aus darauf eingerichtet, auf Oxytozin zu reagieren. Verabreicht man ihnen zusätzliche Dosen, verbringen die Nagetiere noch mehr Zeit in physischem Kontakt. Es drängt sie zu solcher Nähe, dass sie einander buchstäblich ins Fell kriechen. Bei einer nahen Verwandten jedoch, einer Mausart, die von Natur aus solitär lebt und ihre Artgenossen, von kurzen und knappen sexuellen Kontakten einmal abgesehen, meidet, hat das Gehirn eine ganz andere Architektur und spricht weit weniger leicht auf Oxytozin an. Bei diesen Mäusen versagt der fraternisierende Zauber der Hormoninjektion.

Anhand dieser beiden unterschiedlichen Reaktionen wird vielleicht deutlich, dass der wichtige Aspekt an der Wirkung des Oxytozins weniger die Gesamtmenge an Hormon ist, die durch den Blutkreislauf zirkuliert, als vielmehr die Empfänglichkeit des Gehirns für diese Substanz. Und diese wird im Körper durch ein komplexes Netz von Faktoren wie Sexualhormonen und anderen Proteinen bestimmt.

Oxytozin vermag also beliebig viele Reaktionen auszulösen oder aber überhaupt keine, je nachdem, wie es um das allgemeine biochemische Gleichgewicht des Körpers gerade bestellt ist. Wissenschaftler müssen noch klären, welche Hormonsignale als Anzeichen dafür gelten können, dass Oxytozin eine bestimmte Reaktion auslöst. Man ist der Ansicht, dass Arten ohne Sozialleben höchstwahrscheinlich nicht über die notwendige Ausstattung verfügen, einem hormonellen Aufruf zur Freundschaft Folge zu leisten, während es bei sozial lebenden Arten das Oxytozin ist, das alle zusammenhält.

Beim Menschen ist die Verknüpfung zwischen Oxytozin und Verhalten um einiges subtiler, nichtsdestotrotz aber herausfordernd. Bei zwei Experimenten zu der Frage, welche Rolle Oxytozin bei Männern spielt, hat man herausgefunden, dass der Oxytozinspiegel im Blut im Augenblick vor dem Orgasmus und während der Ejakulation drei- bis fünfmal so hoch ist wie im Normalfall. Es wäre möglich, dass Oxytozin erforderlich ist, um die zum Orgasmus notwendigen Kontraktionen auszulösen. Es wäre auch möglich, dass das Hormon für das mit dem sexuellen Crescendo verbundene intensive Gefühl der Befriedigung verantwortlich ist. Vermutlich ist an beidem etwas dran.

Als weiterer Hinweis auf die Bedeutung von Oxytozin für das sexuelle Verlangen lässt sich der Umstand werten, dass man normalen Erwachsenen, die – in Nachahmung einer verbreiteten sexuellen Funktionsstörung – mit einem Präparat behandelt wurden, das ihr sexuelles Verlangen vermindert, mit ein paar anregenden Oxytozininjektionen wieder zu ihrer gewohnten Energie verhelfen kann. Bislang ist jedoch nicht geklärt, ob Oxytozin auch impotenten Männern oder frigiden Frauen helfen kann, deren Probleme nicht auf die freiwillige Einnahme eines Libido unterdrückenden Präparats zurückzuführen sind.

So nagelneu und überraschend die neueste Forschung auch erscheinen mag, eigentlich war Oxytozin eines der ersten Neuropeptide oder Gehirnhormone, die im Detail beschrieben wurden. Entdeckt wurde es im Jahr 1903; seine Zusammensetzung kennt man seit 1950. Es ist ein kleines Peptid aus nur neun Aminosäurebausteinen, und dieser Umstand ist ausschlaggebend dafür, dass es so gut das Gehirn passieren und ins Blut gelangen kann. Bis vor kurzem jedoch blieben Untersuchungen an diesem Hormon im Großen und Ganzen auf dessen Rolle bei Gebärmutterkontraktionen und der Muttermilchproduktion beschränkt. Man sah es unter rein pragmatischen, klinischen Gesichtspunkten und stellte es im Labor synthetisch her, um daraus Medikamente zu entwickeln, mit denen man die Geburt einleiten und einer Wehenschwäche entgegenwirken kann.

Doch die Hinweise auf eine komplexere Rolle des Oxytozins häuften sich. Zum einen wussten Wissenschaftler schon länger, dass dieses Hormon auch bei Männern in erheblichen Konzentrationen zu finden ist, ein merkwürdiger Umstand bei einem vermeintlichen Geburtshormon. Zum anderen fanden sich bei evolutionsgeschichtlich sehr alten Lebewesen wie primitiven Fischen dem Oxytozin nahe verwandte Peptide, und solche Nichtsäuger benötigen eindeutig kein Oxytozin für die Wehentätigkeit oder zum Stillen. Von höchster Bedeutung ist aber, dass das in den letzten Jahren entwickelte experimentelle Instrumentarium die Wissenschaftler nunmehr in die Lage versetzt, die Verteilung der Rezeptoren für Oxytozin im Gehirn sehr genau zu analysieren. Oxytozinrezeptoren sind Proteine auf der Oberfläche von Gehirnzellen, die in der Lage sind, das kleine Peptid zu binden und das Gehirn zu einer Reaktion zu veranlassen.

Durch die Kartierung der Rezeptorverteilung haben Wissenschaftler herausgefunden, dass die Wirkung des Oxytozins auf das Gehirn breit gefächert ist, und man hat begonnen, eine Vorstellung davon zu entwickeln, welche Regionen besonders empfindlich auf das Peptidsignal reagieren. Besonders gehäuft finden sich Rezeptoren in den Teilen des Gehirns, die mit dem Sehen und dem Riechen assoziiert sind sowie mit dem endokrinen System und der Kontrolle des Eisprungs. Eine besonders rezeptorreiche Gehirnregion ist der Nucleus ventromedialis, der bekanntermaßen an einer Reihe von sexuellen und mit der Fortpflanzung verbundenen Verhaltensweisen beteiligt ist.

Doch wie alles im Leben kommt und geht, so schwankt auch die Anzahl der Oxytozinrezeptoren innerhalb einer Region, wobei sie dem Rhythmus der Sexualhormone gehorcht, die wiederum ihren eigenen Gezeiten unterliegen. Bei Ratten schnellt die Anzahl der Rezeptoren im ventromedialen Hirnbereich zum Beispiel während des Eisprungs, das heißt, wenn der Östrogenspiegel am höchsten ist, auf hundert Prozent. Je mehr Rezeptoren verfügbar sind, desto empfänglicher reagiert das Gehirn auf das zirkulierende Oxytozin und regt so seinerseits den Körper an, sich so zu verhalten, wie er soll. Im Fall der ovulierenden Ratte heißt das, dass sie plötzlich den überwältigenden Drang spüren wird, sich vor ein Männchen hinzukauern und ihre Genitalien zur Schau zu stellen. Man nennt diese Haltung Lordose, und sie gehört bei Nagern zum Vorspiel der Paarung.

Bei der Oxytozin-Signalübertragung scheint der richtige Zeitpunkt alles zu sein. Unter bestimmten Umständen können Injektionen des Hormons Ratten- und Affenmännchen zur Erektion bringen und dazu veranlassen, das nächstbeste Weibchen zu besteigen. Unter anderen Umständen bringt eine Hormoninjektion ein Rattenmännchen dazu, sich von einer potenziellen Partnerin abzuwenden – nicht, weil es eine Aversion gegen Sex hätte, sondern weil das Hormon ihm das Gefühl gibt, bereits befriedigt zu sein. Oxytozinrezeptoren durchsetzen nämlich auch Gehirnregionen, von denen man weiß, dass sie an dem Gefühl sexueller Befriedigung nach einem Orgasmus beteiligt sind.

Komplexität und Vielseitigkeit der Oxytozinwirkung unterstreichen, wie schmal der Grad zwischen zwei Annehmlichkeiten des Lebens, zwischen Erregung und Befriedigung, dem Drang, zu kuscheln und zu sorgen, und dem Verlangen nach Sex ist. Mütter haben darüber berichtet, dass sie sich beim Stillen ihres Kindes sexuell stimuliert fühlen. Es ist durchaus möglich, dass das zur Milchfreisetzung ausgeschüttete Oxytozin die zusätzliche Wirkung hat, die Mutter zu erregen – insbesondere vor dem Hintergrund, dass der Östrogenspiegel, der die Oxytozinempfänglichkeit des Gehirns steuert, während des Stillens rasch in die Höhe schnellt.

Vielleicht lässt sich das eindrücklichste Beispiel einer Verknüpfung zwischen Sexualität und Brutpflegeverhalten bei Schafen beobachten. Mutterschafe nehmen ihre Lämmer in der Regel nur dann an, wenn die Neugeborenen die ersten sechs Stunden ihres Lebens mit ihnen verbracht haben. Gibt es während der Geburt ein Problem, sodass man das Lamm für mehr als sechs Stunden von der Mutter wegnehmen muss, dann ist es zu spät: Das Mutterschaf wird das Lamm entweder verlassen oder ignorieren. Doch wie die Schaffarmer in Neuseeland und Australien wissen, kann man ein Mutterschaf ganz leicht künstlich dazu veranlassen, eine normale Bindung zu seinem Lamm zu etablieren, selbst wenn es tagelang von ihm getrennt war: Man muss nur die Genitalien des Mutterschafs etwa fünf Minuten lang stimulieren. Für dieses traditionelle Hausmittel gibt es eine fundierte wissenschaftliche Erklärung: Durch die Vaginalstimulation erhöht sich der Oxytozinspiegel im Blut, und dieser Hormonstoß reicht völlig aus, um das Muttertier dazu zu bringen, sein Lamm zu lecken, zärtlich zu blöken und sich rundherum als vorbildliche Mutter zu gebärden.

3

Erzählen Sie mir nichts von Schwiegereltern!

Für viele von uns zählt ein Besuch bei den Schwiegereltern zu den kleinen Widerwärtigkeiten des Lebens, eine mit Mühe und Not vielleicht *etwas* angenehmere Erfahrung als eine Computertomographie. Aber wir Menschen sind nichts im Vergleich zum kenianischen Weißkehlspint aus der Familie der Bienenesser. Diese Vögel sind unglaublich pestige Verwandte: Wenn ein frisch vermähltes Weibchen in das Revier seines Gatten einzieht, bereit, Eier zu legen und eine Familie zu gründen, unternehmen die Schwiegereltern alles, was in ihrer Macht steht, um das junge Paar auseinander zu bringen. Sie tun dies mit einem dermaßen durchtriebenen Charme und solch gewinnender Hinterlist, dass ihr Sohn nur allzu oft seine Braut bereitwillig verlässt und wieder zu den Eltern zieht, um sich der Aufzucht und Pflege der neuen elterlichen Brut zu widmen.

Wissenschaftler haben bei Untersuchungen an zwei großen Schwärmen von afrikanischen Bienenessern herausgefunden, dass die älteren Angehörigen einer Kolonie ungeniert versuchen, ihre jüngeren Verwandten zu manipulieren und auszunutzen, zu umschmeicheln und zu beschwatzen, stets in der Hoffnung, dass die unerfahreneren Vögel ihre Unabhängigkeit aufgeben und sich für ein Dasein als Dienstboten entscheiden. Diese Befunde verweisen auf eine neue Schlaufe in dem bereits äußerst verwickelten Netz familiärer Beziehungen unter sozial lebenden Tieren, und sie werfen ein entlarvendes Licht auf die Evolution kooperativen Verhaltens, die eine der spannendsten Fragen der Biologie darstellt.

Bei einer typischen Begegnung unter Bienenessern ist es der Vater, der versucht, seinen Sohn ins elterliche Nest zurückzulocken, wo von diesem dann erwartet wird, dass er sich am Insektenfang beteiligt, um das jüngste Gelege der Eltern zu versorgen. Der ältere Vogel versucht seinen Willen keineswegs mit Grobheiten oder Brutalität gegenüber Sohn oder Schwiegertochter durchzusetzen – ein ausgewachsener Bienenesser hat ungefähr die Größe einer Drossel, und sich gegenseitig herumzuschubsen ist nicht so einfach. Ebenso wenig verlässt sich der Patriarch auf irgendwelche Dominanzgebärden. Er prahlt auch nicht mit seiner Männlichkeit. Bienenesser sind farbenprächtige Vögel mit schillernden Bäuchen, smaragdfarbenen Rücken, blauem Schwanzgefieder und schimmernden Tupfern von Rot und Schwarz. Männchen und Weibchen, Junge und Alte, sie alle sind gleichermaßen geschmückt.

Vielmehr wird der Vater zu einer kontinuierlichen jovialen Plage. Er besucht die Frischvermählten mehrere Dutzend Mal am Tag und stört deren Bemühungen um eine ordentliche Haushaltsführung. Er lässt sich direkt vor ihr Nest plumpsen und hindert die beiden daran, hineinzuschlüpfen. Wenn der Sohn versucht, seiner Braut das nötige Fett zum Eierlegen anzufüttern, drängelt sich der Vater dazwischen und bettelt ebenfalls um Futter. Die ganze Zeit über garniert der ältere Vogel sein unziemliches Verhalten mit den freundlichen kleinen Gesten geselligen, solidarischen Bienenesserverhaltens: Er wippt mit dem Schwanz, klappert mit dem Schnabel und tschilpt sanft. In vierzig Prozent der Fälle ergibt sich der Sohn – vielleicht mit einem unterdrückten Seufzer der Resignation – in die Niederlage und zieht wieder nach Hause zurück, um sich an der Aufzucht seiner Geschwister zu beteiligen. Das verlassene Weibchen bleibt in seinem Nest zurück, wo es ohne größere Aufgaben vor sich hin vegetiert, womöglich hat es sogar schon ein paar Eier gelegt. Doch ohne die Hilfe eines Männchens kann es die Jungen nicht aufziehen.

Die Bienenesserstory bietet das spektakulärste Beispiel für das, was Dr. Steven T. Emlen von der Cornell University als »die dunkle Seite der Kooperation« bezeichnet: das Bestreben gewisser Angehöriger von Tierarten mit einem hoch entwickelten Sozialverhalten, ihren Verwandten ein Maß an Hilfe und Opferbereitschaft abzufordern, das weit über das Gebot der Pflicht hinausgeht.

Bei vielen Vogel- und einigen gesellig lebenden Säugetierarten wie Mungos und Wildhunden – Sozialverbänden, in denen Eltern, Großeltern, Tanten, Nichten und Schwiegereltern auf engstem Raum zusammenleben, brüten und fressen – sind viele Interaktionen, die auf den ersten Blick nach glücklicher Kooperation zwischen Verwandten aussehen, in Wirklichkeit subtile Formen der Ausbeutung.

Die jüngeren Verwandten sind bei diesem Geschäft aber nicht notwendigerweise totale Verlierer. Im Fall der Bienenesser trägt der Sohn, der seinen Eltern hilft, seine Brüder und Schwestern großzuziehen, indirekt dazu bei, einen Teil seines eigenen Erbes am Leben zu halten, hat er doch mit seinen Geschwistern eine Menge Gene gemeinsam. Trotzdem führe er, vom genetischen Standpunkt aus betrachtet, besser, wenn er seine eigenen Küken großziehen würde, und das würde er auch versuchen, wenn da nicht sein nörgelnder Alter wäre. Der Trick besteht also darin herauszufinden, welche sozialen und umweltbedingten Faktoren es zulassen, dass ältere Tiere die Jungen manipulieren, und welche Umstände die untergeordneten Geschöpfe veranlassen könnten, sich aufzulehnen.

Die Biologen wissen seit langem, dass viele Vogel- und Säugetierarten kooperative Brutpflege betreiben. Das heißt, ein glückliches Paar in der Gruppe pflanzt sich frisch und frei fort, während die anderen erwachsenen Tiere im Team die eigene Fruchtbarkeit hintanstellen und sich der Pflege und Fütterung des Nachwuchses dieses einen Paares widmen. Solchen Akten von offenkundigem Altruismus scheint jeglicher evolutionäre Sinn abzugehen, denn in seiner unbarmherzigsten Lesart verlangt dieser nach einer geradezu zwanghaften Hingabe an das hehre Ziel der Verbreitung der eigenen DNS. Bei der Untersuchung solcher Brutpflegegemeinschaften stellten Wissenschaftler fest, dass die opferbereiten Erwachsenen in beinahe allen Fällen nahe Verwandte des brütenden Paares waren. Meist handelte es sich um deren Junge oder Geschwister. Damit gehorchten die Märtyrer zumindest einem Teil der darwinistischen Lehre: Zwar waren sie nicht erfolgreich bei der Aufzucht eigener Jungtiere, aber sie arbeiteten immerhin zum Besten ihrer Linie.

Bei näherer Betrachtung ging den Forschern jedoch auf, dass diese indirekte Erklärung allein nicht hinreichte und dass noch andere Faktoren ins Spiel kommen mussten, um es zu rechtfertigen, dass ein Tier auf die eigene Fortpflanzung verzichtet. Sie stellten fest, dass die nicht brütenden Tiere häufig auch eigene Ziele verfolgten, wenn sie sich anboten, im Nest eines Verwandten auszuhelfen. Im Normalfall waren die Helfer relativ jung, und manche schienen die Saison, die sie mit Arbeit im eigenen Elternhaus verbrachten, als eine Art Ausbildungszeit zu sehen, in der sie lernten, Jungtiere unter größtmöglichen Sicherheitsvorkehrungen aufzuziehen. Häufiger noch wurden Tiere zu Helfern, wenn sie kein eigenes Nistrevier für sich reklamieren konnten – entweder weil das Brutgebiet mit konkurrierenden Artgenossen überfüllt war oder weil die in Frage kommenden Brutplätze nicht vor Räubern sicher waren. In solchen Fällen schienen die Helfer eine Warterunde einzulegen, den Älteren beizustehen und zu hoffen, dass die Verwandten möglichst bald das Zeitliche segnen und ihnen die Brutplätze überlassen würden.

Eine weitere Art, die in Gemeinschaft brütet, ist der Hoatzin (das Schopfhuhn), ein seltsamer, schwerfälliger Vogel, den man in Lateinamerika antrifft. Der Hoatzin lebt von Blättern, die er mühevoll in seinem dem Magen eines Wiederkäuers ähnlichen Kropf zermahlt und andaut, bevor sie in den eigentlichen Magen gelangen. Als Jungtier klettert er mit Hilfe eigentümlicher Krallen an den Flügelspitzen, die sich später zurückbilden, »vierbeinig« von Pflanze zu Pflanze. Dieser Vogel hat ein derart spezialisiertes Nist- und Fütterungsverhalten, dass sämtliche der begehrenswertesten Brutgebiete – laubreiche, gut geschützte kleine Inseln in Sumpfgebieten – von Scharen dieser Vögel nur so wimmeln, jede Gruppe ein zankender, lärmender Clan von Verwandten. Unerfahrene Hoatzins haben große Probleme, auszubrechen und sich auf eigene Füße zu stellen. Das Hoatzin-System will es, dass die Weibchen sich aus der Brutgemeinschaft zu entfernen haben, und oft verbringen diese Monate damit, von einem Territorium zum nächsten zu fliegen, um in einer fremden Kolonie eine freie Stelle zu finden.

Bei anderen Arten steht hinter dem Entschluss eines jungen Erwachsenen, bei der Aufzucht seiner Verwandtschaft zu helfen, womöglich die Hoffnung, dass die Neugeborenen später ihre Helfer sein werden, wenn sie selbst alt genug sind, um sich fortzupflanzen. Biologen, die über zwanzig Jahre in die Beobachtung des Buschblauhähers in Florida investiert haben, sind zu dem Schluss gekommen, dass diese Vögel gut daran tun, sich als Helfer zu verdingen, insbesondere dann, wenn die meisten der guten Nistplätze in der Nachbarschaft besetzt sind. Mit zunehmendem Alter versucht der helfende Häher die Jungen, die er gehätschelt hat, zu geflügelten Soldaten zu erziehen, die ihm gegen andere Vögel beistehen, wenn es an der Zeit ist, ein eigenes Zuhause zu erobern.

In anderen Fällen aber sitzen die Helfer bei ihren Arrangements mit Verwandten am kürzeren Hebel. Ein extremes Beispiel von unverhüllter Ausbeutung findet sich bei den Zwergmangusten, rattengroßen afrikanischen Säugetieren. Sie leben in Gruppen von um die zwanzig nahen Verwandten in verlassenen Termitenbauten, und nur ein einzelnes erwachsenes Paar produziert Nachwuchs, während alle anderen den Rest der Arbeit erledigen (den Bau sichern, die Jungen füttern, die Jungtiere herumtragen). Am bemerkenswertesten von allem aber ist, dass die untergeordneten Weibchen in der Gruppe als Ammen fungieren und ebenfalls Milch produzieren, um die Jungen des dominanten Weibchens zu füttern. »Das ist ein außerordentlich hoher Einsatz von Ressourcen«, stellt Dr. Peter Waser von der Purdue University fest, der sich mit diesen Verwandten des Mungos beschäftigt. »Die Produktion von Milch ist überaus kostspielig, und normalerweise würden Weibchen diesen Aufwand nur für ihre eigenen Jungen betreiben.«

Die dominanten Weibchen erzwingen solche Dienstfertigkeit auf zwei verschiedene Weisen: In selteneren Fällen werden die jungen untergeordneten Weibchen selbst schwanger, wobei ihr Nachwuchs stets auf mysteriöse Weise verschwindet. Höchstwahrscheinlich fällt er dem Kindsmord durch das Alpha-Paar zum Opfer. Und da diese verwaisten Mütter über Milch verfügen, können sie ebenso gut die vorhandenen Jungen säugen, wodurch sich deren Überlebenschance erheblich erhöht. Im anderen, weit geheimnisvolleren Fall beginnen die Weibchen von selbst, Milch zu produzieren, sobald der Nachwuchs ihrer dominierenden Verwandtschaft auf der Welt ist. Diese Milchausschüttung ist insofern besonders beeindruckend, als die Weibchen häufig in anderer Hinsicht sexuell und hormonell unterdrückt werden – weshalb sie oft große Schwierigkeiten haben, überhaupt schwanger zu werden. Dieser »ahormonelle« Zustand wird durch einen konstanten niedrigen Stresspegel aufrechterhalten: Das dominante Weibchen erinnert sie unablässig durch heftige Knuffe, chemische Duftnoten und andere Demütigungen daran, dass es die Chefin des Clans ist.

Man könnte erwarten, dass die untergebenen Weibchen gegen ihr ungerechtes Schicksal rebellieren. Doch außer Geduld zu haben, bleiben ihnen nicht viele Möglichkeiten. Im Allgemeinen schlagen alle Versuche, sich selbst ein Territorium abzustecken, erbärmlich fehl. Zwergmangusten haben eine Menge Feinde in der afrikanischen Savanne, und wahrscheinlich ist ihre extreme Verwundbarkeit sogar der Grund dafür, dass sie sich in der Evolution überhaupt zu sozial lebenden Tieren entwickelt haben: Es zahlt sich aus, ein Netz von Verwandtschaft um sich herum zu spinnen, das nach potenziellen Räubern Ausschau hält.

Im Verlauf der fünfzehn Jahre, in denen Dr. Waser und seine Kollegen die Mangusten beobachtet haben, sind ihnen zwölf Fälle von jungen erwachsenen Tieren untergekommen, die sich aufmachten, ein eigenes Heim zu gründen. Von all diesen kühnen Abenteurern brachte es nur einer fertig, Nachkommen in die Welt zu setzen, die das Erwachsenenalter erreichten. Abgesehen von den Vorzügen in Bezug auf die eigene Sicherheit, die das Zuhausebleiben mit sich bringt, scheint es auch so zu sein, dass die Wahrscheinlichkeit dafür, dass ein Weibchen die Chance erhält, selbst Junge zu bekommen, mit zunehmendem Alter steigt. Selbst wenn das dominante Weibchen im Bau weiterhin dasjenige mit der eindeutig höchsten Zahl an Jungen bleibt, so gestattet es den älteren Weibchen doch wenigstens einige wenige Nachkommen.

So Mitleid erregend das Los der unterlegenen Mangusten auch sein mag, es ist immer noch leichter als das des jungen Bienenesserweibchens, das, kaum hat es seine Eier gelegt, von seinem Partner zugunsten der Schwiegereltern verlassen wird. Während der Sohn indirekt von der Aufzucht seiner jüngeren Geschwister profitiert, zieht das Weibchen aus dessen Kapitulation vor den Eltern überhaupt keinen Nutzen und läuft definitiv Gefahr, für die aktuelle Brutsaison alles zu verlieren. Unter Umständen versucht es vielleicht, sich zu rächen. In seltenen Fällen geht ein verlassenes Weibchen daran, den ungeborenen Nachwuchs zu retten, der von ihrem rückgratlosen Gatten gezeugt wurde. Es schmuggelt die Eier in das wohl behütete Nest der Schwiegereltern und sichert sich auf diesem Umweg heimlich doch die Hilfe des Ehemannes.

4

Weibliche Partnerwahl:
Evas evolutionäre Macht

Was wollen Frauen eigentlich? Jeder Mann, der schon einmal in konsternierter Ratlosigkeit ob der Unergründlichkeit dieses Rätsels die Augen gen Himmel gerollt hat, ist womöglich gut beraten, dem Beispiel der Evolutionsbiologen zu folgen: Hören Sie auf, die kleine kahle Stelle an Ihrem Hinterkopf zu kratzen, und richten Sie Ihre Aufmerksamkeit auf die vorhandenen Indizien. In Laboratorien und Forschungsstationen quer durch ganz Amerika und im Ausland untersuchen Biologen gegenwärtig eine evolutionäre Kraft, die über lange Zeit hinweg vernachlässigt worden ist: die Auswirkungen der weiblichen Partnerwahl auf Leistung und Aussehen der betreffenden Männchen einer Art.

Die neuen Erkenntnisse lassen darauf schließen, dass viele der bizarren und scheinbar sinnlosen Balzrituale und Prachtentfaltungen, die Männchen mit solcher Hingabe betreiben, den einzigen, entscheidenden Sinn haben, einem Weibchen die Chance zu geben, die Widerstandsfähigkeit und die Gesundheit seines potenziellen Partners zu beurteilen, bevor es sich auf die Verbindung mit ihm einlässt. Seit Jahren hatten Biologen den Verdacht, dass bestimmte prunkvolle Merkmale von Männchen – die brillante Farbenpracht im Schwanzgefieder eines Pfaus zum Beispiel oder die dröhnenden Mondscheinsonaten eines Ochsenfroschs – nur deshalb in der Evolution entstanden sind, weil die Männchen mit ihnen bei den Weibchen eine gute Figur machen können. Doch viele Forscher schrieben der weiblichen Part-

nerwahl einen eher unbedeutenden Einfluss auf die Evolution tierischer Merkmale zu, vor allem in Relation zu der Fähigkeit, Räubern zu entkommen oder ein Revier zu verteidigen, oder im Vergleich zu den kriegerischen Auseinandersetzungen zwischen Männchen um die Eroberung eines Weibchens.

Nun endlich kommt das Tierweibchen in der biologischen
Arena zu seinem Recht. Dank verbesserter Forschungsme-
thoden und weiterentwickelter Evolutionstheorien vermögen die Biologen heute genauer die Merkmale zu bestimmen,
die ein Weibchen dazu veranlassen, sich mit eben diesem
Männchen zu paaren und mit keinem anderen. Die Untersuchung von Balzritualen hat sich infolgedessen endlich über
den Status eines Gesellschaftsspiels zu einer soliden Diszip-
lin erhoben. Man stützt sich in diesem Bereich unter anderem auf ein experimentelles Vorgehen, bei dem man die
Merkmale von Männchen leicht verändert und beobachtet,
wie deren Anziehungskraft und Durchschnittsleistung durch
diese Veränderung beeinflusst werden.

Aus diesen Arbeiten geht hervor, dass bei vielen Arten
die Weibchen sehr genau auf äußere Zeichen von Parasitenbefall und anderen Krankheiten achten. Daher signalisieren
Männchen ihre Gesundheit häufig mittels auffälliger Haut-
oder Gefiederfärbungen, die dann im Lauf vieler Generationen durch das Wirken der weiblichen Selektion immer be-
tonter und überladener werden. Um die Qualität der männlichen Gene zu testen, verlangen manche Vogel- und Froschweibchen den Trägern dieser Merkmale eine Leistung ab, die
die Männchen bis an ihre kardiovaskulären Grenzen belastet.

Bei anderen Arten, insbesondere bei Insekten, wehrt ein
Weibchen die sexuellen Offerten des Männchens so lange
ab, bis dieses ihm ein Hochzeitsgeschenk macht – ein Päckchen aus Proteinen und Nährstoffen, garniert mit einem

chemischen Duftstoff, den das Weibchen einsetzen kann, um sich selbst oder seine Eier zu schützen.

Langfristig gesehen beeinflusst die weibliche Partnerwahl die Charakteristika des Weibchens nicht weniger als die des Männchens, denn Töchter erben von ihren Müttern vermutlich eine Neigung, bestimmte männliche Merkmale anderen vorzuziehen. Dennoch sollte man die weibliche Selektion nicht überbewerten. Und das Warum, Wozu und sogar das Ob weiblicher Auswahl bleibt für die große Mehrzahl der Arten – nebenbei bemerkt auch für unsere eigene – schwer fassbar (und so manche Frau würde sich womöglich fragen: Auswahl? Woraus denn?).

So frisch belebt das Gebiet auch sein mag, die Untersuchungen zur Problematik weiblicher Selektion begannen mit den Anfängen, das heißt mit dem Gründer der modernen Evolutionsbiologie. Charles Darwin mutmaßte bereits im Jahr 1872, dass weibliche Tiere durch ihre »Zuchtwahl«, das heißt ihre Entscheidung, mit wem sie sich zu paaren gedenken, einen gewissen Druck auf die Evolution ihrer Art ausüben könnten. Von Biologen wurde diese Vorstellung jedoch lange Zeit hindurch abgelehnt, waren diese doch selbst vorwiegend männlichen Geschlechts und daher vor allem am Verhalten männlicher Tiere interessiert, insbesondere an den gewaltsamen Zusammenstößen, zu denen es zwischen den Männchen einer Art während ihres alljährlichen Brunftwahns kommt. Ein Comeback erlebte die Theorie der weiblichen Selektion Mitte der siebziger Jahre, als die Biologen sich von der Untersuchung des Gruppenverhaltens abwandten und sich stattdessen auf das Verhalten und die Fortpflanzungsstrategien einzelner Exemplare einer Art zu konzentrieren begannen. Auf den Spuren der darwinschen Überlegungen gelangten die Verhaltensforscher zu der Ansicht, dass Weibchen in der Regel ein größeres Interesse für die Details ihrer Fortpflanzung aufbringen müssten als Männchen. Besonders hoch ist der Einsatz bei weiblichen Säugetieren, die ihre Jungen austragen und nach deren Geburt lange für sie sorgen müssen. Doch selbst bei Insekten und Fischen, die weit weniger Zeit in die Aufzucht ihrer Jungen investieren, ist der Energieeinsatz, der zur Produktion von Nährstoffen, Fetten und Proteinen in einem Ei benötigt wird, weit größer als der zur Produktion von Spermien. Eine altbekannte Floskel sagt: Eier sind teuer, Spermien sind billig. In Anbetracht ihrer größeren Investition in die Reproduktion besteht für Weibchen offenbar ein größerer Anreiz, sich nach dem bestmöglichen Partner umzusehen, als für Männchen. Männchen, die ihre genetischen Erbstücke künftigen Generationen hinterlassen wollen, müssen attraktiv für die Weibchen sein, oder sie landen in einer genetischen Sackgasse.

Die vielleicht klarsten Befunde zu den Feinheiten weiblicher Ansprüche haben sich bei Arten ergeben, bei denen die Weibchen zur Aufzucht oder zum Schutz ihrer Jungen auf die materielle Hilfe der Männchen angewiesen sind. Beim Balzspiel einer Käferart aus der Familie der Pyrochroidae beispielsweise folgt das Männchen einem seltsamen Ritual, bei dem es seiner potenziellen Partnerin wiederholt eine tiefe Furche auf seiner Stirn präsentiert. Man hat lange gerätselt, was diese Furche zu bedeuten hat. Heute wissen die Forscher, dass sie eine höchst verführerische Probe enthält: eine geringe Menge der Substanz Cantharidin. Das Männchen kommt an diese Substanz, indem es die Eier von Ölkäfern frisst (von denen man bei uns in erster Linie die Spanische Fliege kennt). Während der Balz führt es dem Weibchen immer wieder seinen Schatz vor. Irgendwann packt dieses den Käfer beim Kopf und leckt ohne Umschweife die chemische Brautgabe aus der Furche. Von der Vorspeise augenscheinlich beeindruckt, erlaubt das Weibchen dem Männchen schließlich die Paarung, bei der es dann die Hauptspeise erhält. Während der Kopulation übermittelt das Männchen dem Weibchen eine sehr viel größere Dosis Cantharidin, das dieses dann in seine Eier einbaut, um sie vor Ameisen und anderen Räubern zu schützen.

Mit der Zurschaustellung seiner Stirnfurche gibt das Männchen dem Weibchen während des Vorspiels einen verführerischen Wink – so ähnlich als zeigte es ihm eine prall gefüllte Brieftasche mit den Worten: »Auf dem Konto, von dem das hier kommt, liegt noch mehr davon.« Erste Hinweise auf die zentrale Rolle des Cantharidins bei der Paarung von Pyrochroidae ergaben sich aus der Tatsache, dass im Labor gezüchtete Käfer, die keinen Zugang zu der Substanz hatten, bei ihren Versuchen, ein Weibchen zu freien, elend scheiterten. Die Frustriertesten unter ihnen flüchteten sich in eine versuchte Vergewaltigung, aber die weiblichen Käfer waren bemerkenswert geschickt darin, sich ihre lästigen Verfolger vom Rücken zu schütteln.

Weniger augenfällig als ein Hochzeitsgeschenk ist das, was ein Weibchen sucht, das ein Männchen auf der Basis seiner äußeren Erscheinung auswählt. In einer Reihe hübscher Experimente untersuchten Forscher von der Universität Bern den Einfluss der männlichen Färbung auf die weibliche Selektion beim Dreistacheligen Stichling. Die Forscher wussten, dass sich der männliche Stichling während der Brutsaison hellrot färbt und dies anschließend einem Weibchen in einem im Zickzack verlaufenden Paarungstanz vorführt. Die Wissenschaftler wussten auch, dass die von Parasiten befallenen Männchen eine schwächere Färbung annehmen und sogar dann noch blasser bleiben, wenn sie ihre Plagegeister losgeworden sind. Die Frage war: Würden die Weibchen hellrote Männchen bevorzugen, die eine gegenwärtig und in der Vergangenheit stabile Gesundheit signalisierten? Um dies zu beantworten, testeten sie die weibliche Reaktion auf Gruppen aus hellrot gefärbten, gesunden sowie blasseren, zuvor mit Parasiten infizierten Männchen, und zwar zunächst unter Einstrahlung von natürlichem weißem Licht, in dem die Weibchen die Intensität der roten Farbe unterscheiden konnten, und dann unter grünem Licht, durch das die Farbintensität verschleiert wurde.

Die Wissenschaftler stellten fest, dass die Weibchen, wenn sie die roten Männchen von ihren langweiligeren Kollegen unterscheiden konnten, nahezu ausschließlich die auffälliger gefärbten zur Paarung bevorzugten, obwohl beide Gruppen von Freiern ihren Zickzacktanz mit derselben Hingabe vollführten. Wenn die Weibchen jedoch unter der Einwirkung von grünem Licht zu wählen hatten, schnappten sie sich wahllos Männchen von jeder Farbe.

Wie Fische sind auch Vögel einem starken Parasitenbefall ausgesetzt. Vergrößert wird die Gefahr bei ihnen zusätzlich dadurch, dass sie ein warmes Nest bauen, das zahllosen geflügelten und ungeflügelten Blutsaugern Wärme und Schutz verheißt. Es überrascht daher nicht, dass auch Vogelweibchen von dem Gedanken an Parasiten verfolgt werden. In Experimenten mit Bankivahühnern, den wilden Verwandten unserer Haushühner, haben Biologen herausgefunden, welche speziellen Zierden die Hennen bei einem Hahn am meisten anziehen: Kamm und Kehllappen. Hennen widmen dem Zustand von Kamm und Kehllappen mehr Aufmerksamkeit als jedem anderen Merkmal – Größe, Gewicht, Aggressivität seines Auftretens und Zustand des Gefieders eingeschlossen. Je länger der Kamm des Hahns und je stärker gefärbt er ist, desto größer ist die Wahrscheinlichkeit, dass die Henne ihn einem konkurrierenden Männchen vorzieht. Ihr Urteil ist treffsicher: Weil Kamm und Kehllappen die fleischigsten Merkmale des Hahns sind, wären Zeichen von Parasitenbefall und Krankheit an ihnen zuerst zu bemerken. Nicht umsonst sind Kamm und Kehllappen auch für den Bauern ein Zeichen für den Gesundheitszustand seiner Schar.

Neben der Resistenz gegenüber Krankheiten scheint die Vitalität ein weiterer betörender Faktor zu sein, der Weibchen unwiderstehlich anzieht. Bei den Grauen Laubfröschen versuchen die Männchen über Tage hinweg, die Weibchen mit einer Serenade aus wiederholten Trillern zu locken, wobei sie sowohl die Länge der einzelnen Phrasen als auch die Zeitdauer zwischen diesen variieren können. Beim Hervorbringen dieser Klänge verbrauchen die Froschmännchen Unmengen an Sauerstoff und plündern die Brennstoffreserven ihres Körpers. Sie verausgaben sich bis zur Erschöpfung, so als verlangten die Weibchen von ihnen, dass sie an ihre physiologischen Grenzen gehen. Und Froschweibchen wissen Demonstrationen überamphibischer Kraft in der Tat zu schätzen. Lässt man sie zwischen zwei Lautsprechern wählen, von denen der eine die normalen Rufe der Laubfroschmännchen wiedergibt und der andere synthetische Tonfolgen von der doppelten Frequenz sendet, wie sie einem Frosch möglich wäre, werfen sich die Weibchen der Quelle jener rasch trillernden Sequenzen in Massen zu Füßen und versuchen ihr Bestes, den darin verborgenen überirdischen Prinzen zu finden. Warum die Weibchen einen Partner begehren sollten, der solcher Stimmakrobatik mächtig ist, weiß niemand. Da ein Laubfroschmännchen zum Geschäft der Fortpflanzung außer seinen Genen nichts beiträgt – keinerlei chemische Waffen zur Verteidigung der Jungen, keinerlei Fürsorge –, kann ein Weibchen, das ein Männchen nach dem Kriterium der Vitalität aussucht, vermutlich nur darauf hoffen, bei diesem Handel ihre Chancen auf widerstandsfähige Nachkommen zu erhöhen.

Doch der Nachweis, dass vitale Männchen auch vitalen Nachwuchs zeugen, ist Gegenstand heftiger Kontroversen. Einige der solidesten Indizien zur Untermauerung dieser These stammen aus einer schwedischen Studie über Rauchschwalben, bei denen die Männchen über einen um zwanzig Prozent längeren Schwanz verfügen als die Weibchen. Um zu prüfen, ob die weibliche Selektion irgendetwas mit dieser Verlängerung des Gefieders zu tun hat, kürzten die Experimentatoren einigen Männchen die Schwanzfedern, anderen klebten sie zusätzliche Federn an. Weibchen, denen man die Wahl zwischen kurz- und langschwänzigen Männchen ließ, entschieden sich ausnahmslos für die reicher bestückten Artgenossen. Wieder haben Parasiten etwas mit der Wahl zu tun: Männchen mit von Natur aus längerem Schwanzgefieder waren nachweislich deutlich weniger von Milben befallen als solche mit kürzeren Schwanzfedern.

Um herauszufinden, ob die langschwänzigen Vögel womöglich über eine genetisch bedingte Resistenz gegen den Milbenbefall verfügten, die sie an ihre Küken weitergeben konnten, beobachteten die Biologen die Schwalbenpopulation über mehrere Generationen hinweg, wobei sie zwischenzeitlich die Bedingungen veränderten. Um den Beitrag umweltbedingter Faktoren auszugleichen, vertauschten sie Eier, die von langschwänzigen Männchen befruchtet worden waren, mit solchen von Männchen mit kürzerem Schwanzgefieder. Danach infizierten sie die Nester sämtlicher Vögel mit derselben Anzahl an Milben. Mit dem Heranwachsen der Jungvögel wurde die jeweilige Vaterschaft offenbar: Jungvögel, die von langschwänzigen Männchen abstammten, hatten deutlich weniger Parasiten als die Nachkommen von Männchen mit kürzeren Schwänzen. Die Resistenz der Jungen gegenüber Milben war unabhängig davon, in welchem Nest sie aufgewachsen waren, oder davon, wie viele Parasiten im Gefieder ihrer Stiefeltern umherkrabbelten. Die relative Parasitenbelastung der natürlichen Federn ließ deutlich darauf schließen, dass diese Resistenz erblich ist.

Was lange Schwanzfedern mit der Parasitenresistenz im Einzelnen zu tun haben, bleibt ein Rätsel, aber Rauchschwalbenweibchen haben ihre Liebhaber eindeutig am liebsten mit langen Federn. Etwa fünfzehn Prozent aller Männchen im Schwarm erhalten nie Gelegenheit zur Paarung, und stets sind dies die Vögel mit den kürzesten Schwänzen.

Was jedoch für Rauchschwalben gilt, muss nicht für alle anderen gelten. Viele Fälle von weiblicher Selektion scheinen doch eher willkürlich zu sein. Wenn eine Frau sich mit einem besonders lauten Mann zusammentut, so vielleicht deshalb, weil er der Einzige ist, den sie hören kann – oder auch weil er unter den Männern, die sie kennt, der Einzige ist, der weder schwul noch verheiratet noch arbeitslos ist.

5

Wie schaffen Eltern das bloß?

Elternschaft mag die natürlichste Sache der Welt sein, doch objektiv betrachtet ähnelt die Arbeitsplatzbeschreibung der eines Sklavenjobs. Ein Nest ist zu bauen, Wehen müssen durchgestanden, das Neugeborene muss gestillt oder mit eigens herbeigeschaffter Nahrung gefüttert werden. Es gilt, den Dreck des Nachwuchses wegzuputzen, Räuber zurückzuschlagen und sich über jeden Piepser, jedes Jammern und Weinen des Kleinen zu sorgen. Welcher Zaubertrank könnte ein Geschöpf veranlassen, eine solche Herkulesarbeit auf sich zu laden, und das mit einer Hingabe, die aussieht wie ... Freude? Der Gedanke, es habe mehr bedurft als der eigenen pausbäckig-engelhaften Anmut, um die Eltern beim Ausleeren der zahllosen Windeleimer bei der Stange zu halten, mag wenig charmant scheinen und aller Rockwellschen Idylle zuwiderlaufen, doch es stellt sich mehr und mehr heraus, dass die Biochemie der Elternschaft einer sorgfältig abgestimmten Choreografie gehorcht. Nachdem die Wissenschaftler lange im Dunkeln getappt haben, wird nun langsam deutlich, welche Hormonsignale Männchen und Weibchen dazu bringen, sich kooperativ zusammenzutun und den Anforderungen, die Aufzucht und Schutz der Jungen an sie stellen, nachzukommen.

Zum großen Teil stützen sich die Arbeiten auf Beobachtungen an Nagetieren. Sie legen ein relativ festes und vorhersagbares Repertoire von Verhaltensweisen an den Tag, die manipuliert und verstanden werden können. Untersuchungen an höheren Tieren wie unsereinem lassen jedoch darauf schließen, dass dieselben Hormone, die die Dynamik einer Nagerfamilie gestalten, auch menschliches Sozialverhalten beeinflussen, unter anderem die Bindung der Mutter an ihr Baby, die Zuneigung zwischen Mann und Frau und die Fähigkeiten des Kindes, Beziehungen zur Außenwelt zu knüpfen und Freundschaften zu schließen.

Die beiden für die Ausbildung familiärer und anderer Sozialbeziehungen entscheidenden Hormone sind Oxytozin und Vasopressin, zwei kleine, strukturell recht ähnliche Peptide, die im Gehirn gebildet werden und ihren Einfluss mehr oder weniger – allerdings nicht exklusiv – geschlechtsspezifisch ausüben. Oxytozin beeinflusst das weibliche Verhalten; Vasopressin stimuliert bei Männchen monogames, väterliches Verhalten.

Die beiden Hormone sind bereits lange aus anderen Zusammenhängen bekannt. Oxytozin ist das Hormon, das Wehen, Milchproduktion und die zärtliche Hinwendung einer Mutter zu ihrem Kind beeinflusst. Vasopressin ist an der Stressreaktion des Körpers beteiligt und lässt unter anderem den Blutdruck steigen. Doch die Tragweite der beiden Hormone geht, wie man heute weiß, weit über die Physiologie hinaus. Die Natur ist letzten Endes ein knauseriger Ingenieur und verwendet nach Möglichkeit dieselben Materialien und Entwürfe, um viele Aufgaben gleichzeitig zu lösen. Und die effizienteste Möglichkeit, eine komplizierte Reihe von Aufgaben zu erledigen, ist die Einteilung in Kategorien. Wenn die Produktion von Milch und mütterliches Verhalten zur selben Zeit erwünscht sind und wenn die Verteidigung des eigenen Reviers und die väterliche Fürsorge für den Nachwuchs eng verknüpfte Aufgaben sind, warum nicht in beiden Fällen das gesamte Spektrum an Aufgaben vom selben Hormon erledigen lassen?

Ein beeindruckendes und dramatisches Beispiel für den Einfluss von Vasopressin ist nach Ansicht von Neurowissenschaftlern das Verhalten der männlichen Präriewühlmaus, einem kleinen, wolligen orangebraunen Nager aus dem mittleren Westen der Vereinigten Staaten. Präriewühlmäuse sind berühmt für ihr ungewöhnlich monogames Verhalten und ihre gleichberechtigte Lebensweise. Männchen und Weibchen gehen eine lebenslange Verbindung ein und teilen sich die Pflichten der Jungenaufzucht. Vasopressin ist die Substanz, die ein naives junges Männchen in einen zärtlichen, beschützenden Partner und Vater verwandelt. Diese Verhaltensänderung beginnt mit der Kopulation. Unmittelbar nachdem sich ein Männchen mit einem Weibchen gepaart hat, beginnt es deutlich zu zeigen, dass es dieses den anderen Weibchen vorzieht. Es schmust mit seiner Auserwählten, pflegt ihr Fell und äußert seine Zuneigung auf alle möglichen Arten. Es greift aber fremde Wühlmäuse beiderlei Geschlechts an, die sich seiner Parzelle nähern. Aggression ist auch eine Möglichkeit, Bindung auszudrücken, und eine Präriewühlmaus nach der Paarung zeigt sich als ein überaus streitlustiger Geselle.

Forscher haben die Rolle des Vasopressins bei dieser Veränderung darlegen können, indem sie den Wühlmäusen ein Präparat spritzten, das die Wirkung des Hormons unterdrückt. Solchermaßen behandelte Männchen behielten ihr sexuelles Interesse und paarten sich mit einem verfügbaren Weibchen, danach zeigten sie ihm jedoch weder besondere Zuneigung, noch wurden sie Fremden gegenüber aggressiv. Mehr noch: Verabreichte man Wühlmausmännchen Vasopressin, ohne dass diese sich zuerst gepaart hatten, so betrachteten diese Tiere das nächstbeste Weibchen, als wären sie eine Beziehung mit ihm eingegangen, zogen dieses jedem anderen vor und griffen jeden Eindringling unnachsichtig an.

Bezeichnenderweise zeigten derartige Vasopressin-Manipulationen jedoch keinerlei Wirkung auf das Verhalten einer anderen, nicht monogamen Wühlmausart: Den Männchen von Microtus montanus fehlt die notwendige Gehirnverkabelung, um auf die Erfordernisse guten elterlichen Verhaltens eingehen zu können.

In anderen Untersuchungen an Präriewühlmäusen haben Neurowissenschaftler von der University of Massachusetts in Amherst zeigen können, dass sich das elterliche Verhalten von Vätern durch die Injektion von Vasopressinblockern in Gehirnregionen, die reich sind an vasopressinsensitiven Zellen, massiv verstärken lässt: Sie hörten auf, blindlings über ihre Jungen hinwegzustolpern, pflegten deren Fell und trugen sie in einen sicheren Winkel.

Doch die Wirkung von Vasopressin auf das Verhalten beschränkt sich nicht allein auf das Leben innerhalb der Kernfamilie. Bei Rattenmännchen – Wesen mit wenig Hang zur Paarbindung oder zur Jungenaufzucht – stimuliert Vasopressin das soziale Gedächtnis und sorgt auf diese Weise dafür, dass Männchen einander wieder erkennen. Ratten, denen man Vasopressinblocker verabreicht, erkennen alte Bekannte nicht mehr und beginnen jede Begegnung mit dem Beschnuppern des ganzen Körpers, eine Begutachtung, die normalerweise Neuankömmlingen vorbehalten ist.

Welche Rolle Vasopressin in Bezug auf menschliches Verhalten spielt, verbleibt im Reich der Spekulation, doch manche psychiatrischen Störungen wie Autismus und Schizophrenie könnten möglicherweise die Folge einer verminderten Vasopressinproduktion sein. Vorläufige Studien zeigen, dass autistische Kinder über einen ungewöhnlich niedrigen Vasopressinspiegel im Blut verfügen, doch ob diese Messwerte die Hormonaktivität im Gehirn widerspiegeln, ist bislang nicht bekannt. Eine nahtlose Gefäßhülle um das Gehirn – die so genannte Blut-Hirn-Schranke – sorgt für eine gewisse

Trennung zwischen Körper und Gehirn, sodass Messwerte bezüglich der Hormonkonzentrationen im Blut nicht notwendigerweise den Hormonstatus der zentralen Schaltzentrale wiedergeben, und auch die Hormonaktivität ist bei beiden unter Umständen unterschiedlich. Wenn es dennoch gelingen sollte, irgendeine Möglichkeit zu entwickeln, wie sich Vasopressin durch die schützende Gefäßbarriere hindurch ins Gehirn transportieren ließe, könnte autistischen Patienten theoretisch geholfen werden, jene sozialen Bindungen einzugehen und zu festigen, die sie so beharrlich zu meiden scheinen. Ob Vasopressin sich je einsetzen lassen wird, um eine Generation sensibler, fürsorglicher Väter hervorzubringen, ist allerdings eine andere und eher etwas weit hergeholte Überlegung.

Was Vasopressin für das männliche Geschlecht tut, scheint Oxytozin für das weibliche zur Vollendung zu bringen: Es fördert das Erblühen sozialer Bindungen. Hier wird auf der Vorteilsskala ein Punkt mehr gemacht, denn während Vasopressin bei den einen zur gleichen Zeit Zuneigung und feindseliges Verhalten auslöst, wird Oxytozin nun einzig mit so positiven sozialen Verhaltensweisen in Verbindung gebracht wie dem Drang, sich zu paaren und Jungtiere zu versorgen. Zudem scheint das weibliche Gehirn darauf programmiert zu sein, rasch und gründlich auf einen Oxytozinstoß zu reagieren. In neueren Untersuchungen an Ratten und Mäusen entdeckten die Wissenschaftler allerdings zu ihrer Verblüffung, dass die Freisetzung des Hormons im Gehirn während der Laktation, der Bildung und Ausschüttung von Muttermilch, beinahe augenblicklich dazu führt, dass sich das bindegewebige, gliale Versorgungsgewebe um die Nervenzellen zurückzieht – das entspricht dem ersten Schritt zur Bildung neuer synaptischer Verbindungen zwischen einzelnen Neuronen.

Dass neuronale Strukturen so rasch reagieren können, lässt

darauf schließen, dass das Gehirn sehr viel flexibler ist, als man je gedacht hatte.

Auch unser eigenes Gehirn ist womöglich sehr viel leichter zu beeindrucken, als wir es gern wahrhaben möchten. In Untersuchungen, die, wie sie selbst zugibt, einigen sozialen Zündstoff bergen, hat Kerstin Uvnas-Möberg vom Stockholmer Karolinska-Institut herausgefunden, dass bei Persönlichkeitsbewertungen, in denen man Merkmale wie Angst und Aggression misst, die Werte von Frauen während und unmittelbar nach einer Schwangerschaft sich drastisch verändern. »Sobald sie schwanger werden, sind sie sehr viel ruhiger, den Gefühlen anderer Menschen und nonverbaler Kommunikation gegenüber sehr viel aufgeschlossener«, erklärt sie. »Im Bereich der sozialen Kompetenz und bei dem Bestreben, anderen zu gefallen, schneiden sie sehr viel besser ab.«

Bei der Bestimmung der Oxytozinkonzentrationen im Blut vor und nach einer Schwangerschaft stellten sie und ihre Kollegen fest, dass die Frauen umso höhere Werte auf der Sensibilitätsskala erreichten, je steiler die Hormonkonzentration während der Schwangerschaft angestiegen war. Während der Stillzeit blieb der Oxytozinspiegel erhöht, und das Verhalten der Frauen schien, den Werten auf der Persönlichkeitsskala nach zu urteilen, unverändert zu sein.

Die Forscher wissen noch nicht – und werden es in Anbetracht der Einschränkungen dessen, was man mit menschlichen Versuchspersonen anstellen kann, vielleicht auch nie wissen –, ob der Zusammenhang zwischen Oxytozin und einer ausgeglichenen Persönlichkeit kausal bedingt oder zufällig ist. Auch ist nicht klar, ob der vermeintliche Hormoneinfluss auf den Charakter über die Stillzeit hinaus anhält. Einige der Versuchspersonen der schwedischen Studie schienen auf ihr vorheriges Angstniveau zurückzufallen, nachdem ihr Milchfluss versiegt war. Andere berichteten über eine permanente Stimmungsänderung. Aus irgendeinem seltsamen Grund hatten sich bei ihnen Gelassenheit anstelle von Kratzbürstigkeit und Liebenswürdigkeit statt Argwohn manifestiert. Sie blieben ihnen auch dann erhalten, als sie keine Hormone mehr dafür verantwortlich machen konnten.

6

Delfine auf Freiersfüßen:
brutal, listig und einfallsreich

Wie Welpen, Pandas und kleine Kinder genießen Delfine eine beinahe grenzenlose Zuneigung. Sie scheinen auf die geringste Aufforderung mit Spiel und Herumtollerei zu reagieren, ihre Mundwinkel sind in einer Miene ewiger Fröhlichkeit arretiert, und ihr Verhalten lässt ebenso wie ihr sehr großes Gehirn eine Intelligenz vermuten, die an die des Menschen heranreicht – wenn sie nicht gar, wie manche Leute argumentieren würden, diese übersteigt.

Auch bei näherem Hinsehen erweisen sich Delfine in der Tat als außerordentlich gescheit – aber nicht in jener lieblichen, utopisch-sozialen Art und Weise, wie sie sich der sentimentale Flipperophile vielleicht erhofft. Wissenschaftler, die viele tausend Stunden damit zugebracht haben, vor der australischen Küste das Verhalten von Tümmlern zu untersuchen, stellten fest, dass Männchen soziale Bündnisse schließen, die weit höher organisiert und um einiges zwielichtiger sind als alles, was man von anderen Tieren oder dem Menschen an Allianzen kennt. Bei diesen aalglatten Unterwasserpartnerschaften versichert sich eine Gruppe von Delfinen der Hilfe eines zweiten Teams, um gegen ein drittes anzugehen – ein vielschichtiger Schlachtplan, der beträchtliches Kalkül erfordert.

Der Zweck dieser komplexen Bündnisse ist ein nicht eben sportlicher: Die Männchen vereinen sich mit ihren Konsorten, um rivalisierenden Banden fruchtbare Weibchen auszuspannen. Und wenn sie es erfolgreich fertig gebracht haben, ein Weibchen zu betören, bleiben sie in ihrer unzertrennlichen Männerrunde und vollführen eine Reihe von spektakulären und gleichzeitig bedrohlichen Kunststücken, um das Weibchen bei der Stange zu halten. Zwei bis drei Männchen kesseln die Dame springend und flossenschlagend ein, machen Purzelbäume und vollführen in vollkommener Synchronisation ihre Pirouetten. Sollte das Weibchen sich von der Choreografie so unbeeindruckt zeigen, dass es zu fliehen versucht, wird es von den Männchen gejagt und gebissen, mit den Flossen geschlagen oder mit dem ganzen Körper gerammt. Wissenschaftler nennen dieses Bestreben, das Weibchen zu kontrollieren, »bewachen«, geben jedoch zu, dass dieser Begriff die Aggressivität des Vorgehens verharmlost. Im Lauf der »Bewachung« wühlen Flossenschläge und das Zusammenprallen der Körper das Wasser wie bei einem Orkan auf, und oft geht das Weibchen mit tiefen Bisswunden aus der Begegnung hervor.

Obwohl die Wissenschaft seit langem von der Intelligenz und dem komplexen Sozialverhalten der Tümmler beeindruckt war – der Große Tümmler wird häufig für Meeressäugershows im Zirkus eingesetzt, weil er so bereitwillig auf Anweisungen reagiert –, stellte der machiavellistische Touch der männlichen Strategien dennoch eine ziemliche Überraschung dar. Von vielen Primaten, darunter Schimpansen und Paviane, weiß man, dass sie sich zu Banden zusammenschließen, um rivalisierende Lager anzugreifen. Aber man hatte nie zuvor beobachtet, dass eine Gruppe eine zweite rekrutiert, um über eine dritte herzufallen. Nicht minder beeindruckend ist die Tatsache, dass diese Allianzen aus mehreren Parteien bei Delfinen flexibel zu sein scheinen und sich je nach Bedarf von einem Tag auf den nächsten ändern können – je nachdem, was für die Delfine anliegt, ob die eine Gruppe der anderen einen Gefallen schuldet und was ihrer

Ansicht nach zulässig ist und was nicht. Delfine scheinen im höchsten Grad opportunistische Wesen zu sein, was bedeutet, dass jedes Tier ständig neu einschätzen muss, wer Freund und wer Feind ist.

Um männliche Übergriffe abzuwehren, tun sich die Delfinweibchen ebenfalls zu hoch organisierten Bündnissen zusammen. Manchmal verfolgt die Schwesternschaft sogar ein männliches Konsortium, das eine der ihren aus ihrer Mitte entführt hat. Mehr noch als das scheinen die Weibchen so etwas wie eine Auswahl unter den Männchen zu betreiben, die Weibchen zu entführen versuchen: Manchmal schwimmen die Weibchen scheinbar zufrieden mit den Männchen Seite an Seite; bei anderer Gelegenheit versuchen sie verzweifelt, zu entkommen, was ihnen nicht selten gelingt. Im Prinzip könnte die Notwendigkeit, lockere und zweckmäßige soziale Bündnisse und Gegenbündnisse einzugehen, eine treibende Kraft bei der Evolution der Intelligenz unter Delfinen gewesen sein.

Bevor es jetzt so aussieht, als sei ein Delfin nichts weiter als ein Bandit mit Flossen und einem Blasloch, beeilen sich die Biologen zu betonen, dass er im Allgemeinen ein bemerkenswert gutmütiges und freundliches Tier ist, um Klassen friedfertiger als ein Leopard oder gar ein Schimpanse. Die meisten der dreißig Delfin- und Kleinwal-Arten leben extrem sozial, schließen sich zu Schulen von mehreren hundert Tieren zusammen, die von Zeit zu Zeit in kleinere Clans zerfallen und sich dann wieder aufs Neue vereinigen. Ihre Geselligkeit scheint ihnen unter anderem dabei zu helfen, Haien zu entkommen und effizienter nach Fischen zu jagen.

Arten wie der Große Tümmler und der Spinnerdelfin fällen die meisten ihrer Entscheidungen demokratisch. Sie verbringen Stunden damit, in einer geschützten Bucht eng aneinander geschmiegt vor sich hin zu dümpeln, wobei sie eine gespenstische nautische Symphonie aus Quieken und Pfiffen, Keckern und Kläffen, Schnalzen und Kichern erklingen lassen. Die Geräusche werden immer lauter, bis sie eine Stärke erreichen, die allem Anschein nach besagt, dass die Meinungsbildung einmütig abgeschlossen wurde und es an der Zeit ist, aktiv zu werden – zum Fischen loszuziehen vielleicht. »Wenn sie ihre Entscheidungen koordinieren, so ist das wie ein Orchester, das sich einstimmt. Der Klang wird immer leidenschaftlicher und rhythmischer«, erklärt Dr. Kenneth Norris, ein führender Delfinforscher. »Demokratie braucht Zeit, und sie verbringen tagtäglich viele Stunden damit, Entscheidungen zu fällen.«

So außerordentlich ihre Musik auch ist, Delfine verfügen nicht über das, was man mit Recht als komplexe Sprache bezeichnen könnte, will sagen, eine Sprache, in der ein Tier unmissverständlich zu einem anderen sagen könnte: »Komm, lass uns fischen gehen.« Aber die Lautäußerungen sind auch nicht rein zufällig. Jeder Tümmler verfügt beispielsweise über sein eigenes Rufzeichen – einen Kennpfiff, der für das betreffende Wesen charakteristisch ist. Ein solcher Pfiff wird im Körperinneren gebildet und klingt eher wie ein Radiosignal denn wie ein menschlicher Pfiff. Die Mutter lehrt ihr Kalb, wie sein Kennpfiff lauten wird, indem sie diesen ein ums andere Mal wiederholt. Das Kalb prägt sich den Pfiff ein und stößt ihn von Zeit zu Zeit quiekend aus, als wolle es seine Anwesenheit kundtun. Gelegentlich ahmt ein Delfin den Pfiff eines Artgenossen nach, das heißt, er ruft ihn im Prinzip beim Namen.

Doch Delfinforscher warnen davor, Delfine himmelhoch über die Niederungen des Säugetierdaseins hinauszuheben. »Wer sich je mit Delfinforschung beschäftigt hat, hat die Nase voll von Delfinliebhabern, die glauben, diese Geschöpfe seien schwimmende Hobbits«, erklärt ein Delfintrainer und Wissenschaftler. »Ein Delfin ist ein sozial lebendes Säugetier, und so verhält es sich auch, und manchmal tut es Dinge, die wir nicht sehr entzückend finden.«

Besonders uncharmant werden Delfine, wenn sie vorhaben, sich zu paaren, oder eben dieses vermeiden wollen. Tümmlerweibchen bringen nur alle vier bis fünf Jahre ein einzelnes Junges zur Welt. Ein fruchtbares Weibchen ist somit eine heiß begehrte Rarität. Da es zwischen den Geschlechtern so gut wie keinen Größenunterschied gibt, kann ein einzelnes Weibchen nicht von einem einsamen Männchen zur Paarung gezwungen werden. Vielleicht ist das einer der Gründe dafür, dass Männchen sich zu Banden zusammenrotten.

Eine zehnjährige Studie erfasste einen Verbund von über dreihundert männlichen Delfinen vor der westaustralischen Küste. Die Wissenschaftler stellten fest, dass ein Tümmlermännchen bereits in jungen Jahren eine unerschütterliche Allianz mit einem oder zwei anderen Männchen eingeht. Die Tiere bleiben Jahre, manchmal ein Leben lang zusammen, schwimmen, fischen und spielen miteinander und dokumentieren ihr festes Freundschaftsband dadurch, dass sie stets Seite an Seite schwimmen und ihre Sprünge in makelloser Synchronie vollführen.

Manchmal bringt es das Paar oder das Trio fertig, ein fruchtbares Weibchen allein zu erringen. Doch was geschieht, sobald die Männchen ein Weibchen in ihrer Gewalt haben? Ob dieses einen oder alle von ihnen zum Partner nimmt, ist nicht bekannt. Bei Delfinen findet die Kopulation in großer Wassertiefe statt, und es ist nahezu unmöglich, sie zu beobachten. Auch verstehen Forscher nicht, woher die Männchen wissen, wann ein Weibchen fruchtbar ist oder kurz vor der Brunst steht und deshalb wert ist, gekapert zu werden. Manchmal beschnuppern die Männchen die Genitalien eines Weibchens, als versuchten sie, dessen Empfänglichkeit zu ergründen. Doch da Große Tümmler so selten Nachwuchs bekommen, könnten die Männchen ebenso gut versuchen, ein Weibchen auch in ihrer Nähe zu halten, wenn dieses nicht fruchtbar ist – in der Hoffnung, dass es nach ihren Diensten verlangt, wenn der ersehnte Augenblick des Eisprungs naht.

Bei anderer Gelegenheit sind potenzielle Partnerinnen rar, und die männlichen Bündnisse geraten unter Druck. In solchen Fällen versucht ein Duo oder ein Trio, anderen Gruppen ein Weibchen zu entführen. Sie spüren einen anderen Zusammenschluss einsamer Junggesellen auf und überreden dieses Paar oder Trio mit ein paar geschickten Schlägen ihrer Brustflossen oder sanften Nasenstübern dazu, sich an dem Unternehmen zu beteiligen.

Ist der Pakt besiegelt, fallen die beiden Delfingangs gemeinsam über eine dritte Gruppe her, die ein Weibchen bei sich hat. Sie jagen und bestürmen die anderen, und da sie in der Überzahl sind, gewinnen sie meistens und nehmen das Weibchen mit. In diesem Augenblick zerfällt die siegreiche Allianz bezeichnenderweise, und ein Paar oder Trio zieht mit dem Weibchen davon. Das andere gibt sich den Anschein, als habe es Ersterem aus reiner Freundschaft geholfen.

Dieser Kumpanengeist kann allerdings eine flüchtige Angelegenheit sein. Zwei Delfingruppen, die in der einen Woche kooperiert haben, können in der nächsten zu erbitterten Gegnern werden. Und ein Männchenduo kann durchaus die Seiten wechseln, um einer zweiten Gruppe beizustehen, die dasselbe Weibchen stibitzen will, das zu erringen sie den kämpfenden Besitzern zuvor geholfen hatten.

Die Instabilität und Kompliziertheit der Paarungsspiele mag erklären, warum Männchen sich gegenüber den Weibchen, die sie schließlich einfangen, so aggressiv und fordernd verhalten. Männchenduos oder -trios bewachen ihre

Weibchen mit zügelloser Eifersucht, stoßen mit den Köpfen nach ihnen, greifen sie an, beißen sie, schwimmen und springen in vollkommenem Einvernehmen um sie herum, machen ihre eigenen Körper zu lebenden Zäunen. Manchmal tauchen sie mit erigiertem Penis unter ihnen an die Oberfläche, ohne jedoch ernsthaft eine Kopulation zu versuchen. Oder ein Männchen lässt dem Weibchen gegenüber ein bestimmtes schnalzendes Geräusch erschallen, ein Laut, der klingt, als klopfe man mit der Faust auf hohles Holz. Dieses Geräusch bedeutet vermutlich: »Komm her!« Denn wenn das Weibchen es ignoriert, wird es von dem betreffenden Männchen bedroht oder angegriffen.

Irgendwann paart sich das Weibchen mit einem oder mehreren Männchen, und wenn das Kalb geboren ist, verliert das Bündnis das Interesse an ihm. Delfinweibchen ziehen ihre Jungen über vier bis fünf Jahre hinweg allein auf.

Vielleicht hat der Druck, kooperieren und sich mit den Artgenossen zusammentun zu müssen, die Evolution des Delfingehirns beschleunigt. Beim Delfin ist wie bei kaum einem anderen Tier das Gehirn in Relation zur Körpermasse sehr groß; und dieses Verhältnis gilt oftmals als Maß für die Intelligenz. Eine ähnliche Hypothese hat man für das Aufblühen der Intelligenz beim Menschen, einer weiteren Art mit relativ großem Gehirn, aufgestellt. Menschen haben sich wie die Delfine unter höchst komplexen sozialen Bedingungen entwickelt. Verwandtschaft, Freund und Feind lebten auf engstem Raum zusammen, und die Ressourcen, die zu teilen ein Einzelwesen sich an einem Tag leisten kann, werden am nächsten Tag womöglich gefährlich knapp und beschwören einen Konflikt herauf. Unter solchen Bedingungen sind nur wenige Beziehungen rein schwarz oder weiß; es ist die Unterscheidung der subtilen Grauschattierungen, die Intelligenz erfordert.

Doch vergessen Sie nicht, dass das große Gehirn der Delfine diese nicht ohne weiteres zu großen Denkern macht. Das Geschöpf in der Natur, das mit dem womöglich größten Gehirn im Vergleich zur Körpergröße gesegnet ist, ist nämlich kein anderes als das Schaf.

7

Schönheit,
die von innen kommt?

Schönheit ist oberflächlich – wie süß das klingt. Ist es doch sowohl den weniger Schönen (die wissen, dass sie der Welt eine Menge mehr zu bieten haben als eine angenehme physische Erscheinung) als auch den Schönen (die nach Jahren des Bewundertwerdens für ihre äußere Verpackung nichts sehnlicher wünschen, als um ihrer inneren Werte geliebt zu werden) gleichermaßen ein Trost.

Glaubt man einigen Evolutionsbiologen, besteht das einzige Problem darin, dass die gute alte Redensart wahrscheinlich nicht zutrifft. Nach Ansicht einer wachsenden Zahl von Wissenschaftlern, die sich mit der Frage beschäftigen, warum Tiere voneinander angezogen werden, sind ein schönes Gesicht und eine gute Figur möglicherweise nicht allein aus irgendeiner Laune der Ästhetik heraus so verführerisch, sondern weil äußere Schönheit ein ziemlich verlässlicher Indikator für tiefere Qualitäten ist. Befunde bei so verschiedenen Arten wie Zebrafinken, Skorpionsfliegen, Hirschen und Menschen weisen darauf hin, dass Lebewesen bei der Beurteilung des Gesamtwerts eines potenziellen Partners auf zumindest ein klassisches Schönheitsideal achten: auf Symmetrie.

Dieser Theorie zufolge sucht der anspruchsvollere Partner – in vielen Fällen, aber nicht notwendigerweise das Weibchen – bei einem Bewerber nach der höchstmöglichen Ausgewogenheit zwischen rechter und linker Körperhälfte. Er sucht nach Zeichen von himmlischer Harmonie, vergleicht zum Beispiel, ob der linke Flügel dieselbe Form und

Länge hat wie der rechte, oder ob die Lippen von der Gesichtsmitte aus in spiegelbildlicher Symmetrie verlaufen. Bei der Bewertung der Symmetrie im Erscheinungsbild des Männchens erhält das Weibchen Hinweise auf den Gesundheitszustand des Männchens, auf die Leistungsfähigkeit seines Immunsystems, die Fähigkeiten seiner Gene, den Prüfungen der Umwelt zu widerstehen.

Die neuerliche Betonung der Bedeutung von Symmetrie bei der Partnerwahl ist eine jener ärgerlichen Entwicklungen innerhalb der Evolutionsforschung, die tief verwurzelten Vorurteilen neue Gültigkeit verleihen – in diesem Fall der märchenhaften Sicht der Welt, in der Prinzen und Prinzessinnen rechtschaffen, stark und lieblich sind, während die Bösen ungeschlacht und hässlich daherkommen. Biologen legen Wert auf die Feststellung, dass Symmetrie nur ein Teil des Gesamtbildes ist, nach dem Tiere ihre Wahl treffen, und es noch eine Menge darüber zu lernen gibt, was ein perfekt geformter Körper den Angehörigen einer bestimmten Art signalisiert.

Nichtsdestotrotz scheint die Symmetrie eine wichtige Rolle für die Frage der Attraktivität zu spielen. Umwickelt man Zebrafinkenmännchen die Beine mit unterschiedlich gefärbten Bändern, so ziehen die Weibchen solche mit symmetrischen Beinfarben deutlich denen vor, die verschiedene Farben zur Schau tragen. Offenbar hat ein solcher Anblick für sie denselben Reiz wie für uns der potenzielle Liebhaber, wenn er in verschiedenfarbigen Socken auftaucht. Skorpionsfliegenweibchen erkennen ein Männchen mit symmetrischen Flügeln entweder visuell oder indem sie ein von diesem ausgesendetes chemisches Signal – ein Pheromon – wahrnehmen. Wenn sie die Wahl haben zwischen dem Pheromon eines Männchens, dessen Flügel sich ein kleines bisschen in der Länge unterscheiden, und dem Parfüm eines Bewerbers mit gleich langen Flügeln, entscheiden sich die Weibchen für den ebenmäßigeren Partner.

Bei Hirschen verfügt das Männchen, das über den größten Harem gebietet, nicht nur über das größte, sondern auch über das symmetrischste Geweih. Man weiß, dass einem Bock, der im Kampf gegen ein anderes Männchen verliert – und damit in den meisten Fällen auch seinen Harem ganz oder teilweise an dieses abtreten muss –, im Folgejahr ein asymmetrisches Ende wächst, quasi als trauriges Gegenstück zum scharlachroten Buchstaben.

Wir mögen vielleicht über den Sexappeal einer Knollennase oder eines schiefen Lächelns reden, aber die Gesichter, die wir als die allerschönsten erachten – diejenigen, die uns von jedem Mode- und Freizeitmagazin im Zeitschriftenstand kühl entgegenblicken –, sind in der Tat zumeist von außerordentlicher Symmetrie. Bei einem recht viel sagenden Experiment fotografierten Wissenschaftler Studenten und Studentinnen, fütterten die Fotos in einen Computer ein und digitalisierten sie, um genaue Messungen an ihnen vornehmen zu können. Anschließend schätzten sie die relative Symmetrie der Gesichter, indem sie gewissen Schlüsselmerkmalen einen Punkt zuordneten: äußeren und inneren Augenwinkeln, Wangenknochen, Mundwinkeln, dem äußeren Verlauf beider Nasenflügel und den äußersten Punkten des Unterkiefers. Jeder Punkt wurde mit seinem Gegenüber durch eine Linie verbunden und anschließend der Mittelpunkt dieser Linie bestimmt. Bei einem vollkommen symmetrischen Gesicht bildeten diese Mittelpunkte eine vertikale Linie entlang der Gesichtsmitte. Jede Abweichung von dieser Vertikalen war ein Maß für die horizontale Asymmetrie.

Die Wissenschaftler legten die computerisierten Bilder anderen Studenten vor und baten diese, die Attraktivität der betreffenden Person zu bewerten. Jawohl, so erfuhren sie, die symmetrischsten Gesichter gelten in der Tat als die anziehendsten. Doch die Wissenschaftler gingen noch weiter und

baten ihre fotografierten Studenten, einen Fragebogen aus-
zufüllen, in dem unter anderem gefragt wurde, wann sie ihre
Jungfräulichkeit verloren haben und wie viele Geschlechtspartner sie bereits hatten – Auskünfte, die man als einen groben Anhaltspunkt für die so genannte genetische Fitness des
Betreffenden werten kann, das heißt für seine Chancen, dem
menschlichen Genpool die eigenen Gene hinzuzufügen.

»Es funktionierte wie ein Zaubertrick«, erklärte der Wissenschaftler. »Diejenigen mit der ausgeprägtesten Gesichtssym-
metrie hatten ihre Jungfräulichkeit am frühesten verloren,
und die Zahl ihrer Geschlechtspartner war am höchsten.«
Bei Männern erwies sich ein symmetrisches Gesicht als pro-
bateres Mittel, sich einen steten Strom an Partnerinnen zu sichern, als eine witzige Anmache oder ein Renommee als
Sportskanone.

Biologisch gesehen sind ein symmetrisches Gesicht und
eine ebenmäßige Figur ein Indiz dafür, dass die zentralen
Systeme des männlichen Partners im Verlauf der kritischen
Wachstumsphasen ausnahmslos in Topform gearbeitet haben. Ein wohlproportionierter Körper kann überdies ein Zeichen dafür sein, dass das Männchen über ein Immunsystem
verfügt, das imstande ist, Parasiteninfektionen abzuwehren,
die, wie man weiß, einen gestörten Wuchs von Federn, Flügeln, Fell oder Knochen bewirken können. Vielleicht signalisiert es aber auch eine tiefer gehende Widerstandsfähigkeit
gegenüber möglichen Gefahren für eine ungestörte Entwicklung wie Nahrungsmangel, Temperaturextreme und Um-
weltgifte.

Der Theorie zufolge wählen Weibchen ein symmetrisches
Männchen, weil dieses seinem Nachwuchs die besseren
Gene mitgeben wird oder weil es aller Wahrscheinlichkeit
nach in hinreichend guter Verfassung ist, um bei Aufzucht
und Schutz der Jungen von Nutzen zu sein.

Die Erforschung der Wirkung von Symmetrie ist Teil des

Wissenschaftszweigs, der sich mit der sexuellen Auswahl beschäftigt, einem intellektuellen Tummelplatz, der eine Menge neuer Thesen zu der Frage produziert hat, warum Weibchen sich für bestimmte Männchen und gegen andere entscheiden. Viele auffällige Merkmale bei Männchen, angefangen beim extravaganten Gefieder eines Pfaus bis hin zum rhythmischen Zirpen einer Grille, sind offenbar über Generationen hinweg durch den weiblichen Geschmack geformt worden, und es stellt eine ziemlich große Herausforderung dar, hinter die Ursache eines bestimmten Faibles zu kommen. Eine einzelne Erklärung wird hier kaum hinreichen. Gelegentlich scheinen Weibchen sich offenbar als Mitläufer zu betätigen – wenn beispielsweise ein Fischweibchen beobachtet, welches Männchen seine Rivalin bevorzugt, und sich dann unausweichlich ebenfalls an dessen Fersen heftet.

Durch die Ausstattung mit exotischen und ganz unnatürlichen Verzierungen lassen Männchen sich hyperattraktiv gestalten. Setzt man einem Zebrafinkenmännchen beispielsweise eine weiße Federhaube auf den Kopf – ein Merkmal, das bei Zebrafinken normalerweise nicht vorkommt –, so verschafft ihm dieses eine unglaubliche Popularität bei den Weibchen. Ein Männchen hingegen, dem man einen roten Federhut verpasst hat, zieht aus seiner modischen Erscheinung keinen Vorteil. Beide Entscheidungen scheinen keinerlei funktionelle Bedeutung zu haben. Die Weibchen konnten die weiße Federhaube kaum als Zeichen für besonders hochwertige Zebrafinkengene werten, denn Zebrafinken sollten überhaupt keine Kopfbedeckung tragen, gleichgültig welche Farbe diese hat. Solche Ergebnisse sprechen für die so genannte Theorie der sensorisch motivierten weiblichen Selektion, derzufolge weibliche Präferenzen eher ein Ausdruck sind, wie die sinnliche Wahrnehmung und das Gehirn des Tieres arbeiten – worauf das Gehirn besonders ausgerichtet ist und welche Parameter seiner Umgebung es ignoriert –, statt Resultat der sorgfältigen Abwägung männlicher genetischer Trümpfe durch die Weibchen zu sein.

Jede Hypothese auf dem Gebiet der sexuellen Selektion hat ihre ausdrücklichen Gegner, und die Untersuchungen zur Symmetrie machen da keine Ausnahme. Kritiker bemängeln, dass ein Teil der Unterschiede, die Wissenschaftler gegenwärtig im Hinblick auf die Körperproportionen messen, so minimal sind, dass sie nur auffallen, wenn man die Flügel des Tieres mit einer Schieblehre misst. Sie fragen, wie groß die Wahrscheinlichkeit ist, dass ein Skorpionsfliegenweibchen, das sein Leben ohne die Vorzüge eines hoch entwickelten wissenschaftlichen Instrumentariums fristen muss, diese minimalen Unterschiede zwischen zwei potenziellen Partnern bemerkt. Auch ist nie bewiesen worden, dass ein symmetrisches Individuum besonders hochwertige Gene besitzt. »Die Leute stürzen sich auf diese Idee von der Symmetrie, weil das etwas ist, was sie messen können«, sagte jemand.

Worin auch immer ihre Relevanz für die tierische Sexualität bestehen mag, Symmetrie ist ein künstlerisch befriedigendes Konzept, dem Maler, Bildhauer und Architekten seit mindestens fünftausend Jahren anhängen, spätestens seit die Ägypter begonnen haben, ihre streng symmetrischen, ja sogar unerbittlich symmetrischen Tempel zu bauen. In seinen berühmten Gemälden *Schule von Athen* und *Disputà* beispielsweise setzt der Renaissancemeister Raffael den Menschen auf der linken Seite seiner Leinwand exakt dieselbe Anzahl an Personen und ganz ähnliche Arrangements auf der rechten Seite gegenüber. Symmetrie und Proportion galten als Teil des göttlichen Plans, als irdische Reflexion himmlischer Vollkommenheit.

Genauso scheint die Symmetrie Teil des Plans der Natur zu sein. Die meisten Tiere verfügen über eine bilaterale Symmetrie ihres Körpers: Gliedmaßen und Körperteile sind spiegelbildlich zu einer zentralen Körperachse angeordnet. Viele

Pflanzen weisen eine radiäre Symmetrie auf: Sämtliche Blütenblätter entsprießen in gleichmäßiger Anordnung einem zentralen Punkt. Viele Viren zeigen einen geradezu mathematisch-kristallinen Grad an Symmetrie, ebenso wichtige zelluläre Strukturen, die die Teilung der Zelle kontrollieren.

Erst im Jahr 1990 begannen Wissenschaftler sich für die mögliche Bedeutung der Symmetrie bei der Partnerwahl zu interessieren. Dr. Anders Möller, Evolutionsbiologe an der Universität Uppsala, untersuchte Rauchschwalben, eine Vogelart, bei der die Männchen lange, im Fischgrätenmuster angeordnete Schwanzfedern tragen. Er hatte festgestellt, dass Weibchen bei ihren Männchen die Schwanzfedern gern lang haben – je länger je lieber. Doch bei einem Versuch, die Federn experimentell zu manipulieren, machte er eine weitere Entdeckung: Weibchen bevorzugen außerdem symmetrische Schwänze, bei denen beide Seiten der Fischgrätenanordnung dieselben Längen und Färbungen zeigen.

Durch Herumspielen mit verschiedenen Parametern – Hinzufügen und Stutzen der Schwanzfedern oder Einfärben verschiedener Muster – stellte Dr. Möller fest, dass Länge und Symmetrie ungefähr gleich lagen, was die weiblichen Ansprüche betraf. Mit anderen Worten: Ein langer, leicht unebener Schwanz und ein kurzer, symmetrischer Schwanz schnitten in etwa gleich ab, doch wenn ein Weibchen ein Männchen mit langem, ausgewogenem Schwanzgefieder zur Auswahl hatte, gab es kein Aber. Ein derart gut gebautes Männchen erwies sich als unvergleichlich verführerisch. In anderen Experimenten führten Wissenschaftler die landläufige Vermutung, dass das größte Männchen stets als Sieger aus einem Vergleich hervorgehen werde, ad absurdum, indem sie zeigten, dass weibliche Skorpionsfliegen symmetrische Männchen größeren Männchen mit asymmetrischen Flügeln vorzogen.

Die Arbeiten zur Symmetrie passten gut in die wissenschaftliche Vorstellung von der Art und Weise, wie Krankheit und Verschmutzung die tierische Entwicklung beeinflussen. Fische, die in verschmutzten Gewässern leben, bringen asymmetrisch geformte Nachkommen hervor. Warum sollte ein Weibchen nicht die Gesamtkonstitution seines Partners einzuschätzen versuchen, indem es dessen Symmetrie unter die Lupe nimmt? Auf der Suche nach Beweisen dafür, dass symmetrische Tiere in der Tat robuster sind als ihre leicht unproportionierten Gefährten, stellte Dr. Möller fest, dass Rauchschwalben mit symmetrischem Schwanzgefieder weniger leicht mit Parasiten infiziert werden als Männchen mit asymmetrischen Schwänzen. In Laborexperimenten stellte sich überdies heraus, dass die Immunzellen von symmetrisch gebauten Männchen vergleichsweise widerstandsfähiger sind.

Untersuchungen an Staren haben ergeben, dass sich bei Vögeln die Symmetrie des Gefieders durch die Gabe von mehr oder weniger Futter während der Mauser beeinflussen lässt. Je weniger Futter ein Vogel erhielt, desto weniger wohlproportioniert fiel sein Gefieder im Folgejahr aus. Die Ausgewogenheit des Gefieders scheint damit ein praktisches und überaus empfindliches Barometer für den Gesundheitszustand eines Vogels während der laufenden Saison zu sein: Je symmetrischer das Gefieder, desto besser genährt ist das Männchen, und damit ist es vermutlich auch ein umso besserer Versorger – denn wer den Tag mit einem guten Frühstück beginnt, verspürt vermutlich am Nachmittag mehr Energie als derjenige, der diese Mahlzeit auslässt.

Die offensichtlichen positiven Aspekte der Symmetrie sind jedoch nicht allein auf Männchen beschränkt. Die symmetrischsten Skorpionsfliegenweibchen scheinen zugleich auch die geschicktesten zu sein, wenn es darum geht, Nahrung zu sammeln und zu horten, Konkurrenten abzuwehren, Artgenossen zu dominieren und sich alles in allem als Mitglieder einer herrschenden Klasse aufzuführen.

Und beim Menschen bildet Schönheit ohnehin das größte Machtpotenzial für Frauen. Eine Frau mit hübschen, harmonischen Gesichtszügen wird geliebt, beneidet und als Liebling der Götter erklärt – zumindest so lange, bis das Meisterstück Schritt für Schritt den asymmetrischen Übergriffen des Alters anheim fällt.

8

Die großartige Strategie der Orchideen

Ihr ganzes Leben ist einzig darauf ausgerichtet, dass jeden Tag ein Sauger daherkommt, einer mit Flügeln, Thorax und dem unstillbaren Durst nach Nektar und Liebe. Die Rede ist von Orchideen, Blüten von so schillernder Färbung und so verführerischer Gestalt, dass man sie mit Fug und Recht als durch und durch dekadent bezeichnen mag. Und was ihre Tücken der Täuschung und Verführung bestäubender Insekten angeht, so lässt ihre Dekadenz einen Oscar Wilde neben sich verblassen.

Die Orchideen bilden eine der größten Pflanzenfamilien; sie umfasst über dreißigtausend Arten. Ihre Blüten gehören zu dem Kunstvollsten, das die Natur an Täuschungen zu bieten hat, und sie haben sich, was Farbe und Geruch, Form und Gesamtbaupläne angeht, ein derart exquisites Repertoire an Verkleidungen zugelegt, dass sie für Botaniker und Evolutionsbiologen noch immer ein Füllhorn an Überraschungen bieten. Charles Darwin war von den Orchideen derart hingerissen, dass er ihren Vermehrungsstrategien ein ganzes Buch widmete.

Doch erst in unserer Zeit beginnen die Biologen zu erkennen, warum die Blüten solche Meister der Verstellung sind und wie sie sich von anderen Pflanzen bezüglich so entscheidender Fragen wie Fruchtbarkeit, Lebensspanne und Stellung im Ökosystem unterscheiden. Feine Unterschiede in der Biologie erklären, warum manche Organismen sich früh und häufig fortpflanzen, während andere einen bedächtigeren und weitsichtigeren Ansatz zur Absicherung ihrer genetischen Hinterlassenschaft wählen. Da die meisten Orchideen von Natur aus seltene Arten sind, vermitteln ihre Strategien wertvolle Einblicke in tropische und andere der fragileren Habitate unseres Planeten, wo sich des Lebens Fülle in Zehntausenden von ungewöhnlichen Tieren und Blüten zeigt.

Etliche Wissenschaftler sind eifrig darum bemüht, Orchideen zu untersuchen, bevor die exotischsten tropischen Arten ein für alle Mal verschwunden sind. Orchideen leiden nicht nur unter der Dezimierung ihres Lebensraumes, des tropischen Regenwaldes. Auch veranlasst wieder erwachtes gärtnerisches Interesse für Orchideenkulturen Pflanzenwilderer, die Wälder zu plündern und gefährdete Arten illegal an irgendwelche besessenen Sammler zu verkaufen, die sich mit den Standardsorten aus den Gewächshäusern ihrer Gärtner nicht zufrieden geben wollen. Orchideen haben »Snob-Appeal«, wie es ein Gartenbaumeister am Brooklyn Botanical Garden ausdrückt, und Snobs bereitet es offenbar Befriedigung, das eine, einzige, letzte und schönste Exemplar seiner Art zu besitzen.

Natürlich liegt die Schönheit oftmals im Auge des Betrachters. Manche Orchideen riechen wie Bienen und sehen auch so aus – und wirken auf diese Weise unwiderstehlich verführerisch auf herumstreunende Drohnen. Andere sehen Wespenweibchen dermaßen ähnlich, dass die Männchen der Art sie wieder und wieder belästigen und so mit jedem Akt dieser so genannten Pseudokopulation dicke Pollensäckchen abwechselnd holen und bringen. Diese verwegene artistische Übung mag zwar nicht zur Wespenvaterschaft führen, aber sie trägt dazu bei, das Spermienäquivalent (den Pollen) der einen Orchideenblüte zum eierstockähnlichen Gebilde (zum Fruchtknoten) einer anderen zu tragen und so eine Befruchtung zu ermöglichen.

Eine andere Orchidee strömt den Geruch von faulendem Fleisch aus und lockt so jede Schmeißfliege in der Nachbarschaft an. Wieder andere ahmen Pracht und Duft anderer Pflanzenarten nach, die in bester Tradition pflanzlicher Gastfreundschaft Insekten mit einem Schlückchen Nektar auf einen Besuch zu sich locken. Die knauserigen Orchideen aber machen sich nicht die Mühe, jenen kostbaren Trunk zu brauen. Sie belohnen eine Biene, die dumm genug war, auf den Schwindel hereinzufallen, vielmehr mit nichts weiter als einem klebrigen Pollenpäckchen. Manche Bienen krabbeln dermaßen mit Pollen beladen aus einer Orchidee hervor, dass sie kaum mehr fliegen können.

Die Ähnlichkeiten zwischen einer Orchidee und dem Tier oder der Pflanze, die sie nachäffen, werfen ein Licht darauf, wie andere Geschöpfe die Welt um sich herum sehen und welche sensorischen Fähigkeiten ihnen eigen sind. Hat das bestäubende Wesen eine Vorliebe für Farbmuster, so wird eine Orchidee im Lauf ihrer Evolution ein atemberaubendes Farbmuster entwickeln. Ist der Bestäuber chemosensitiv, wird sie mit einer Chemikalie aufwarten – oder auch mit einer bestimmten Form, wenn es das ist, was den erwünschten Besucher anmacht.

Manche Orchideen bieten einem besonders notwendigen Bestäuber, der für sie Pollen von einer Pflanze zur anderen bringt, tatsächlich auch eine Nektarprämie, aber die Blüten sind anspruchsvoll und konzentrieren ihre Bemühungen darauf, einen ganz speziellen Boten für sich zu gewinnen. Eine Orchideenart namens Angraecum sesquipedale, die in Afrika und Madagaskar heimisch ist, setzt in den Abendstunden eine Wolke von Jasminduft frei, um einen ganz bestimmten Falter anzulocken, der erst mit Einbruch der Dunkelheit aktiv wird. Dieser Falter besitzt einen fast dreißig Zentimeter langen Rüssel, mit dem er bis auf den Blütengrund reichen kann, wo Nektar und Pollen bereit liegen.

Eine ähnlich großzügige Art, die in Mittel- und Südamerika vorkommt, produziert ein ätherisches Öl, wie es die Männchen einer bestimmten Bienenart benötigen, wenn sie ein Weibchen freien wollen. Sind die Männchen auf der Pflanze gelandet, fegen sie mit kleinen Bürsten an den Vorderbeinen Tröpfchen dieser kostbaren Flüssigkeit zusammen, die sie dann in ihren hohlen Hinterbeinen aufbewahren, um sie später als Lockmittel für die Weibchen freizusetzen. Auch bei ihnen resultiert der enge Kontakt zu den Orchideenblüten in der Übertragung von Pollen.

Doch solch liebendes Übereinkommen hinsichtlich der jeweiligen Vorhaben ist selten, und die meisten Orchideen sind erbarmungslose Scharlatane. Schon ihr Name, Orchidee, ist irreführend. Angesichts der knubbeligen Verdickungen am Grund eines Orchideensprosses und in der festen Vorstellung, dass die Pflanze aus diesen Knollen hervorgegangen sein müsse, benannten die alten Griechen die Pflanze mit ihrem Begriff für die Quelle des menschlichen Samens: Orchis (Hoden). Aber diese Verdickungen sind weder Samenbehälter noch echte Knollen oder Zwiebeln in dem Sinn wie etwa eine Tulpenzwiebel, aus der sich ein Tulpenkeimling allmählich entfaltet. Bei den Orchideen dient diese Struktur lediglich der Speicherung von Wasser und Nährstoffen.

Bei den Orchideen ist ohnehin kaum etwas so, wie es scheint. Raymond Chandler vergleicht in *Der große Schlaf* die Konsistenz von Orchideen mit der menschlichen Fleisches. Georgia O'Keeffe musste nicht allzu viel künstlerische Freiheit walten lassen, um ihren Darstellungen von Orchideen eine weiblich-erotische Ausstrahlung zu verpassen. Viele Orchideen sind nach Dingen benannt, denen ihre Blüten ähneln: Bienen-, Spinnen-, Fliegen- und Hummelragwurz beispielsweise, Frauenschuh und Waldvögelein.

Allen Orchideen sind jedoch einige wenige Details gemeinsam: ein zu einer vorstehenden Lippe umgebildetes Blütenblatt, das Insekten wie die Landebahn eines Flughafens zum Aufsetzen einlädt, und eine kleine Säule in der Mitte der Blüte, in der Staubblätter, Griffel und Narben des Fruchtknotens verschmolzen sind. Jede Blüte kann sowohl Pollen an eine andere Blüte übermitteln als auch den Pollen einer anderen Pflanze empfangen; nur wenige Arten sind jedoch in der Lage, sich selbst zu befruchten. Orchideen benötigen einen bestäubenden Organismus, der ihre Gene für sie transportiert. Nach der Befruchtung entwächst dem Blütenstiel eine Samenkapsel mit vielen tausend sehr kleinen, fruchtbaren Samen.

Orchideen leben zudem in gewissem Maß parasitisch. Ihre Samen sind winzig, nicht größer als ein Staubpartikel, und können deshalb keinerlei Proteine oder Nährstoffe mit sich tragen. Sobald er aus der Samenkapsel entlassen und auf irgendein Substrat geweht worden ist, muss ein Orchideensame seine Ernährung mit Hilfe eines Pilzes bestreiten, der in seiner Nachbarschaft sprießt. Verschiedene Orchideenarten sind für ihre Keimung auf verschiedene Helferpilze angewiesen. Die gesamte Lebensmaxime dieser Pflanzen scheint darin zu bestehen, alles umsonst zu bekommen. Viele Arten sind Epiphyten, Baumbewohner, die ihre Wurzeln träge herabbaumeln lassen, um Vitamine aus Vogelkot, verrottenden Blättern und anderen durch den Regen aus den Baumkronen herabgespülten Materialien zu ergattern.

Doch Faulheit allein vermag das Orchideendasein nicht hinreichend zu erklären. Viele scheinen überdies einen Hang zur Selbstzerstörung in sich zu tragen. Sie können sich potenziellen Bestäubern gegenüber dermaßen gemein und betrügerisch verhalten, dass sie von Insekten regelrecht gemieden werden. Manche Orchideen bedienen sich beispielsweise einer Art Katapult, um ihre Pollensäcke auf Bienen abzuschießen, die sich auf Blütenblättern niedergelassen haben.

Sie schleudern die Päckchen mit einer derartigen Kraft von sich, dass es die Bienen oft ein ganzes Stück weit davonträgt. Diese Bienen lernen rasch, die pflanzlichen Heckenschützen zu meiden.

Der rosafarbene Frauenschuh, ein besonders prächtiges Musterbeispiel, kommt in verschiedenen Nischen in ganz Nordamerika vor. Seine Blüten riechen und schmecken, als seien sie bis oben hin mit Nektar gefüllt. Doch sie sind inwendig nicht nur knochentrocken, sondern obendrein stellen sie eine eklige Falle dar. Wenn eine Biene sich in der Hoffnung auf einen guten Schluck auf der unteren Lippe des Frauenschuhs niederlässt, klappt die bewegliche Oberlippe herunter und schließt das Tier im Inneren ein. Der einzige Fluchtweg führt durch einen engen Hinterausgang. Wenn die Biene sich ihren Weg ins Freie erkämpft, muss sie an einem Staubblatt vorbei, an dem sie unfreiwillig mit Pollen beladen wird. Diese Begegnung ist derart unerfreulich, dass dieses Tier es vermutlich vermeiden wird, jemals in seinem Leben auf einem zweiten Frauenschuh zu landen. Für die Orchidee ist der Verdruss der Biene ein riskantes Geschäft, denn zum Abschluss einer erfolgreichen Befruchtung ist doppelte Leichtgläubigkeit aufseiten der Insekten vonnöten: einmal, um den Pollen aufzunehmen, zum anderen, um ihn auf eine andere Blüte zu tragen.

In den fünfzehn Jahren, in denen er das Schicksal von etwa tausend Frauenschuhpflanzen im Nationalpark von Maryland verfolgte, stellte ein Naturforscher fest, dass es nur dreiundzwanzig Pflanzen fertig brachten, befruchtet zu werden – vermutlich von den ausgemachten Dummköpfen der lokalen Bienenpopulation.

Eine neuere Theorie zur Strategie der Orchideen hat eine Erklärung für derartiges augenscheinlich kontraproduktives Verhalten: Sie geht davon aus, dass diese Pflanzen wahre Spielernaturen sind und willens, zugunsten eines unsicheren, aber ungeheuer hohen Lohns wirklich alles auf eine Karte zu setzen. Die meisten Blütenpflanzen haben eine relativ hohe jährliche Befruchtungsrate, doch wenn sie befruchtet sind, bringt jede von ihnen nur einen oder höchstens eine Hand voll Samen hervor. Bei den Orchideen hingegen pflanzen sich pro Jahr zwar nur einige wenige Exemplare fort, aber wenn ihnen das gelingt, haben sie eine Goldader erwischt. »Sie gehen nach dem Lotteriesystem vor«, meint Dr. Richard B. Primack, Biologieprofessor an der Boston University. »Die Chance, dass eine Pflanze besucht wird, ist sehr gering. Doch wenn sie wirklich befruchtet wird, dann bringt sie Zehntausende, manchmal Hunderttausende von Samen hervor.«

Eine solche »Alles-auf-eine-Karte«-Strategie scheint für viele Orchideen sehr nützlich zu sein. Die meisten der dreißigtausend Orchideenarten zählen nur wenige Exemplare. Sie sind seltene Pflanzen. Ihr Lebensraum befindet sich hoch oben auf Bäumen oder in weit voneinander entfernten Beständen am Boden. Allgemein gilt die Regel, dass seltene Arten im Lauf der Evolution verrückte, riskante und hoch spezifische Fortpflanzungsstrategien entwickelt haben; sie sind maßgeschneidert, in ihren Nischen zu überleben. Viele Orchideen setzen alle ihre Bestrebungen darein, eine bestimmte Art von bestäubendem Organismus anzuziehen. Aus diesem Grund nimmt eine Orchidee im Lauf ihrer Evolution die Gestalt von Weibchen einer bestimmten Wespenart an oder sondert einen beißenden, für eine bestimmte Fliegenart interessanten Geruch ab. Oder sie verführt eine bestimmte Bienenart und bekommt es manchmal sogar fertig, einen Trottel zweimal zu fangen. Orchideen können es sich leisten, eine Weile auf den perfekten Bestäuber zu warten. Sie gehören zu den langlebigsten unter den Blütenpflanzen und haben nur sehr wenige natürliche Feinde. Die Folge davon ist, dass sehr viel mehr Orchideen von einem Jahr zum nächsten überleben, als dies bei den meisten anderen Pflanzen der Fall ist.

Dummköpfe kommen, Dummköpfe gehen, die größten Betrüger der Welt aber bleiben bestehen.

II

Tanzen

9

Der Puls der Maschine

Unter dem Mikroskop sehen sie wie winzige Kristallschlangen aus, die sich in trunkener Langsamkeit durch ihre Glasschälchen winden, sich hier und da dem eigenen Hinterende zuwenden, als entdeckten sie ihren Schwanz zum ersten Mal, und die auf unbeholfene Zusammenstöße mit dem Nachbarn mit trägem Rückzug reagieren. Unter ihrer durchsichtigen Haut sind Muskelzellen und Nervenfasern deutlich zu erkennen. Das Ganze bietet einen derart delikaten und überirdischen Anblick, dass es kaum glaublich erscheint, dass diese Wesen nichts weiter sind als gewöhnliche Fadenwürmer, wie sie sich in jedem Komposthaufen und in jeder Hand voll Gartenerde zu Tausenden finden. Noch schwerer aber ist zu glauben, dass dieses schlüpfrige Geschlängel von Leben das Antlitz biologischer Grundlagenforschung in einem atemberaubenden Tempo verändert.

Das Geschöpf, von dem hier die Rede ist, heißt Caenorhabditis elegans, ein Nematode. Der Fadenwurm ist etwa einen Millimeter lang, ernährt sich von Bakterien und reift innerhalb der kurzen Spanne von drei Tagen vom befruchteten Ei zum fruchtbaren Erwachsenen heran. Im selben Tempo wächst das Forschungsgebiet, das sich mit der genauen Untersuchung dieses Organismus befasst, ihn Zelle um Zelle, Molekül um Molekül, Gen um Gen analysiert.

Heerscharen von Wissenschaftlern auf der ganzen Welt blicken auf diesen Wurm, um der Lösung ihrer Probleme einen Schritt näher zu kommen. Zu diesen Problemen gehören so fundamentale Fragen wie das große Mysterium, was eine einzelne Eizelle dazu bringt, zu einem komplexen Tier heranzuwachsen, und das vielleicht noch größere Rätsel, wer oder was einer Zelle signalisiert, dass ihre Zeit vorüber ist und sie zu sterben hat. Das Interesse der Neurobiologen gilt dem relativ primitiven Nervensystem des Nematoden. Sie untersuchen das Netzwerk aus Synapsen, Axonen und Sinnesorganen, über das ein Tier sich mit der Welt auseinander setzt.

Natürlich sind die Wissenschaftler weniger an Wurmgehirnen und Wurmgeburten als solchen interessiert – wenngleich bei den Nematodenforschern durchaus eine gewisse Zuneigung zu ihrem Versuchstierchen zu konstatieren ist. Sie glauben vielmehr, dass das, was sie aus der Untersuchung jenes Fadenwurms lernen, die ganze evolutionäre Leiter hinauf gültig ist und sich womöglich auch auf das Studium des Menschen anwenden lassen wird. Der Nematode dient als Modellorganismus, als Stellvertreter für uns alle, als ein Musterexemplar, das sich manipulieren, bestrahlen, mutieren, selektiv verpaaren, auseinander nehmen, durcheinander wirbeln, vereinfachen, wieder zusammensetzen, opfern und durch all das letzten Endes *verstehen* lässt, wie es in dieser Weise bei einem Menschen niemals möglich wäre. Modellorganismen sind der Fels, auf dem der hohe Turm biologischer Grundlagenforschung gründet. Ohne sie müssten wir selbst herhalten und zum Segen der Wissenschaft umschichtig unsere Portionen an radioaktiven Präparaten schlucken.

Beim Betrachten der klebrigen DNS-Stränge im Inneren des Wurms haben die Wissenschaftler Gene gefunden, die auf verblüffende Weise den menschlichen Genen ähneln, die im Fall eines Defekts an der Entstehung von Krebs beteiligt sind. Lange hat die Forschung vergeblich versucht zu erkennen, wie menschliche Gene im Einzelnen arbeiten oder was ihre Funktion immer wieder stört. Bei diesem einfachen Wurm lässt sich das Verhalten der Gene genau verfolgen, und man kann entscheidende Erkenntnisse über die biochemischen Mechanismen bösartiger Veränderungen gewinnen. Gene, die im Embryo die Entwicklung von Muskel- und Nervengewebe aus Vorläuferzellen diktieren, Gene, die wandernde Zellen an die richtige Position im sich entwickelnden Rückenmark lotsen, Gene, die Zellen dazu bringen, einen dramatischen Selbstmord zu begehen – sie alle hat man in Fadenwürmern gefunden, und sie alle vermitteln einen Einblick in die zahllosen Rädchen und Triebfedern, Rhythmen und Signale, die ein jedes Leben ausmachen. Ende 1994 hatten die Biologen eine physikalische Karte der genetischen Information des Wurms so gut wie fertig gestellt: Aus zahllosen isolierten DNS-Stücken hatten sie die Anordnung der rund zehntausend Gene, die den Bauplan des Wurms festlegen, im Erbgut genau bestimmen können. Diese physikalische Karte war die Erste ihrer Art für einen Organismus von höherer Komplexität als der einer Hefezelle (ein einzelliges Wesen), und die Nematodenbiologen verkünden mit der stolzen Zuversicht des wahren Gläubigen, dass es sich hierbei um ein großartiges Forschungsinstrument handle. Inzwischen sind die Genetiker dabei, jede Einzelne der fast hundert Millionen Basen zu sequenzieren – im wahrsten Sinne des Wortes zu buchstabieren –, die die zehntausend Gene und deren genetische Umgebung bilden. Das Projekt, dessen Kosten auf um die fünfzig Millionen Dollar geschätzt wurden, ist ein Nebenschauplatz des weitaus ehrgeizigeren internationalen Programms zur Kartierung und Sequenzierung der drei Milliarden Basen an menschlicher DNS. Während das menschliche Genomprojekt nach wie vor im Mittelpunkt erbitterter Debatten und transkontinentaler Rivalitäten steht und daher eher zuweilen holperig vonstatten geht, hatten die Wurmfreunde ihr großes Sequenzierungswerk bereits Weihnachten 1998 vollbracht, lange bevor unsere eigene Sequenz oder die irgendeines anderen höheren Tiers bekannt war.

Die Sequenzinformationen addieren sich zu einer bereits jetzt überaus soliden Wissensgrundlage über das Völkchen der Nematoden. Während Wissenschaftler über die Zahl der Zellen bei anderen Standardversuchstieren wie Taufliegen und Mäusen nur spekulieren können, wissen sie bei C. elegans ganz genau, wie viele Zellen dieser Organismus hat: Es sind genau 959. Sie wissen, wie viele Nervenzellen darunter sind – 302 –, und sie wissen, welches Neuron mit welchem verbunden ist. Dieser Fadenwurm ist das einzige Tier, von dem wir ein vollständiges Verkabelungsschema in der Hand halten, bei dem wir sagen können, wir wissen, wie jedes einzelne Neuron aussieht, wie seine Fortsätze gestaltet sind, wie seine Dendriten und Neurone mit anderen Nervenzellen verwoben sind. Die Biologen wissen auch, dass im Verlauf der Larvalentwicklung exakt 131 Zellen durch Zellteilung entstehen, die binnen dreißig Minuten nach ihrem Debüt sterben. Diese Zellen scheinen genetischerseits zu nichts anderem gut zu sein, als unmittelbar nach ihrer Entstehung der Zerstörung anheim zu fallen. Diese Ex-und-hopp-Vorgehensweise mag verschwenderisch erscheinen, aber die Wissenschaftler spekulieren, dass die dem Untergang geweihten Zellen anderen überlebenden Zellen helfen, ihr Ziel zu erreichen. Was auch immer der Grund für ihr kurzes Gastspiel sein mag, diese Zellen haben sich als überaus nützlich bei der Identifizierung von Genen erwiesen, die mit dem Tod von Zellen zu tun haben. Die Ergebnisse solcher Forschung werden uns vielleicht eines Tages helfen, so massive Zelldegenerationen zu verstehen, wie wir sie bei Alzheimer und Parkinson sowie anderen Krankheiten des Alterns beobachten.

Ein Großteil unserer Einblicke in die Nematodenbiologie ist dem herausragendsten Merkmal dieses Tieres zu verdanken: seiner Durchsichtigkeit. Durch den gläsernen Körper des Fadenwurms können die Genetiker in jedem Stadium der Entwicklung, von der Befruchtung bis zur Reife, beobachten, wie sich Zellen teilen und wieder teilen. Sie wissen, dass alle Würmer über dieselbe Anzahl an Zellen verfügen. Sie wissen, welche Zelle aus welcher hervorgeht, und sie können Abstammungsdiagramme zeichnen, in denen die Herkunft jeder Einzelnen der 959 Zellen ebenso verzeichnet ist wie deren endgültiges Schicksal als Bestandteil des Kopfes, des Nervensystems, des Schwanzes, der Vulva oder wo auch immer.

Leute, die sich mit Würmern beschäftigen, verfallen häufig in geradezu schwärmerische Liebeserklärungen an das Objekt ihrer Forschung – selbst wenn sie es bereits über Jahre hinweg im Mikroskop beobachtet haben. Mäusebiologen tun so etwas nicht und die Herren der Taufliegen auch nicht. Da Humangenetiker ihre Zeit damit verbringen, menschlichen Erkrankungen nachzuspüren, verfallen sie selten in poetische Hymnen darüber, was für ein exquisites Werk der Mensch doch ist. Außerdem sind die meisten von ihnen ohnehin viel zu sehr damit beschäftigt, Patente für ihre Entdeckungen anzumelden. Doch die Leute von C. elegans erzählen verträumt von der Anmut und Eleganz ihrer Würmer, und dies auf eine Art, dass man sich den schlängelnden kleinen Gesellen fast zum Kuscheln nahe fühlt. Und sie berichten von der niemals nachlassenden Spannung, einen Wurm wachsen und seine Zellen sich teilen zu sehen. Ein Biologe erinnert sich an ein Seminar, das er einst über die Genetik des Wurms hielt. Zusammen mit seinen Studenten saß er eines Samstags um Mitternacht vor dem Videorecorder und schaute sich einen Film über die Embryonalentwicklung von Nematoden an. Ein Dutzend Leute drängte sich vor dem Bildschirm. Sie klatschten und johlten bei jeder neuen Zellteilung. Irgendwann kam jemand vorbei und meinte: »He, um die Ecke steigt 'ne Party«, doch die Studenten winkten ab. Sie wollten kein einziges Zittern und Beben der vor ihren Augen wachsenden Zelle versäumen.

Das Schönscheußliche des Wurms kann jedoch nur zum Teil als Erklärung dafür herhalten, was Dr. Sydney Brenner vom Medical Research Council in Cambridge, England, in den sechziger Jahren dazu veranlasst hat, sich für Nematoden als Versuchstiere zu entscheiden. Bei seinen Untersuchungen zu Fragen der Neurobiologie und Entwicklung benötigte er einen Organismus, der sich als vielzelliges Äquivalent für das Bakterium E. coli eignen würde, dem damaligen Allround-Versuchsorganismus. Beim Stöbern in den Zoologielehrbüchern stieß er auf C. elegans, der ihm nicht nur deshalb geeignet schien, weil er durchsichtig und damit leicht zu beobachten war, sondern weil sich in ihm Einfachheit und Komplexität vereinigten.

So klein er auch ist und so wenige Neurone er auch besitzen mag, dieser Wurm hat dennoch ein ansehnliches Repertoire an Verhaltensmustern. Er schlängelt sich in begehrlichen Sinuskurven Düften entgegen, die ihm besonders anziehend erscheinen – dem Geruch eines Abfallhaufens beispielsweise, der ihm eine Bakterienmahlzeit verheißt. Er meidet Orte von extrem hoher Salzkonzentration, die ihn austrocknen lassen könnten. Der Fadenwurm vermag Temperatur wahrzunehmen, er meidet Berührungen, und er verfügt über eine biologische Uhr, die ihn alle fünfzig Sekunden daran erinnert, seinen Kot auszuscheiden. Die Männchen verbringen beinahe ebenso viel Zeit mit der Suche nach einem Partner wie mit der Nahrungssuche.

Nicht minder wichtig ist, dass der Wurm über ein Sexualsystem verfügt, das für ein außerordentlich hohes Maß an Anpassungsfähigkeit sorgt. Die Männchen können Eier tragende Hermaphroditen befruchten, und Letztere sind biologisch so überaus wertvoll, weil sie selbst ebenfalls in der Lage sind, Spermien zu produzieren. Wenn keine Männchen zugegen sind, können sich die Hermaphroditen selbst befruchten. Es wurde Dr. Brenner rasch klar, dass man aufgrund dieser Tatsache die genetische Information eines Hermaphroditen beliebig verändern könnte, ohne sich darum sorgen zu müssen, dass man damit dessen Paarungseignung durcheinander bringt. Und die Möglichkeit, beliebig an der genetischen Information herumspielen und anschließend die Auswirkungen der Mutationen auf Entwicklung und Verhalten eines Organismus untersuchen zu können, ist in der Genetik der Schlüssel zum Erfolg. Mit Hilfe hermaphroditischer Fadenwürmer können die Genetiker die Weitergabe auch bizarrster Mutationen von einer Generation an die nächste verfolgen. Sie können Muskulatur und Nervensystem bis zu dem Punkt manipulieren, an dem ein Wurm sich nicht mehr bewegen kann und immer noch fortpflanzungsfähig ist, sodass die Vielfalt an Babymutanten, die einer Analyse harrt, schier endlos ist.

Die Leute, mit denen Dr. Brenner arbeitete, konvertierten rasch zur neuen Kirche des Fadenwurms. Einer ihrer aufrichtigsten Anhänger war Dr. John Sulston, der sich in den siebziger und achtziger Jahren ein Jahrzehnt lang der Aufgabe widmete, jenen berühmten Zellstammbaum zu erstellen. Über sein Mikroskop gebeugt, beobachtete er jede einzelne Zellteilung im Lebenszyklus des Fadenwurms und führte darüber ein minutiöses Protokoll. Der Fußboden in seinem Labor zeigt tiefe Eindrücke, ins Linoleum eingegrabene Spuren der Räder seines Laborstuhls, mit dem er zwischen der Präparierlupe, an der er die Würmer zum Betrachten präparierte und einbettete, und dem Beobachtungsmikroskop, wo er zusah, wie die Zellen sich teilten und differenzierten, hin- und herpendelte. Junge Nematodenforscher betreten sein Labor, als sei dies ein heiliger Ort, und deuten mit ergriffenem Flüstern auf die Rillen, so wie andere vielleicht auf die Tränenspuren einer Jungfrau Maria deuten würden.

Die Wissenschaft hat inzwischen einen Schritt über die Informationen zur zellulären Abstammung hinaus getan und untersucht nunmehr die Gene, die das Schicksal einer einzelnen Zelle bestimmen. Diese Arbeit hat zur Entdeckung einer beträchtlichen Anzahl von Wurmgenen geführt, die genauso aussehen wie Säugergene. Die Tatsache, dass die Natur diese Gene über Jahrmilliarden der Evolution konserviert hat, spricht sehr dafür, dass sie für Leben und Gesundheit einer Zelle unentbehrlich sind. Zu denjenigen Genen, die man für besonders entscheidend für die Kontrolle zellulären Wachstums hält, gehören die Onkogene. Im Normalzustand regulieren sie Teilung und Reifung einer Zelle, doch wenn sie – durch Karzinogene beispielsweise – mutiert werden, können diese Onkogene zumindest bei höheren Tieren wie uns Menschen Krebs verursachen. Die Arbeiten an Nematoden haben wesentlich dazu beigetragen, die Mechanismen der Wirkung von Onkogenen und deren Produkten sowohl im Normalzustand einer gesunden Zelle als auch im Fall einer Störung zu ergründen. So verfügt ein Nematode beispielsweise über seine eigene Version zweier Gene, von denen man annimmt, dass sie an der Entstehung vieler menschlicher Tumoren beteiligt sind. Das eine Gen trägt den Namen ras, das andere enthält die Sequenz des Rezeptors für den epidermalen Wachstumsfaktor EGF. Es hat sich gezeigt, dass diese beiden Gene bei dem hermaphroditischen Wurm eine unentbehrliche Funktion ausüben: Sie arbeiten Hand in Hand, um das Wachstum seiner Genitalien zu fördern. Zunächst wird in drei Zellen des sich entwickelnden Wurmrumpfes das entsprechende Rezeptorgen eingeschaltet. Dieses übermittelt dann ein Signal an das ras-Gen im tiefsten Inneren der drei Zellen, und damit wird ein Sturzbach von Aktivitäten in Gang gesetzt. Fünfzig weitere Gene erwachen zum Leben, und diese befehlen den drei Vorläuferzellen, sich zur Vulva zu teilen, der Öffnung zwischen der Außenwelt des Tiers und seinem Eierstock. Zumindest geschieht das so bei einem gesunden Fadenwurm. Wenn das ras-Gen des Wurmes jedoch künstlich so verändert wird, dass es dem menschlichen Krebsgen gleicht, entsteht bei dem Wurm im Genitalbereich so etwas wie ein Krebsäquivalent: Ihm wachsen mehrere Vulven. Dieses groteske Ergebnis lieferte den Wissenschaftlern nicht nur einen Anhaltspunkt zum Verständnis der Wirkungsweise des ras-Gens, sondern es hat sich auch als überaus ergiebiges Thema auf dem gesellschaftlichen Parkett erwiesen. »Mir ist aufgefallen, dass die Gespräche um mich herum jedes Mal schlagartig verstummen, wenn ich in einem Restaurant jemandem gegenüber diese multiplen Vulven erwähne«, erzählte mir ein Wissenschaftler. »Jeder lauscht und fragt sich, über was zum Kuckuck wir da wohl reden.«

Aus anderen vergleichenden Studien haben sich die Wurmäquivalente des menschlichen Insulin-Gens ergeben sowie die Sequenz eines Gens, das auch beim Menschen für Muskelzellen von Bedeutung ist, und außerdem das Gen für ein Protein, das im gesamten Tierreich dazu beiträgt, eine sich teilende Zelle zu zwei Tochterzellen auseinander zu ziehen. Auch das Gen, das einer primitiven, formlosen Zelle den ersten Anstoß in Richtung Form und Funktion einer Nervenzelle verpasst, hat man erstmals in C. elegans nachgewiesen. Wenn überhaupt Hoffnung besteht, das Nervensystem verstehen zu lernen, dann indem wir den Signalen auf die Schliche kommen, die dieses überhaupt erst nervig machen.

Doch bei allem überschwänglichen Lob, das die Nematologen ihrem Haustier jetzt schon zollen, prophezeien diese Forscher, dass die besten Entdeckungen erst noch kommen. Die zelluläre und neurale Anatomie des Wurms ist geklärt, seine physikalische Karte komplett, seine DNS-Sequenz entschlüsselt. Caenorhabditis elegans mag im Schlamm geboren sein, doch eine Zukunft als Star der biologischen Szene ist ihm sicher.

10

Die Verpackung der DNS

Zu voller Länge aufgedröselt, erreicht ein einzelnes DNS-Molekül des Menschen eine Länge von über einem Meter, das entspricht der durchschnittlichen Größe eines dreijährigen Kindes. Zusammengefaltet, verknäuelt und an seinem rechtmäßigen Platz im Herzen der Zelle, im Zellkern, verstaut, hat das Molekül des Lebens allerdings nur noch einen Durchmesser von einem Hunderttausendstel Zentimeter.

Das außerordentliche Kunststück, lange, klebrige Stränge genetischen Materials auf einem Fleck zusammenzufalten, der so klein ist, dass er nicht einmal in Manhattan als Kleiderschrank in Frage käme, wird in erster Linie von den Histonen vollbracht, einer Proteinfamilie mit fünf Mitgliedern, die allesamt die DNS umschließen und sie zu handlicher Größe zusammenzupressen vermögen. So bemerkenswert dieser Komprimierungsakt auch ist, man hat die Histone lange Zeit hindurch als öde Strukturelemente abgetan, als Komponenten von wenig Belang, als das biochemische Äquivalent von Muttern, Bolzen und Gummibändern, die das über alles erhabene genetische Molekül in geeignete Dimensionen bringt.

Inzwischen häufen sich die Beweise dafür, dass die Proteine weit mehr tun, als nur die möglichst ökonomische Verpackung von DNS zu gewährleisten. Es hat sich gezeigt, dass Histone aufs Engste mit einer der wichtigsten Lebensaufgaben verknüpft sind: dem An- und Abschalten der auf der DNS aufgereihten Gene, und dies in exquisiter, perfekt arrangierter zeitlicher und räumlicher Abstimmung. Der Steuerung der Gen-Aktivität verdanken wir es, dass jede Zelle die für sie typischen Aufgaben erfüllen kann: Gallensäuren ausschütten beispielsweise, so es sich um eine Zelle der Gallenblase handelt, oder Stoffwechselhormone, wenn die Zelle der Schilddrüse angehört. Bei der Kontrolle der Gen-Aktivität ringen die Histone als eifersüchtige Konkurrenten mit anderen Proteinen um die Verbundenheit mit der DNS. In manchen Fällen, wenn sich dem Lebensmolekül gewisse Proteine nähern, die man als Transkriptionsfaktoren bezeichnet und deren Bestimmung es ist, sich an ihm festzusetzen und rasch eine Runde Gen-Aktivität anzuwerfen, müssen diese zunächst einmal die Histone überbieten, die dort bereits, wenn man so will, mit gekreuzten Armen und dem finsteren Blick des Türstehers die Stellung halten. Erst unter biochemischen Bedingungen, die höchsten Ansprüchen genügen, bequemen sich die Histone, genügend Platz freizugeben, damit der bettelnde Transkriptionsfaktor zur DNS vordringen und seine Botschaft übermitteln kann.

Bei einer Zellart lockern die Histone ein bestimmtes Stück eines Chromosomenstrangs vielleicht ein bisschen auf und kehren es in Vorbereitung auf künftige Aufgaben der Mitwelt zu. Bei einer anderen Zelle ist dasselbe Stück unter Umständen weggeschlossen, verstaut, so gut wie tot. Histone scheinen eine besonders entscheidende Rolle zu spielen, wenn es darum geht, Gene abgeschaltet zu halten. Zwar mögen die meisten Menschen Inaktivität als eine Art Nullzustand betrachten, zu dem nichts weiter gehört als der Mangel an Input, doch es hat sich gezeigt, dass Gene, so sie nicht von Histonen entschlossen unterdrückt werden, auf einem geringen, aber für die Zelle potenziell tödlichen Niveau weiterarbeiten würden. Abgeschaltet zu sein und zu bleiben ist ein höchst aktiver Prozess, und die Histone schuften nicht weniger emsig, um die Gene in ihren Schranken zu halten, als jener kleine holländische Junge, der mit seinen bloßen Händen den Deich vor dem Durchbrechen bewahrte.

Wenn sie erst einmal verstehen, wie es der kleine Clan der Histonproteine fertig bringt, in den Billionen Zellen eines Körpers den Ton anzugeben und das Ausmaß der Gen-Expression zu regulieren, wird sich, so hoffen Wissenschaftler, womöglich auch der eine oder andere Fingerzeig zur Lösung des großen Rätsels ergeben, woher eine Zelle überhaupt weiß, wer sie ist, wann sie sich zu teilen hat und wann ihr Ende gekommen ist.

Mehr Wissen über das Verhalten von Histonen und die Architektur von DNS trägt letztendlich vielleicht auch dazu bei, die Mechanismen hinter manchen Krankheiten offen zu legen. Bei einer relativ häufigen Klasse von Blutkrankheiten, den Thalassämien beispielsweise, gibt es eine Form, die aus einer gestörten Windung der DNS resultiert und höchstwahrscheinlich auf Unregelmäßigkeiten in den Histonen zurückzuführen ist. Und da Krebs eine Krankheit fehlgeleiteter Gen-Aktivitäten und gestörter Zellteilung ist, hält man Fehlleistungen der die DNS schützenden Histonproteine auch für einen bedeutenden Schritt bei der malignen Entartung.

Doch die Wissenschaftler interessieren sich für Histone auch aus Gründen, die sehr viel näher liegen als die Suche nach irgendeinem Nutzwert, denn diese Proteine haben ihnen ein weiteres ergiebiges Streitthema verschafft. Nicht jeder ist bereit zu akzeptieren, dass Histone mehr wert sind als ein abschätziges Naserümpfen, was auch immer die Daten sagen mögen. Ein Großteil des Desinteresses für Histone hat historische Gründe. Die Revolution in unserem Wissen um die Funktionsweise von Genen begann mit der Untersuchung von Bakterien wie E. coli, deren DNS ganz anders gepackt ist als die DNS höherer Organismen. Bakterien-DNS schwimmt lose im zähflüssigen Meer der Zelle – weder ist sie in einem Zellkern im Zentrum der Zelle geschützt verwahrt, noch ist sie von Histonen umgarnt. Wenn Bakterien ohne Histone klarkommen, warum dann so ein Theater um diese Proteine machen? Auch bei der Untersuchung der DNS höherer Wesen begannen die Wissenschaftler häufig ihre Experimente damit, dass sie das genetische Material seiner Histone entkleideten und es solchermaßen entblößt in ein Reagenzglas warfen. Dann untersuchten sie das Verhalten spezieller Proteine, die DNS kopieren und aktivieren.

Diese gute alte Reagenzglasmethode hat eine Menge Erkenntnisse über die Signale vermittelt, durch die das Kopieren einzelner Gene ausgelöst wird, doch in jüngster Zeit brandmarken viele Wissenschaftler diesen Ansatz als reduktionistisch, irreführend und in manchen Fällen schlicht falsch. Sie argumentieren, dass sich die DNS in ihrem Histongewand ganz anders benimmt als die entblätterte DNS, die man in vitro, das heißt in irgendwelchen Glasröhrchen, untersucht. Und sie sind der festen Überzeugung, dass tierische DNS im nativen Zustand – im Zellkern und zusammen mit all ihrem verwirrenden Zubehör – zu betrachten ist.

Als die Wissenschaftler genauer untersuchten, wie das genetische Material zu Chromosomen verpackt vorliegt, stellten sie fest, dass es sich seinem Wesen nach wie eine klobige Halskette aus Modeschmuck präsentiert, die zu gleichen Teilen aus Histonen und DNS besteht. Die einzelnen Perlen bestehen aus je vier Paaren von Histonproteinen, die zu einem kleinen Partikel namens Histon-Oktamer verbunden sind. Ein Strang aus 146 DNS-Untereinheiten, so genannten Basen, ist zweimal um das Oktamer herumgewickelt. Das Ganze bezeichnet man als Nukleosom, und es bildet den Grundbaustein der Chromosomen.

Verbunden sind die einzelnen Nukleosomenperlen über ein Stückchen Schnur aus etwa fünfzig weiteren DNS-Basen und Vertretern der fünften Sorte von Histonproteinen, deren Eigenschaften zu einer weiteren Verdichtung des Ganzen beitragen. Die alternierenden Abschnitte aus Perlen und Schnur werden wieder und wieder umeinander verknäuelt, verpackt, verdichtet und zusammengedrängt, wobei auch viele zusätzliche Nichthistonproteine in die Kette eingebaut werden. Es ist diese Anordnung, die das bemerkenswerte Verstauen eines meterlangen Moleküls auf einem winzigen Fleck möglich macht, und sie ist das, was alle Geschöpfe vereint, die in ihrer Komplexität über das Organisationsniveau einer Bazille hinausgehen. Ob Sie den Zellkern eines Menschen, einer Hefezelle, einer Hummel, eines Truthahns oder einer Maispflanze unter die Lupe nehmen – Sie werden stets die gleichen Histonproteine beobachten, wie sie die Luft aus dem Chromosom herauspressen.

Doch trotz solcher detaillierten Erkenntnisse über die Struktur und Evolution von Histonen hatten deren Fürsprecher noch lange große Schwierigkeiten, sich Gehör für ihre felsenfeste Überzeugung zu verschaffen, derzufolge diese Proteine mehr sind als träge Moleküle mit dem – wie einer sich ausdrückte – unwiderstehlichen Charme eines Stuhlbeins. Erst mit der Einführung verschiedener neuer Methoden haben die Forscher zu sehen begonnen, wann, wie und unter welchen Umständen die Histone die Gene kontrollieren, die sich so anmutig um sie herumwinden. Einen Durchbruch bildete die elegante Manipulation von Hefezellen, in denen sich die Histonproduktion nach Belieben regulieren lässt. Mit einem anderen Taschenspielertrick haben Wissenschaftler es fertig gebracht, sämtliche der miteinander in Wechselwirkung stehenden Elemente der Nukleosomenperlen und ihrer Verbindungsketten im Reagenzglas zum Leben zu erwecken. Im Prinzip heißt das, die Verhältnisse im lebenden Zellkern unter wohl definierten Laborbedingungen nachzuempfinden.

Durch diese Fortschritte ist klar geworden, dass die verschiedenen Histonregionen die DNS auf eine Weise aus der

Reserve zu locken vermögen, die weit subtiler ist als alles, was man bis dahin für möglich gehalten hatte. Bei einer Studie an Hefezellen stellte sich heraus, dass die Zellen nur noch mit Mühe und Not überlebten, wenn man in ihnen ein winzig kleines Element am Anfang eines der Histone zerstörte: Geriet die Histonproduktion aus dem Ruder, konnten verschiedene Gene, die zur Metabolisierung der pilzlichen Zuckermahlzeit vonnöten waren, nicht mehr eingeschaltet werden. Wenn jedoch das andere Ende desselben Histonproteins verändert wird, können die Zellen gewisse essenzielle Gene nicht mehr abschalten. Solche vergleichenden Studien lieferten die ersten eindeutigen Beweise für die subtilen und vielseitigen Talente der Histone im Hinblick auf das Dirigieren von Genverhalten. Das eine Ende des Proteins fungiert als Streichholz, mit dem sich die Gene entzünden lassen, das andere als Kerzenlöscher, der die Flamme erstickt.

Mit verschiedenen Untersuchungen im Reagenzglas haben Wissenschaftler zeigen können, dass Histone mit anderen Proteinen aggressiv um das Privileg wetteifern, sich an die DNS heften zu dürfen, und zwar mit den bereits erwähnten Transkriptionsfaktoren. Die Ergebnisse solcher Konkurrenzkämpfe fallen je nach untersuchter Gensequenz höchst unterschiedlich aus.

In manchen Fällen sind die Histone offenbar relativ locker an das DNS-Molekül gebunden und räumen ihre Position bereitwillig, sobald die richtigen Transkriptionsfaktoren aufkreuzen. Transkriptionsfaktoren sind Proteine, die speziell dafür konstruiert sind, ein Gen, das andernfalls träge herumlungern und nichts tun würde, in Schwung zu bringen. In anderen Fällen hingegen scheinen die Histone in ihrer jeweiligen Position auf der Doppelhelix wesentlich fester verwurzelt zu sein. Die konkurrierenden Transkriptionsfaktoren aber sind offenbar strikt darauf ausgelegt, die Histone beiseite zu schieben, woraufhin das mit diesen assoziierte Gen seinem vorlauten Wesen nachgeben und auf der Stelle aktiv werden kann. Beide, das Histon und sein Konkurrent, haben gleichzeitig an der DNS festgemacht, und genau das aktiviert offenbar das Gen – aber eben nur gemäßigt oder schubweise.

Es überrascht nicht, dass die Evolution Histone verwendet, um ein breites Spektrum an Aufgaben abzudecken – wobei manche sicher nicht in der ursprünglichen Arbeitsbeschreibung enthalten gewesen waren. Histone begannen ihren Dienst vermutlich vor etwa einer Milliarde Jahren als eine Art Paketschnur, mit der die ordentliche Aufreihung der Chromosomen im Kern gewährleistet werden sollte; aber als Dirigenten der Gen-Aktivität haben sie sich seither weit mehr illustre Verantwortlichkeiten angeeignet.

Wer höher steigt, fällt tiefer. Es gibt gute Hinweise darauf, dass die Zerstörung der Nukleosomenstruktur in unseren Zellen verheerende Folgen haben kann. Ein dramatisches Beispiel in diesem Zusammenhang ist eine Gruppe von anämischen Erkrankungen, die vor allem im Mittelmeerraum häufiger vorkommen. Die meisten Arten von Thalassämie resultieren aus Mutationen in Genen, aus deren Produkten die Blutzellen den roten Blutfarbstoff Hämoglobin herstellen. Eine Version dieser Krankheit aber entsteht durch einen Fehler, der nicht im Hämoglobin selbst zu suchen ist, sondern darin, dass das Chromosom, auf dem die Hämoglobin-Gene lokalisiert sind, die Fähigkeit verloren hat, sich so zu entfalten, dass es möglich wird, ihm die Synthese von Hämoglobin zu entlocken. Statt flexibel zu sein und sich nach außen zu öffnen, hat der Chromosomenabschnitt bei diesen Patienten das Aussehen einer verfilzten Haarklette und ist viel zu dicht verknäuelt, als dass ihn irgendwelche aktivierenden Faktoren aus dem Zellinneren erreichen könnten. Die Wurzel dieses Übels ist eine fehlerhafte Histonstruktur, eine Deformation jener Proteine, die mit dem Schutz und der Aufsicht über die Gene in ihrem Umkreis betraut sind.

Doch je eingehender sich die Wissenschaftler mit den Nuancen der Chromosomenstruktur beschäftigen, umso mehr sind sie geneigt einzugestehen, dass sie erneut Gefahr laufen, die Vorgänge im Inneren der Zelle zu sehr zu vereinfachen, wenn sie alle genetischen Probleme den Histonen in die Schuhe schieben. In dem emsig rotierenden, ruhelosen Dynamo einer lebenden Zelle reicht eine einzige Familie von Proteinen nicht aus, die Entropie in Schach zu halten.

11

Die Anstandsdamen
der Proteine

Wenn ein neues Protein das winzige molekulare Fließband der Zelle verlässt, ist es bis dahin nichts weiter als ein schlaffer Strang aus aneinander gereihten Aminosäuren und noch lange nicht in der Lage, seinen ihm zugedachten Beruf zu ergreifen. Erst wenn es in seine richtige dreidimensionale Form gesponnen, gefältelt und gezwirbelt worden ist, erwacht ein Protein zum Leben – erst dann lädt es sich mit Sauerstoff voll, wenn es Hämoglobin heißt, zerschneidet es Zucker, wenn es das entsprechende Enzym ist, oder kittet Zellen zusammen, falls es sich bei ihm um den zähen Klebstoff Kollagen handelt.

Bis vor kurzem verfügte die Wissenschaft nur über relativ dürftige Vorstellungen davon, wie ein einfacher Chemikalienstrang es fertig bringt, sich zu einem funktionierenden Protein mit all seinen in schönster Harmonie arrangierten Knubbeln und Furchen, Kurven und Flächen zu falten, das in der Lage ist, mit anderen Molekülen in seiner Umgebung planvoll zu interagieren. Dieses Problem ist keineswegs ein rein akademisches Denkspiel, sondern für die Biologie eine Frage von zentraler Bedeutung. Proteine erfüllen die meisten der Zehntausenden von Aufgaben, derer es bedarf, um den Körper am Leben zu erhalten, und nur ein perfekt gefaltetes Protein kann die an ihn gestellten Anforderungen erfüllen. Früher hatte man angenommen, die Proteinfaltung geschehe spontan. Ein frisch gebackenes Protein oder Polypeptid springe von selbst in seine korrekte dreidimensionale Form, einzig und allein getrieben von den abstoßenden oder anziehenden elektrischen und chemischen Kräften seiner einzelnen Aminosäuren. Doch als man versuchte, durch Berechnung dahinter zu kommen, worin diese ungeheuer komplizierten Aktionen wohl bestehen mochten, kam man bei der Lösung des Faltungsproblems nur äußerst langsam voran.

Es war eine einigermaßen große Überraschung, als man herausfand, dass die Natur Proteine nicht sich selbst falten lässt, sondern eine ganze Proteinfamilie geschaffen hat, deren einziger Zweck darin besteht, anderen Proteinen beim Falten und Furchen zu helfen. Die Entdeckung dieser Zofen unter den Proteinen – die man folgerichtig mit dem Namen Chaperone belegte – bedeutete, dass die herkömmliche Theorie der spontanen Faltung sich auf dem Holzweg befunden hatte. Die elektrochemischen Kräfte, die den Aminosäuren einer Polypeptidsequenz innewohnen, reichen nicht aus, ein Protein in seine korrekte, tatkräftige Gestalt zu modellieren und zu kneten.

Vielmehr wird die Proteinfaltung, wie so vieles andere im Körper auch, offenbar von einem Team bewerkstelligt. Sobald die Aminosäurekette ihre Geburtsstätte innerhalb der Zelle verlässt, muss die Faltung sofort beginnen, und zu diesem Zweck eilen Scharen von Chaperonhebammen herbei und umfassen das noch flache Polypeptid sanft an etlichen hundert Schlüsselpositionen, um es vor der feindlichen Umgebung der Zelle abzuschirmen. Die Chaperone ermöglichen es Aminosäuren, die für das Innere des aktiven Proteins bestimmt sind, sich miteinander einzuigeln. Bei denjenigen, die für das Äußere bestimmt sind, helfen sie nach, dass diese sich richtig herumdrehen und der Außenwelt zuwenden. Sie sind daran beteiligt, gewisse Abschnitte zu Korkenzieherlocken zu drehen und andere zu flach plissierten Faltblättern zu klopfen. Die Chaperone passen auch darauf auf, dass die zerbrechliche Polypeptidkette sich nicht in unbotmäßiger Weise mit anderen Babypeptiden einlässt, was leicht geschehen könnte, wenn man sie unbeaufsichtigt gewähren ließe.

Die Aufgabe der Chaperone ist jedoch nicht beendet, wenn die ursprünglich angestrebte Faltung erledigt ist. Sollte die Zelle durch extreme Hitze, durch eine Unterbrechung der Sauerstoffzufuhr oder durch irgendeine Art von Verletzung, die die strukturelle Integrität der vielen tausend Proteine in ihrem Inneren bedroht, einen Schock erleiden, strengen sich die Chaperone an, den Zerfall von Proteinen zu verhindern: Sie heften sich an sieche Moleküle und helfen, sie wieder in Form zu bringen. Diese Faltungsmoleküle sind für Wachstum und Überleben derart unentbehrlich, dass Zellen, denen man ihre Chaperone künstlich nimmt, rasch sterben.

Die Informationen, die die Wissenschaftler über Chaperone zusammentragen, könnten auch dazu beitragen, das Wissen über einige unserer schlimmsten Heimsuchungen zu mehren. Nach einem Herzinfarkt sind beispielsweise große Bereiche des Herzmuskels mit Blut und Nährstoffen unterversorgt und sterben in Folge des vorübergehenden Sauerstoffmangels ab. Wenn sich die Chaperone im Herzmuskel unmittelbar nach dem Infarkt entsprechend beeinflussen ließen, könnten diese heilenden Moleküle die zerfallenden Proteine in den Herzzellen festigen und den Gewebetod womöglich verhindern. Bestimmte genetisch bedingte Erkrankungen wie die verschiedenen Formen von Muskelschwund entstehen womöglich aus Mutationen in den zellulären Chaperonen, die, solchermaßen geschwächt, zu viele Proteine nicht mehr ordnungsgemäß falten können. Theoretisch müsste ein besseres Verständnis der Chaperone auch die Entwicklung von Medikamenten erleichtern. Viele der Medikamente, die derzeit zum Einsatz kommen oder erprobt werden, basieren auf natürlich vorkommenden Proteinen. Wenn die pharmazeutische Industrie herausfinden könnte, warum eine spezielle Aminosäure ein Protein dazu veranlasst, sich in die eine Richtung zu falten statt in die andere, oder warum ein Protein in einer bestimmten Form besser funktioniert als in einer anderen, könnte sie die einzelnen Bestandteile womöglich mischen und einander anpassen, um das Angebot der Natur künstlich zu verbessern.

Bevor uns jedoch leichtfertiger Enthusiasmus davonträgt, sollten wir im Kopf behalten, dass Chaperone nur ein Teil des Proteinfaltungsgeheimnisses sind. Über die schrecklich komplizierte Dynamik der Struktur von Proteinen bleibt noch eine Menge zu lernen. Die Information, die nötig ist, um letzten Endes das Arbeitsprofil eines Proteins zu verstehen, steht in der Sequenz seiner Aminosäuren festgeschrieben, und das elektrochemische Hin und Her der einzelnen Bausteine ist Wissenschaftlern noch immer in großen Teilen ein Rätsel. Chaperone legen nicht fest, wie ein Protein zu falten ist, sondern helfen dem Protein lediglich, seine Ambitionen zu verwirklichen. Sie hindern es daran, sich mit schlechter Gesellschaft einzulassen und sich mit den falschen Molekülen zu verbinden. Mit anderen Worten: Sie sind die Aufseher. Sie sorgen dafür, dass die Arbeit richtig gemacht wird, aber sie sind nicht diejenigen, die darüber entscheiden, wie das fertige Produkt auszusehen hat. Das steht in der Aminosäuresequenz eines Proteins geschrieben und harrt noch seiner Entzifferung.

Dennoch ist die Entdeckung der Chaperone ein Lichtblick auf einem anderweitig recht entmutigenden Gebiet. Wenn es gelingt, die Wechselwirkungen zwischen einem sich faltenden Protein und seinen emsigen Helfern aufzudecken, werden sich vielleicht die vielen Zwischenschritte auf dem Weg von einem lockeren Polypeptidstrang zu einem tatkräftigen Protein ausfindig machen lassen.

Dass Wissenschaftler die Rolle der Chaperone so lange vernachlässigt haben, liegt darin begründet, dass sie ihre Untersuchungen zur Faltung von Proteinen in vitro durchgeführt haben, das heißt, sie gaben isolierte Proteinuntereinheiten und ein paar andere Zutaten zusammen und warteten, was dabei herauskam. Und die Biochemiker stellten fest, dass sich so ziemlich jedes Polypeptid, das sie ins Reagenzglas steckten, unter den richtigen Bedingungen zu seiner aktiven Form faltete, indem sich die verschiedenen Aminosäuren der Kette je nach ihren speziellen molekularen Eigenschaften in die eine oder andere Richtung kehrten. Diese Beobachtung verführte die Forscher zu der Vermutung, dass die Proteinfaltung auch innerhalb der Zelle spontan ablaufen müsse. Um der Dynamik des Faltungsprozesses auf den Grund zu gehen, bediente man sich kompliziertester Mathematik, man bemühte physikalische Prinzipien, Computergrafiken und ausgefeilte Techniken der Röntgenkristallographie, aber der Erfolg blieb mäßig.

Mitte der achtziger Jahre entdeckten Wissenschaftler, die an lebenden Zellen und nicht an isolierten Molekülen arbeiteten, dass verschiedene Proteine schlagartig in Aktion traten, sobald man eine Zelle extrem hohen Temperaturen aussetzte. Diese Sanitäter, denen man den Namen Hitzeschockproteine gab, halfen der Zelle, wie man feststellte, in entscheidender Weise, sich gegen die Auswirkungen der Hitze zu schützen, indem sie alle Proteine stabilisierten, die sich anderweitig auflösen würden.

Nachdem die Biologen eine Menge Verwandte der ursprünglichen Rettungsproteine aufgetan hatten, stellten sie fest, dass diese sich in mindestens zwei Protein-Überfamilien unterteilen ließen und quer durch die evolutionäre Landschaft in allen möglichen Kreaturen vom Bakterium bis hin zum Menschen vorkamen. Ein großer Fortschritt war es, als man eben diese Hitzeschockproteine in normalen Zellen vorfand, die man nicht im Laborofen misshandelt hatte, und man schloss daraus, dass diese Stressproteine am täglichen

Leben der Zelle beteiligt waren und nicht nur als Notfallambulanz fungierten.

Dann entdeckten Genetiker, dass Hefezellen, in denen die Hitzeschockproteine mutiert waren, sich in einem schrecklichen Zustand befanden – von Kopf bis Fuß, vom Zellkern bis in den letzten Winkel ihrer elastischen Membran waren sie ein einziges Chaos. Die Proteine in diesen Zellen waren nicht ordnungsgemäß gefaltet, und dieser Defekt führte zu größtem Desaster. Die Biologen erkannten, dass sie auf einen unerwarteten Glücksfall gestoßen waren: eine ganze Klasse von Proteinen, die Licht in das Dunkel des Proteinfaltungsproblems bringen konnte. An diesem Punkt taufte man diese Proteine in Chaperone um – bestrebt, damit ihren eher allgemein orientierten Aufgaben besser Rechnung zu tragen. Manche von ihnen tragen allerdings noch immer Namen wie Stressproteine, GroEL oder was dergleichen beschwörende Bezeichnungen mehr sind.

Die meisten der bisher durchgeführten Experimente an Chaperonen hatten entweder Hefe- oder Bakterienzellen zum Ziel, da diese sich leicht manipulieren lassen, oder isolierte Zellstrukturen wie die Mitochondrien, die Kraftwerke des Körpers, in denen es eine Menge Proteine zu produzieren und zu falten gibt, die das Kraftwerk zu beschicken helfen. Heute weiß man, dass sich, vom Standpunkt eines frisch geschlüpften Polypeptids aus betrachtet, die Bedingungen innerhalb einer lebenden Zelle dramatisch von denen unterscheiden, die es im Reagenzglas vorfindet, und dass die Chaperone als unentbehrliche Kindermädchen dienen. Eine Chaperon-Art nach der anderen betritt die Szene, um den Faltungsprozess von Anfang an helfend zu begleiten; das Ganze dauert im Durchschnitt drei bis vier Minuten. »Es hat etwas von Schneewittchen und den sieben Zwergen«, erklärt Dr. Mary-Jane Gething. »Ein Zwerg bringt den Hammer, ein zweiter den Meißel, der dritte die Schaufel und so weiter.«

Wenn ein fertiger Aminosäurestrang vom ribosomalen Fließband der Zelle herunterrollt (Ribosomen sind winzige, birnenförmige Fabriken, die Orte, an denen Proteine hergestellt werden), kommt ein kleines Chaperon namens Hsp70 herbei und nimmt bestimmte sensible Bereiche des Polypeptids unter seine Obhut. Dieses Chaperon erkennt Aminosäuresequenzen, die hydrophob, das heißt wasserfeindlich sind. Solche hydrophoben Molekülabschnitte sollen am Ende der Faltung im Inneren des Proteins verstaut liegen. Doch bis sie dahin gelangen, sind sie anfällig für Irrwege und fehlgeleitete Kontakte zu anderen Polypeptiden, und deshalb passen die Chaperone auf sie auf. Die Proteinkonzentration im Inneren einer Zelle ist ungemein hoch. Das Ganze hat die Zähflüssigkeit von Honig, und junge Proteine müssen vor der sie umgebenden dicken Brühe geschützt werden. Während der frühen Stadien der Faltung bildet das Polypeptid häufig charakteristische korkenzieherähnliche Strukturen oder miteinander verknüpfte Schlingen, manchmal auch dünne fingerähnliche Auswüchse. Wenn der erste Faltungsschritt abgeschlossen ist, entlassen die Angehörigen der ersten Chaperonschicht das Peptid aus ihrem Griff und driften davon.

Im weiteren Verlauf der Faltung beginnen die Schlaufen und Korkenzieher, sich richtig ineinander zu drehen, und jetzt übernimmt eine andere Gruppe von Chaperonen namens Hsp60. Diese Moleküle sehen aus wie zwei aufeinander gestapelte Doughnuts, die einen zentralen, geschützten Tunnel bilden, durch den das teilweise gefaltete Protein zur weiteren Gestaltung hineingezogen werden kann, sodass es nicht mehr durch außen umherstreunende Peptide gestört wird. Schließlich wird das Protein zu einem runden, dichten, energiegeladenen Etwas, ausgerüstet vielleicht mit einem greiferähnlichen Aufsatz, mit dem es vorüberdriftender Hormone habhaft werden kann, oder einer tiefen Tasche, in der es eine eindringende Mikrobe verstauen kann. Nach abgeschlossener Faltung lassen die Chaperone das Protein los, auf dass es sein Glück im Gewirr des Lebens versuche, und begeben sich zum nächsten zu umsorgenden Neugeborenen, veranstalten ein emsiges Kommen und Gehen an den Schlaufen, Schlitzen und Windungen einer sich immer stärker verdichtenden Peptidkette. Hunderte, wenn nicht tausende Male in jeder Stunde betätigen sie sich als winzige Alchimisten, spinnen langweiliges chemisches Stroh zu glitzernden Proteingoldfäden.

12

Der Schlüssel
zur Langlebigkeit

Menschliche Chromosomen, ihrem Aussehen nach so etwas
wie Würstchen mit geschnürter Taille, sind in so gut wie jeder Zelle unseres Körpers vorhanden und genießen als Sitz
der menschlichen Gene einen besonderen Ruf. Doch ein
paar kleine architektonische Einzelheiten der Chromosomen verdienen mindestens ebenso viel Berühmtheit wie die
in ihnen enthaltenen hunderttausend Gene. Auf den äußersten Spitzen der Chromosomen befinden sich außerordentlich interessante Strukturen, die sich aus nur sechs DNS-
Buchstaben zusammensetzen, die permanent wiederholt
werden, viele tausend Mal, wie ein monotoner molekularer
Gesang. Hinter dieser Monotonie verbirgt sich ein Lied der
Lieder, denn diese Strukturen, die so genannten Telomere,
sind in jedem Stadium zellulären Lebens von großer Bedeutung. Sie schützen die Chromosomen vor Schaden. Sie manövrieren sie in ihre richtige Position innerhalb des Zellkerns. Und, noch viel wichtiger, sie dienen als eine Art Zeitmesser, der der Zelle mitteilt, wie alt sie ist. Jedes Mal, wenn
sich eine unserer Zellen teilt, werden die Telomere an ihren
Chromosomen um ein bestimmtes, winzig kleines Stück ge-
kürzt. Damit bietet die Länge der Chromosomenspitze der
Zelle ein Maß dafür, wie oft sie sich bereits geteilt hat – und
wie viele Teilungen ihr noch zustehen, bevor die Lebensspanne der Zelle abgelaufen ist. Zwar mögen einzelne Zellen
im Lauf eines Lebens sterben und ersetzt werden, aber es besteht eine starke Korrelation zwischen der Länge der Telome-

re und dem Niedergang des gesamten menschlichen Organismus. Im Durchschnitt sind die Telomere eines Siebzigjährigen weit kürzer als die eines Kindes, und es ist durchaus möglich, dass wir dem Ende nahe sind, sobald die Telomere in den meisten Zellen unseres Körpers eine bestimmte Länge nicht mehr überschreiten. Kein Wunder also, dass die Arbeit an Telomeren von großer Bedeutung für die Untersuchung von Alterungsprozessen ist. Manche Forscher haben beispielsweise spekuliert, dass die Aufstockung von Telomeren dazu beitragen könnte, alternde Zellen wieder auf Vordermann zu bringen – insbesondere in Körperteilen, in denen die Beanspruchung besonders erbarmungslos ist, beispielsweise im Bereich der Herzkranzgefäße.

Abgesehen von ihrer Rolle als Stundenglas der Zelle sind an Telomeren noch die dramatischen Veränderungen bemerkenswert, die sie im Verlauf der Entstehung und Fortentwicklung einer Krebserkrankung durchmachen. Wenn eine Zelle entartet und anfängt, sich unaufhörlich und ohne Rücksicht auf Verluste zu teilen, verkürzen sich ihre Telomere. Mit jeder unstatthaften Teilung wird ihnen ein Stückchen genommen. Damit bietet die Telomerlänge ein Mittel zur Beurteilung des Stadiums der Krebszelle: Je kürzer die Spitze im Vergleich zu den gesunden Zellen des Patienten, umso fortgeschrittener die Malignität. An einem sehr weit fortgeschrittenen und hoch aggressiven Punkt der Tumorentwicklung kann es jedoch zu einer hässlichen Wendung kommen: Die Telomere hören auf zu schrumpfen und beginnen wieder zu wachsen. Bei der Untersuchung von Krebszellen, die man in Laborgefäßen gezüchtet hat, haben Wissenschaftler zwar festgestellt, dass die überwiegende Mehrheit der Zellen letztlich abstirbt, aber ein winziger Bruchteil wird unsterblich und ist damit praktisch in der Lage, sich bis in alle Ewigkeit weiter zu teilen. Diese Zellen enthalten, wie sich gezeigt hat, ein Enzym namens Telomerase; es ist der Erbauer jener Telomerspitzen. Normalerweise schweigt die Telomerase in erwachsenen Zellen. In den unsterblich gewordenen Zellen hat sie jedoch einen Weg gefunden, wieder aktiv zu werden und mit dem erneuten Aufbau von Telomeren zu beginnen – eine Fähigkeit, die einen Krebspatienten das Leben kosten kann. Wenn die Telomerlänge das Chronometer darstellt, das der Zelle mitteilt, wann sie still und leise zu gehen hat, dann gibt es, wenn seine Länge von einer Teilung zur nächsten nicht mehr abnimmt, womöglich überhaupt kein internes Signal mehr, das die Zelle daran hindern kann, den gesamten Körper zu überwuchern.

Der neueste Stand des Wissens über die Telomerase lässt eine Möglichkeit greifbar erscheinen, wie Krebs im fortgeschrittenen Stadium aufgehalten werden könnte: Wenn ein Präparat in der Lage wäre, die Aktivität des Enzyms zu beeinflussen, könnten die unsterblichen Krebszellen zerstört werden, ohne dass dabei den meisten anderen Zellen Schaden zugefügt wird. Biologen haben bereits eine breite Palette an gesunden Gewebearten untersucht und dabei nur in Spermienzellen Hinweise auf eine Telomerase-Aktivität gefunden. Dort hält das Enzym die Chromosomenspitzen auf der Länge höchstmöglicher Jugendlichkeit. Ein Angriff auf die Telomerase hätte damit unter Umständen keine schlimmeren Auswirkungen als die Einschränkung der Spermienproduktion. Vielleicht ist es nicht einmal so schwierig, einen solchen Blocker zu entwerfen: Die Telomerase ähnelt in chemischer Hinsicht der reversen Transkriptase, einem Enzym, das sich unter anderem auch in dem Virus findet, das für die Entstehung von Aids verantwortlich ist. Es gibt bereits mehrere Medikamente, die die reverse Transkriptase beeinflussen, unter anderem AZT und ddI, und derzeit untersucht man, ob diese Verbindungen nicht unter Umständen auch die Telomerase blockieren könnten.

Was immer die praktischen Anwendungen sein mögen, in

ihrer geschwätzigen, redundanten Sprache haben Telomere etwas Wichtiges zum fundamentaleren Thema chromosomalen Designs zu sagen – dazu, wie Gene in der Zelle gepackt sind und warum ihre Position so ist, wie sie ist. Die Wissenschaft weiß so gut wie nichts über die übergreifende Organisation von Genen, und die Telomere liefern ein paar viel versprechende Hinweise. So veranlassen sie beispielsweise die ihnen nächstgelegenen Gene dazu, sich mit ungewöhnlicher Häufigkeit zu rekombinieren, das heißt, sich im Verlauf der Entstehung von Ei- und Spermienzellen auszutauschen, zu vermischen und neu zusammenzufügen. Eine derart hohe Rekombinationsrate ist überaus wünschenswert für Gene, die – wie beispielsweise die Zellen des Immunsystems – einer hohen Variabilität bedürfen. Für Gene hingegen, die eine große Stabilität erfordern – beispielsweise jene, die die ganze fade Hausarbeit im Zellinneren leisten müssen –, wäre sie weniger willkommen. Somit sind es die Gene rund um die Telomere, die man für die unsteten hält, für unsere mutationsfreudigsten Gene, deren Evolution sogar gegenüber dem Rest des Genoms vielleicht leicht beschleunigt sein könnte. In gewissem Sinn gibt uns die Nachbarschaft des Telomers Auskunft über unsere evolutionäre Zukunft, wenn auch das Lesen in diesem speziellen Kaffeesatz unsere derzeitigen Fähigkeiten vielleicht übersteigen mag.

Das Zeitalter des Telomers begann in den frühen siebziger Jahren. Damals beobachtete eine der ganz Großen der modernen Genetik, Dr. Barbara McClintock vom Cold Spring Harbor Laboratory, im Verlauf ihrer Untersuchungen an Mais, dass Chromosomen mit Brüchen sich als ungemein instabil erwiesen, in immer kleinere Stücke zerfielen und schließlich gänzlich in sich zusammensackten. Sie äußerte die Vermutung, dass normale Chromosomen mit einer schützenden Struktur versehen sein müssten, die ihre Schwächung verhindert. Eben diese Strukturen sind, wie sich später herausstellte, die Telomere: Andere machten sich an die detaillierte Untersuchung dieser chromosomalen Schutzhüllen. Objekt ihrer Studien waren einzellige, den Pantoffeltierchen ähnliche Organismen, die im Tümpelwasser ihre Kreise ziehen. Diese Wesen haben einen hervorstechenden experimentellen Vorteil. Während jede unserer Zellen über nur sechsundvierzig Chromosomen verfügt, die an ihren Enden jeweils ein Telomer tragen, enthalten diese winzigen Teichbewohner Tausende winziger Chromosomen, und jedes davon ist am oberen und unteren Ende mit einem Telomer bestückt, das sich isolieren und untersuchen lässt.

Bei der detaillierten Untersuchung der Telomere stellten die Forscher fest, dass diese aus nur sechs DNS-Basen bestehen, chemischen Untereinheiten, die an beiden Enden jedes einzelnen Chromosoms viele tausend Mal wiederholt werden. In unseren Zellen lautet die Sequenz TTAGGG. Sie kommt je nach Zelltyp und -alter zwischen ein- und dreitausend Mal vor. Für sich genommen hat diese Sequenz keine eigene Bedeutung. Sie dient jedoch unter anderem dazu, die Chromosomen zu stabilisieren. Wie Bücherstützen halten die Telomere alles an seinem Platz.

Bei jenen sich unendlich oft teilenden Teichgeschöpfen müssen auch die Telomere selbst konserviert werden. Ein Pantoffeltierchen kann es sich nicht leisten, seine Telomere jedes Mal ein bisschen mehr dahinschwinden zu sehen, wenn es sich teilt, denn das hieße, dass es sich bei seiner Reproduktion schließlich selbst ins Aus manövrieren und letztlich von der Bildfläche verschwinden würde. Die Zellen in einem Tümpelwassertropfen enthalten große Mengen des Reparaturenzyms Telomerase. Dieses Molekül lässt sich mit nichts von alledem vergleichen, was der Wissenschaft bislang bekannt war. Mitten in dem Enzym befindet sich eine Art chemische Gussform, eine RNS-Vorlage für die sechs Buchstaben des Telomers. Das Enzym verwendet diese Vorlage, um dem Ende des Telomers immer wieder ein neues Basensextett anzufügen und so alle Stücke der Bücherstütze zu ersetzen, die im Verlauf der Zellteilung abhanden gekommen sind.

Inzwischen haben Forscher herausgefunden, dass dieses Telomer-Reparaturenzym zwar bei Pantoffeltierchen und anderen einfachen Arten rund um die Uhr arbeitet, aber in den meisten Geweben bei uns und anderen Säugetieren inaktiv ist. Unsere Telomere schrumpfen mit zunehmendem Alter. Normale menschliche Zellen teilen sich zwischen siebzig und hundert Mal, und bei jeder Teilung verlieren sie an ihren beiden chromosomalen Enden um die fünfzig Buchstaben. Bevor die Telomere ganz und gar verschwinden, verformen sich die zwischen ihnen eingepferchten Chromosomen. Sie werden klebrig und heften sich in so verdrehter Konfiguration an andere Chromosomen, dass der Zelle nichts anderes übrig bleibt, als aufzugeben und zu sterben. Zugegeben, es wäre möglich, dass die Degradation der Telomere das Altern und den Tod von Zellen nicht verursacht, sondern wie graue Haare und Altersweitsichtigkeit nur eine Begleiterscheinung ist. Dennoch gibt es ein paar sehr überzeugende Indizien dafür, dass die Telomere über die verstreichende Zeit Buch führen und erst im letzten Augenblick Alarm auslösen. Untersuchungen am Teilungsverhalten von Zellkulturen haben ergeben, dass die schrumpfenden Telomere die Chromosomen bis unmittelbar vor dem Augenblick, in dem die der Zelle zugestandene Zeit verstrichen ist, in einem bemerkenswert stabilen Zustand halten – statt die ganze Sache allmählich vor sich hin rotten zu lassen, wie dies vielleicht geschehen würde, wenn die Telomere eine rein zufällige Begleiterscheinung des Verfalls wären. Zu kurze Telomere scheinen vielmehr den anderen Molekülen der Zelle zu signalisieren, sie sollten aufhören zu arbeiten, aufhören, sich zu teilen und zu plagen, und sich stattdessen fürs Sterben bereitmachen.

Dennoch ist die Verknüpfung zwischen Chromosomenenden und Alterungsprozessen eine delikate Angelegenheit, und es besteht wenig Hoffnung, dass die Forschung in nächster Zukunft irgendeinen wundersamen Anti-Telomer-Alterungstrank abwerfen wird. Zudem sollten wir mit dieser Art von Medikament lieber nicht unbedacht herumspielen, denn wir haben schließlich gesehen, was passiert, wenn in den Zellen eines alternden Erwachsenen plötzlich die Telomere der Jugend sprießen: Sie treten das Gaspedal durch und wachsen ungebremst weiter.

13

Was passiert, wenn DNS geknickt wird?

Im landläufigen Bild ist die DNS der wohltätige Diktator der Zelle, jenes allwissende Molekül, auf dessen Befehle hin Enzyme hergestellt werden, Nahrung verdaut oder ein willfähriger Tod gestorben wird. Neuere Erkenntnisse legen jedoch die Einsicht nahe, dass die DNS eher dem Durchschnittspolitiker ähnelt, den eine Horde von Proteinhandlangern und Beratern umgibt, die ihn zunächst einmal gut durchmassieren, drehen und wenden und gelegentlich auch einmal völlig ummodeln müssen, bevor er Sinnvolles leisten kann, sprich, bevor der Bauplan des Körpers überhaupt Sinn ergibt. Wissenschaftler haben eine bemerkenswerte Klasse von Proteinen aufgetan, die nahezu ausschließlich als molekulare Muskelmänner wirken und fähig sind, sich das genetische Material der Zelle zu schnappen und die einzelnen Stränge binnen Sekundenbruchteilen zu Haarnadelkurven zu biegen. Dann springen sie genauso rasch, wie sie das Molekül des Lebens verbogen haben, wieder ab und lassen die DNS in ihre ausgestreckte Form zurückschnellen.

Das Verbiegen der DNS spielt eine kritische Rolle für die Kontrolle von Genen. In manchen Fällen bringt es weit voneinander entfernte Stückchen genetischer Information so zusammen, dass daraus eine Arbeitsanweisung für die Zelle entsteht. In anderen Fällen bringt es verschiedene Proteinteams dazu, ihre Kräfte an einem besonders stark gebogenen Abschnitt zu bündeln und irgendwelche biochemischen Aktivitäten loszutreten. Durch das kurzfristige Anknabbern der

DNS scheinen die Täter den Schwung des Immunsystems ebenso zu beeinflussen wie das Geschlecht eines Kindes oder das Gerangel zwischen einem Virus und seinem Wirt. Und diese Proteine liefern neue Beweise für die unter Wissenschaftlern wachsende Überzeugung, dass die komplexe Architektur der DNS mindestens ebenso entscheidend für das Verhalten von Genen ist wie die Sequenz der chemischen Buchstaben, aus denen die Gene bestehen.

Den überzeugendsten Beweis für die Wichtigkeit der Flexibilität von DNS erbringt ein Protein, das weithin als Schlüssel zur Männlichkeit gefeiert wird und das sein großes Werk vollbringt, indem es als überaus mächtiger DNS-Verbieger wirkt. Dieses Protein trägt den Namen *testis determining factor*, kurz TDF, und wurde im Jahr 1990 erstmals als das bereits lange gesuchte Männlichkeitssignal identifiziert: ein Molekül, das irgendwie eine Kaskade biochemischer Ereignisse in Gang setzt, die dafür sorgt, dass aus einem Fetus unbestimmten Geschlechts ein kleiner Junge wird. Seither haben wir gelernt, dass dieser Faktor tätig wird, indem er DNS an vielen Orten auf den Chromosomen manipuliert und jede gerade Region, die er ins Auge fasst, um nahezu neunzig Grad knickt. Durch eine Serie solcher Faltungen und Umlagerungen können Moleküle, die anderweitig über die ganze Doppelhelix verteilt und ohne Nutzen sind, in Kontakt zueinander treten. Durch den eingreifenden Verbieger solchermaßen zu einem Geschwader vereint, werden die Moleküle zu aktiven Schaltern – Transkriptionsfaktoren und -verstärkern –, die imstande sind, eine Batterie von Genen zu mobilisieren und zur Produktion neuer Proteine und Enzyme zu veranlassen. Diese Proteine können die Geschlechtsknospen des Fetus zu kleinen Hoden formen und damit den entscheidenden Schritt zur Entstehung eines Mannes tun. Wenn man Jungen vorwirft, alles zu verunstalten, was ihnen unter die Finger kommt, so können sie sich also getrost auf ihre Gene berufen, die ja schließlich ebenfalls bis zur Unkenntlichkeit verbogen werden mussten, bevor sie sie zu dem machen konnten, was sie sind.

Ein anderes Protein, der so genannte *lymphoid enhancer factor* (LEF), beeinflusst im Immunsystem die Produktion von T-Zellen. Dieses Protein ist ein noch leidenschaftlicherer DNS-Verbieger. Es faltet Chromosomen abschnittsweise zu Winkeln von hundertdreißig Grad und bringt, genau wie der Testis determinierende Faktor TDF weit voneinander entfernte, transkriptionswirksame Moleküle in Kontakt zueinander und sorgt so für den Start der Gen-Aktivität. In diesem Fall tragen die stimulierten Gene dazu bei, T-Zell-Rezeptoren zu produzieren. Das sind Proteine, die in die Oberfläche von Immunzellen eingelassen sind und so gut wie jedes fremde Element erkennen können, das den Körper bestürmt.

Das Verbiegen von DNS spielt auch bei weit üblerem Unterfangen eine Rolle, beispielsweise beim Eindringen eines Virus in die Wirts-Chromosomen. Wissenschaftler, die das komplexe Zusammenspiel zwischen einer Bakterienzelle und den sie parasitierenden Viren – den Phagen – untersuchen, haben herausgefunden, dass das Virus in das Wirts-Chromosom eindringt, indem es die wirtseigenen DNS-Bindungsproteine für sich arbeiten lässt, die DNS zu Schlaufen aufwirft und dann still und heimlich seine parasitische Information in die verknotete Sequenz hineinschmuggelt.

Viele der menschlichen Viren – insbesondere dasjenige, das an der Entstehung von Aids beteiligt ist – bedienen sich, wie man annimmt, ähnlicher Tricks. Sie knicken und biegen an der DNS herum, um sich dann heimlich in die Chromosomen einzuschleichen. Die Deformation von DNS kann Zellen andererseits auch töten: Cisplatin, ein häufig eingesetztes Chemotherapeutikum, zerstört die sich rasch teilenden Zellen eines Tumors, indem es die DNS zu einer abnormen Konfiguration verbiegt. Diese Deformation lockt andere Proteine an den Ort der Schlaufenbildung zu einem molekularen Volksauflauf, der mit der Blockade der DNS-Replikation und schließlich dem Tod der Zelle endet. Wenn die Kinetik normaler und pathologisch veränderter DNS-Umformungen besser verstanden ist, befinden sich die Biologen womöglich in einer günstigeren Position, wenn es darum geht, eindringenden Viren einen Strich durch die Rechnung zu machen oder einer Tumorzelle effizient einen Knüppel ins Getriebe zu werfen.

Vor allem anderen aber rücken die Erkenntnisse über das Verbiegen von DNS den Aspekt der Dynamik in deren Architektur und dessen Bedeutung für ihr reibungsloses Funktionieren ins rechte Licht. Die gegenwärtigen Arbeiten über DNS-Verbieger und andere Proteine, die die Doppelhelix zwicken, einwickeln, schlingen und zwingen, machen deutlich, dass DNS ständig in Bewegung ist und unablässig mit Heerscharen von Molekülen in ihrer Umgebung kommuniziert. Ihre nimmermüde Aktivität und Flexibilität bedeuten, dass die chemischen Strukturen, die in den einzelnen Genen kodiert sind, auf überwältigend viele Arten gelesen werden können. »Die übergeordnete Struktur von DNS ist dynamisch«, erklärt ein Wissenschaftler. »Sie verändert sich mit der Zeit.«

Wie bei so vielen Entdeckungen auf dem Gebiet der Genkontrolle stammt auch in diesem Fall ein Großteil unseres derzeitigen Wissens aus Untersuchungen an Bakterien. Bakterien-DNS ist kürzer und einfacher strukturiert als Säuger-DNS, und sämtliche ihrer Teile und Schalter sind auf optimale Leistung ausgerichtet, damit die Mikroben sich so rasch wie möglich vermehren können. Wissenschaftler, die sich mit den hierfür verantwortlichen DNS-Abschnitten beschäftigen, erkannten bald, dass die DNS in ihrer Gesamtheit betrachtet wohl über viele Kurven und Schlingen verfügt – daher das Bild einer sich windenden Helix –, auf kurzen Abschnitten jedoch recht starr ist. Damit ich mir diesen Unterschied besser bildlich vorstellen könne, so ein Wissenschaftler, solle ich mir einen langen, hoch biegsamen Stock vorstellen – etwa den Bogen eines Schützen. Wenn ich versuchen würde, irgendein kurzes Stück dieses Stocks zu verbiegen, müsste ich feststellen, dass es sich wie ein starres Stück Holz verhält. Ganz ähnlich ist die DNS in ihrer übergeordneten Struktur extrem formbar, im Kleinen aber straff gespannt.

Doch schon früh in ihren Untersuchungen lernten die Wissenschaftler, dass selbst die Starrheit der kurzen Bereiche manchmal nachlässt. Wenn bestimmte DNS-Sequenzen zusammen vorkommen – beispielsweise ein Abschnitt aus lauter Wiederholungen der chemischen Base Adenin –, dann ist dieser Chromosomenabschnitt ganz leicht gebogen. Bei näherem Hinsehen stellte sich heraus, dass diese gebogenen Regionen Orte höchst interessanter Aktivitäten sind. Dort, wo sich auf einem Chromosom Aneinanderreihungen von Adenin finden, existieren Stellen, an denen die Transkription beginnt, das heißt, an denen DNS in eine andere chemische Form namens RNS umgeschrieben wird, und dies ist der erste Schritt auf dem Weg zur Bildung von Proteinen. Auf irgendeine Weise trägt die chromosomale Biegsamkeit, die sich aus der Anhäufung von Adenin ergibt, zur Entstehung von genetischer Aktivität bei.

Ein Virus, das vorhat, sich in das Genom eines Bakteriums einzuklinken, bringt es fertig, die entsprechende Region auf dem Wirts-Chromosom zu verbiegen und dann seine eigenen Gene entlang dieses Knicks einzufädeln. Dieser Befund führte zur Isolierung eines Bakterienproteins, dem man den Namen *integration host factor*, kurz IHF, gab und das die DNS um hundertvierzig Grad krümmen, also beinahe umklappen kann. Das Bakterium nutzt den Faktor in der Regel, um sein genetisches Material im Verlauf einer gewöhnlichen Zellteilung zu durchmischen – zu rekombinieren –, doch das gerissene Virus bedient sich seiner für seine eigenen Ziele. Es täuscht dem Bakterium vor, seine DNS krümme sich einzig zum Wohl einer ganz normalen Rekombination, und dann schmuggelt das Virus sein eigenes genetisches Gepäck in die zerknautschte Region.

In der Folge haben Wissenschaftler eine Riesenfamilie von Proteinen identifiziert, die mit der Integration eines Virus in den Wirtsorganismus zu tun hat, und man untersuchte die molekulare Sippschaft genau daraufhin, welches Molekül die DNS wie und zu welchem Zweck verbiegen kann. Einige der Proteine haben spezielle DNS-Sequenzen zum Ziel, die sie dann ausgiebig deformieren. Andere sind heimtückischer und verdrehen so ziemlich jedes Chromosomenfleckchen, auf dem sie landen können.

Im Großen und Ganzen gibt es zwei Überlegungen, die erklären, warum Knicke und Verformungen eine so dramatische Wirkung auf die DNS haben. Zum einen ist das Anschalten eines beliebigen Gens und dessen Übersetzung in ein frisch gebackenes Protein eine komplexe Sache – nichts, was mit einem einzigen Ein/Aus-Schalter zu bewerkstelligen wäre. Vor dem Gen ist eine Reihe von genetischen Sequenzen am Zug, die es den einzelnen Bestandteilen der zellulären Proteinmanufaktur ermöglichen, sich an die DNS zu heften und mit einer bestimmten Geschwindigkeit und Einsatzkraft zu arbeiten. Diese Instruktionen sind oft viele hundert oder tausend Basen voneinander getrennt, und die Wissenschaft ist heute der Ansicht, dass die DNS gefaltet und in sich verschlungen wird, um Ordnung in die anderweitig sinnlosen Wörter zu bringen.

Manchmal muss DNS auch verbogen werden, um den Kontakt zwischen Proteinen zu ermöglichen, die auf der Doppelhelix festgewurzelt sind wie Seepocken auf einem

Walrücken. Vielfach müssen diese Proteine mit Partnern in Kontakt treten, bevor sie ihre Aufgaben erfüllen können: dem DNS-Molekül zuarbeiten, unweigerlich entstehende Fehler ausbessern, es vor einer Zellteilung zu einem kompletten neuen Strang replizieren oder auch Dinge erledigen, die mit der Wartung der DNS nicht das Geringste zu tun haben. In solchen Fällen zwingen DNS-knickende Proteine die DNS mit Gewalt in eine Form, in der sich verschiedene Proteine begegnen können, und die illustre Doppelhelix verkommt unversehens zu einer Transportmaschine à la Rube Goldberg, mit dessen Hilfe sich zwei Proteine vereinigen lassen. Ein Biologe verglich das Ganze mit einer Computerdiskette. Normalerweise versorgt die Diskette – die DNS – den Computer mit Anweisungen; sie ist die Software der Zelle. Wenn Sie die Diskette jedoch beispielsweise unter ein Tischbein legen, um Ihren Tisch am Wackeln zu hindern, dann fungiert diese Software für den Moment als Hardware.

Wenn sie DNS beliebig knicken und verbiegen, dann tun die Proteine das natürlich nicht direkt so, dass sie sie in die Hand nehmen und ihnen einen Dreh verpassen. Vielmehr verursachen sie eine Einbuchtung in der linearen DNS-Struktur – vergleichbar Kegelkugeln, die man auf ein Trampolin wirft.

Sind diese gestalterischen Proteine schon in den relativ einfachen Bakterienzellen, in denen man sie erstmals identifiziert hat, von entscheidender Bedeutung, so ist ihre Wichtigkeit für die so genannten Eukaryontenzellen, aus denen höhere Lebewesen wie unsereiner bestehen, erst recht nicht zu übersehen. Das hat damit zu tun, dass die DNS höherer Organismen in und um Proteinschutzhüllen verpackt ist – man denke hier an die Histone –, die zuerst recht energisch zur Seite gedrängt werden müssen, damit die Gene eine Lebensäußerung tun können. Unsere biegenden und knickenden Proteine scheinen mit den Histonen um das Privileg zu ringen, sich der DNS zu bemächtigen. Doch im Unterschied zu den Histonen, die die Gene fest unter Verschluss halten, drängen die Proteine sie, aktiv zu werden.

Außerdem geht die delikate Aussteuerung der Genkontrolle in tierischen Zellen weit über die bei Bakterien hinaus. Es gibt Kontrollen, die die Kontrollen der Kontrollen kontrollieren, Kontrollen, die Gene im Zaum halten: Transkriptionsfaktoren, Verstärker, Promotoren – ein wimmelndes Panoptikum von Schaltern und Modulatoren, die uns zu dem machen, was wir sind, ohne dass wir auch nur einen Gedanken daran verschwenden müssen. Das fortdauernde Herumbiegen an der DNS ist für die Natur vielleicht die einfachste Möglichkeit, ihre ruhelose Fauna in Reih und Glied zu halten.

14

Blaupausen
für einen Embryo

Wie jeder eifrige Konsument der Science-Fiction-Serie *Star Trek* weiß, haben die dort porträtierten Außerirdischen – so weit entfernt ihre Heimat theoretisch auch liegen mag – durchweg ein beruhigend vertrautes Aussehen. Ihre Körper sind in der Hauptsache in zwei Zonen unterteilt: Kopf und Rumpf. Sie verfügen über Augen, Ohren, Mund und Nase, wenn diese auch auf verschiedenste Weise zurechtgekittet sein mögen. Sie besitzen Arme und Beine, jeweils paarweise in sauberer Symmetrie.

Es scheint, als hingen die Macher der Serie Platons Ideal vom Bau eines Körpers an, einer ganz bestimmten Art, Organismen zusammenzusetzen, hinter der eine derart unumstößliche transgalaktische Logik steht, dass sich dieses Muster Ära um Ära von Planet zu Planet immer wieder unabhängig voneinander wiederholt hat.

Doch um die Schöpfer der Serie von dem Verdacht der intellektuellen Trägheit oder der Faulheit zu befreien, sollten wie uns vergegenwärtigen, dass auch die Natur an den Allzweckentwurf, an die wieder verwendbare Vorlage für den Bau beweglicher Körper glaubt. Forscher, die die frühesten Ereignisse im Verlauf der Transformation einer einzelnen befruchteten Eizelle zu einem atmenden, empfindenden, vielzelligen Wesen nachzuvollziehen suchen, haben eine Klasse von Genen entdeckt, die sich ohne weiteres als das molekulare Sigel tierischen Seins, der Schlüssel zum Reich Animalia erweisen könnte.

Diese Gene, die so genannten Hox-Gene, gehören zu den großen Gebietern der tierischen Entwicklung. Ihre Arbeit beginnt in den ersten paar Tagen des embryonalen Wachstums, wenn sie die grundsätzliche Struktur und Orientierung des Körpers anlegen: wo der Kopf hinkommt, wo Gliedmaßen, Finger und Zehen, wo der Brustkorb und wo die im Inneren geschützten Organe liegen werden. Ihrer Bedeutung entsprechend beherrschen die Hox-Gene viele Sprachen. Zuerst entdeckt wurden sie in Fruchtfliegen, doch seither hat man sie in den frühen Embryonalstadien von Mäusen, Würmern, Fischen, Hühnern, Grashüpfern, Menschen, Fröschen und Rindern gefunden – buchstäblich in jeder bis heute untersuchten Kreatur.

Die genaue Anzahl an Hox-Genen in einer Zelle variiert beträchtlich zwischen Wirbeltieren wie dem Menschen, bei dem es achtunddreißig solcher Gene gibt, und der Fruchtfliege, die mit nur acht von ihnen auskommt. Die Tatsache jedoch, dass Arten, die in der Evolution durch sechshundert Millionen Jahre voneinander getrennt sind, sich zur Abstimmung ihres embryonalen Wachstums auf dieselbe Klasse von Genen verlassen, lässt vermuten, dass die Moleküle zu gut funktionieren, um irgendwelche Spielereien oder Neuerfindungen erforderlich zu machen.

Die Hox-Gene sind für Aufbau und Gestaltung des tierischen Körpers so fundamental, dass sie sich als letzter Nachweis für eine tierische Natur eignen, eine womöglich präzisere Definition als so traditionelle Maßstäbe wie das Vermögen, sich unabhängig zu bewegen, und die Reaktion auf Außenreize. In den Zellen von Pflanzen, Pilzen und Schleimpilzen finden sich diese Gene nicht. Deshalb haben Wissenschaftler angeregt, dass man die DNS jeder Art, über deren stammesgeschichtlichen Status es berechtigte Zweifel gibt – wie dies bei Schwämmen und manchen Protozoengruppen der Fall ist –, auf Hox-Gene analysieren sollte.

Diese Gene sind jedoch nicht die alleinigen Drahtzieher im Geschäft tierischer Entwicklung. Andere Moleküle wie Steroidhormone, eine von Vitamin A abgeleitete Substanz namens Retinsäure und eine Vielfalt an Wachstumsfaktoren spielen bei der Embryogenese ebenfalls eine Rolle. Doch die Biologen haben einige Fortschritte beim Lösen des Hox-Gen-Puzzles zu verzeichnen. Sie haben transgene Mäuse mit bestimmten informativen Mutationen in ihren Hox-Genen gezüchtet und kunstvoll Schritt für Schritt den Einfluss dieser Gene auf die Flügelknospen eines Hühnchenembryos untersucht. Durch diese Experimente fanden sie heraus, dass Hox-Gene als Hauptschalter fungieren und Transkriptionsfaktoren hervorbringen, die sich an die Chromosomen heften und Welle um Welle die Aktivität untergeordneter Gene freisetzen, sodass sich das anfänglich eher schwache Ausgangssignal zu einem gigantischen Ausbruch an biologischer Aktivität potenziert.

Im Prinzip ordnen Hox-Gene den Zellen des frühen Embryos Adressen zu: Sie teilen der einen Zelle mit, ob sie Bestandteil des vorderen oder des hinteren Körperteils sein wird, einer anderen vielleicht, dass sie den Gliedmaßen angehört und später zu einem Finger werden wird. Sie sind von vitaler Bedeutung, wenn es gilt, das Körpermuster vom Hinterhirn abwärts einzurichten. Für die Konstruktion des Vorderhirns und verwandter Regionen des zentralen Nervensystems sind wiederum andere Entwicklungsgene zuständig.

Die Hox-Gene operieren mit hoher Geschwindigkeit und Effizienz; sie vollbringen ihre bemerkenswerte Musterbildung innerhalb von drei Tagen. Ihr Wirken beginnt irgendwann in der ersten Woche nach der Empfängnis. Dass sie den gesamten Entwurf so rasch in die Tat umsetzen können, liegt unter anderem darin begründet, dass der Embryo aus einer Reihe sich wiederholender Segmente besteht. Jeder Körperabschnitt ist in wesentlichen Teilen eine Kopie des vorhergehenden, und jedem Segment werden anschließend nach und nach zusätzliche Varianten eingebaut, die sich schließlich zur Komplexität des fertigen Körpers addieren. Mit anderen Worten: Das Wachstum eines Babys ähnelt ein bisschen dem Schließen einer Jalousie, die man Lamelle für Lamelle herunterlässt. Diese abschnittsweise Untergliederung unseres Bauplans lässt sich am deutlichsten an unserer Wirbelsäule und unseren Rippen erkennen, doch auch andere Körperteile weisen eine Art von Modulbauweise auf. Aus evolutionärer Sicht ergibt dieses Schema sehr viel Sinn, denn es ermöglicht der Natur, mit einer Einheit – dem embryonalen Grundsegment – zu beginnen und dieses dann von Kopf bis Fuß immer wieder zu duplizieren und zu modifizieren, statt für jedes Organ von Grund auf nach einem neuen Plan beginnen zu müssen. Die Hox-Gene sorgen dafür, dass die entsprechenden Module mit fortschreitender Embryonalentwicklung ordnungsgemäß erscheinen.

Ein weiterer faszinierender Faktor der Hox-Gene ist ihre Struktur, ihre verblüffend präzise Anordnung auf den Chromosomen. Das Geheimnis, wie die verschiedenen Hox-Gene im Verlauf des embryonalen Wachstums in Aktion treten, wird derzeit erst gelüftet, aber die Wissenschaftler sind der Ansicht, dass die Gene miteinander kollaborieren und mit fortlaufender Entwicklung eines nach dem anderen anspringen und dass sie in manchen Fällen auch in Teams zusammenarbeiten, um die richtige Musterbildung in einem bestimmten Körperteil zu gewährleisten. Derartig stillschweigendes genetisches Einverständnis ist durchaus nicht ungewöhnlich, und viele Aufgaben des Lebens erfordern den gleichzeitigen oder aufeinander abgestimmten Einsatz mehrerer Gene. So werden beispielsweise vier verschiedene Gene benötigt, um ein einzelnes funktionsfähiges Proteingerüst des Sauerstoff transportierenden Hämoglobins anzufertigen. Doch während die Gene für die verschiedenen Hämoglobin-

Bestandteile hier und dort auf den Chromosomen verteilt sind und nach Bedarf angeschaltet werden, ohne dass sie einer bestimmten architektonischen Organisation gehorchen müssten, sind die achtunddreißig Hox-Gene der Säugetiere auf vier verschiedenen Chromosomen zu vier dichten Clustern gruppiert. In jeder dieser Gruppen sind die Gene sämtlich in exakt übereinstimmender Ausrichtung und mit stets demselben Abstand eins hinter dem anderen aufgereiht, als hätte ein Konstrukteur den Plan am Reißbrett mit dem Lineal gezeichnet.

Nirgendwo sonst bei den hunderttausend Genen in menschlicher DNS haben Wissenschaftler eine so exakte Anordnung gefunden, und die Biologen sind der Ansicht, dass diese einzigartige Anordnung kein Zufall ist. In einem kühnen Erklärungsversuch von großer ästhetischer Anziehungskraft, doch mit wenig Indizien zu seiner Untermauerung haben französische Wissenschaftler die Vermutung geäußert, dass die dreidimensionale Anordnung der Hox-Gene als eingebautes Uhrwerk wirkt, das im Verlauf der Entwicklung die Augenblicke zählt, indem es Länge und Bestandteile der Doppelhelix als Zeitmesser verwendet.

Dieser Theorie zufolge wird ein Hox-Gen angeschaltet und produziert einen Transkriptionsfaktor, der seinerseits viele andere Gene zum Leben erweckt, die dann das oberste Körpersegment entstehen lassen. Anschließend tritt das nächste Hox-Gen in der Reihe in Aktion und macht es möglich, dass der nächste Körperabschnitt des Embryos gebildet wird, und immer so weiter nach einem fest gefügten Zeitplan. Führt man diese Vorstellung logisch zu Ende, kann man sagen, dass die Hox-Gene die vollständige menschliche Gestalt in sich tragen: Die Chromosomen enthalten eine physikalische und zeitliche Repräsentation der Körperachse beziehungsweise des Kindes – eine Vorstellung von verführerischem künstlerischem und philosophischem Hintersinn. Sie bringt uns zurück zu jener mittelalterlichen Vorstellung von einem Homunkulus, einem winzigen, in jeder Spermienzelle vorhandenen menschlichen Wesen, das einzig die nährende Umgebung eines Mutterleibs benötigt, um heranwachsen zu können. In vielen bildlichen Darstellungen der Verkündigung durch den Erzengel Gabriel, des Augenblicks also, in dem er der Jungfrau Maria eröffnet, dass sie den Sohn Gottes zur Welt bringen werde, wird Maria der Jesus-Homunkulus in einem Lichtstrahl zugesandt. In unserer modernisierten Homunkulus-Hypothese ist der kleine Mann oder die kleine Frau in vier Hox-Gen-Gruppen auf den Chromosomen verankert, gut verborgen im nebulösen Kerninhalt früh embryonaler Zellen.

Andere Entwicklungsbiologen interessieren sich weniger für die räumliche Anordnung der Hox-Gene auf der DNS als vielmehr dafür, wie diese Gene ihr Wunderwerk vollbringen und dazu beitragen, das Muster des Embryos zu formen. Ihren Namen erhielten sie vor einigen Jahren, als Genetiker an Taufliegen untersuchten, was geschieht, wenn man diese Gene künstlich verändert. Sie bombardierten die Insekten mit massiv dosierten Röntgenstrahlen und stellten fest, dass ein Teil des Fliegennachwuchses mit überraschenden Anomalien aufwartete: Es gab verdoppelte Flügelpaare, einen verdoppelten Thorax oder ein Paar Beine oben auf dem Kopf, wo eigentlich ein Paar Fühler hätte sitzen sollen. Den Wissenschaftlern wurde rasch klar, dass die Bestrahlung im Prinzip die Entwicklungsgene reprogrammiert und damit ganz normale Körperteile an Stellen hatte wachsen lassen, wo sie nicht hingehörten. Die Beine auf dem Fliegenkopf waren ganz normale gesunde Beine, aber eine Fliege sollte auf der Stirn eben keine Beine, sondern Fühler tragen. Diese Art von Mutationen nannte man homöotisch – was so viel wie ähnlich bedeutet –, denn durch sie entstanden an mehr als einer Stelle des Fliegenkörpers ähnliche Körperteile.

Bei der genaueren Untersuchung dieser Entwicklungsgene fiel den Biologen auf, dass jedem von ihnen dieselbe molekulare Sequenz eigen war, die sie als Homöobox bezeichneten. Diese Sequenz ist kurz, sie umfasst nur 183 von den vielen tausend Basenpaaren – den DNS-Bausteinen – eines einzelnen Gens. Die Tatsache jedoch, dass dieses Motiv so häufig zu beobachten war, gab Anlass zu der Vermutung, dass die Sequenz im Verlauf des embryonalen Wachstums eine entscheidende Rolle spielen muss. Fortan bezeichnete man Entwicklungsgene, die eine Homöobox enthielten, als Hox-Gene.

Inzwischen haben Wissenschaftler herausgefunden, dass die Homöobox die DNS-bindende Domäne des späteren Proteins darstellt. Wenn ein Hox-Gen anspringt und sein Protein zu produzieren beginnt, sorgt die Homöobox dafür, dass dieses eine flotte kleine Korkenzieherwindung bekommt. Diese Gestalt ermöglicht es dem Hox-Protein, sich gekrümmt um die Doppelhelix zu legen und andere Gene zu aktivieren.

Dennoch können Untersuchungen an Taufliegen, so entscheidend sie für die Geschichte der Hox-Gene auch gewesen sein mögen, nur bis zu einem gewissen Grad erklären, wie ein Säugetier entsteht, und die Wirbeltierbiologen haben dem ein ganzes Stück weiter nachgespürt. Manche von ihnen schalten bei ihren Versuchsmäusen systematisch gewisse Hox-Gene aus, um zu analysieren, wie die Entwicklung des Tieres durch das Fehlen des einen oder anderen der achtunddreißig Mitwirkenden beeinträchtigt wird. Sie bedienen sich mühsamster Methoden, um Hox-Gene in embryonalen Mäusezellen zu zerstören und aus diesen Zellen genetisch defekte Nagerlinien zu ziehen. Je nachdem, welches Hox-Gen der Versuchsmaus vorenthalten wird, erblickt sie das Licht der Welt mit bestimmten Arten von Geburtsfehlern. Legt man in den embryonalen Mäusezellen beispielsweise Hox

A-3 lahm, kommt das Junge mit einem breiten Spektrum an Fehlern zur Welt: Es hat Herzfehler, Missbildungen am Schädel und im Gesicht, und ihm fehlt der Thymus, das Organ, in dem die Zellen des Immunsystems reifen. Mögen die Missbildungen auf den ersten Blick auch verstreut und unzusammenhängend erscheinen, so lassen diese Forschungsarbeiten doch darauf schließen, dass alle betroffenen Organe aus demselben Segment des frühen Embryos hervorgehen müssen. Drückt das Hox-Gen diesem Abschnitt nicht den Stempel für das passende Design auf, so verläuft dessen Entwicklung grob gestört, und alle Organe, die aus ihm hervorgehen, haben unter den Folgen zu leiden.

Doch viele Rätsel sind noch offen, weit mehr, als man bis heute gelöst hat. Zu den größten Geheimnissen gehört die Frage, welche Gene von den Hox-Genen aktiviert werden und was im Einzelnen passiert, wenn die Zielgene antworten. Schalten sie ihrerseits andere Gene an? Erhöhen sie die Fähigkeit der sich entwickelnden Zellen, auf Signale aus der Nachbarschaft zu reagieren? Erst wenn die gesamte Folge von Ereignissen in ihrem Ablauf genau geklärt ist, werden die Wissenschaftler wirklich wissen, wie Hox-Gene funktionieren und wie ein tonangebendes Gen wie Hox A-3 es fertig bringt, aus einem dünnen Scheibchen des sich entwickelnden Embryos das pochende Herz eines Neugeborenen entstehen zu lassen.

15

DNS ohne Punkt und Komma

Was fremde Sprachen betrifft, so sind Amerikaner darin im Allgemeinen nicht übermäßig bewandert, besonders schwer fällt ihnen jedoch das Beherrschen von Russisch und Chinesisch. Viele Chinesen sagen, ihnen ginge es mit dem Englischen ebenso, und auch der gewandteste unter den polyglotten Europäern stünde den Feinheiten der Navajo-Sprache wahrscheinlich ein wenig hilflos gegenüber. Doch kaum eine Sprache ist komplexer und entmutigender als die des DNS-Moleküls: die einer jeden Zelle eingravierten genetischen Anweisungen, die einem jungen Körper sagen, wie er zu wachsen, einem älteren, wie er zu überleben und einem herangereiften, fruchtbaren Körper, wie er sich fortzupflanzen hat. Bei ihren Bemühungen, den großartigen Spiralstrang aus biochemischen Buchstaben zu entziffern, die das Buch des Lebens schreiben, haben ein paar fantasiebegabte Biologen sich nunmehr darauf verlegt, die Methoden der Linguistik auf die Untersuchung von DNS anzuwenden.

Sie gehen an DNS-Sequenzen heran, als hätten sie langatmige, in einer archaischen, uns großenteils unvertrauten Sprache verfasste Passagen zu lesen, und borgen sich dazu die Instrumente und Methoden aus dem Handwerkszeug des Linguisten aus, um ein bisschen Ordnung inmitten all des biochemischen Geschwätzes auszumachen.

Von hoch entwickelten Computerprogrammen unterstützt, grübeln die Forscher über den Botschaften von Nukleotidsträngen – Nukleotide sind die Untereinheiten der

DNS, molekulares Äquivalent der Buchstaben. Sie suchen nach Mustern, aus denen sich erschließen lässt, wo »Wörter« zu finden sind, das heißt die kritischen Regionen der DNS, die die Zelle anweisen, wie sie Proteine herzustellen, sich in der Mitte zu spalten und anderweitig zu benehmen hat. Die analysierten Wörter sind sehr kurze DNS-Segmente von nur drei bis fünf Nukleotiden Länge. Die Muster sind jedoch charakteristisch genug, um Hinweise darauf zu geben, wo die wichtigste genetische Information verborgen ist, zum Beispiel die Kommandos für die Aminosäuren, aus denen Proteine bestehen.

Dr. Edward Trifonov vom Weizmann-Institut in Rehovot, Israel, der diesen Ansatz weitergetrieben hat als jeder andere, vergleicht DNS-Sequenzen mit antiken Sprachen wie Hebräisch, Etruskisch und Latein. In jenen Sprachen werden Texte in durchgehender Manier verfasst, kein Zwischenraum trennt ein Wort vom nächsten. Ganz ähnlich besteht das zu seiner dichten, komprimierten Form verpackte DNS-Molekül aus einem durchgehenden Strang aus Milliarden Nukleotiden, auf dem es ebenfalls keinerlei Unterbrechungen zwischen dem Ende des einen Wortes – das für eine Proteineinheit steht – und dem Beginn des nächsten Aminosäurenblocks gibt. In der Antike war Schreiben das Privileg der oberen Klassen, und sie sahen keine Notwendigkeit darin, ihre Wörter durch Leerzeichen zu trennen. Die DNS scheint einen ähnlichen Hang zu elitären Vorrechten zu haben, und wer es nicht kapiert, soll es bleiben lassen. Doch obgleich die pausenlose Organisation der genetischen Information die Aufgabe der Dekodierung erschwert, haben Dr. Trifonov und andere eine Reihe der von der DNS bevorzugten literarischen Werkzeuge ausfindig gemacht. Sie sind dabei zu lernen, wie sich unterscheiden lässt zwischen Passagen des Moleküls, die zu den echten Wörtern gehören, und den weitaus längeren Nukleotidsträngen, die keine sinnvollen Informationen zu enthalten scheinen und oft als Junk-DNS abgetan werden. Sie haben festgestellt, dass die inhaltsreichsten Regionen diejenigen sind, in denen der Ausdruck am stärksten variiert, während die zwischengeschalteten und am wenigsten aussagekräftigen Sequenzen so zufällig und redundant sind wie eine Reihe von Buchstaben, die ein Kleinkind tippen würde.

Durch diese Art von Ansatz können DNS-Sequenzen in Kategorien eingeteilt werden, ähnlich wie ein Linguist Wörter als Substantive, Verben und Adjektive klassifiziert, und zwar als Anweisungen für Aminosäuren, als Kommandos zum An- und Abschalten von Genen und Instruktionen, mit denen sich die DNS hübsch ordentlich in die Zelle fügt. Man kann eine relativ kleine DNS-Probe eines beliebigen Organismus durchstöbern und wird rasch den Spenderorganismus ausfindig machen oder auch die molekulare Version eines Fluchs: seltene Nukleotidgruppen, die die strukturale Integrität des DNS-Moleküls zu gefährden scheinen.

Dr. Trifonov und seine Kollegen sind so weit gegangen, der Sprache der Gene einen Namen zu verleihen und ein Wörterbuch wichtiger DNS-Sequenzen und ihrer Bedeutungen anzulegen. Diese Sprache, so haben sie beschlossen, soll den Namen *Gnomisch* tragen. Diese Bezeichnung vermittelt zwischen einem rationalen Gesichtspunkt – sie entspricht der Bezeichnung für das Gesamtpaket an genetischer Information im Zellkern, dem *Genom*, wenn man das erste *e* weglässt – und einem eher spielerischen Bezug auf die Gnome der Märchen, kleine Wesen von seltsamer Gestalt, die unter der Erde wohnen und deren Schätze bewachen und mit silbernen Federn bei Mondlicht geheime Schriften verfassen. Und schließlich bedeutet der Begriff *gnome* im Englischen auch Sinnspruch, eine knappe Formulierung einer allgemeinen Wahrheit. Und was sonst ist der genetische Code, wenn nicht eine allgemeine Wahrheit? Eine mit knappen Mitteln formulierte noch dazu. So knapp, dass ihm vier Buchstaben

147

reichen, um von allem Leben zu künden, das je auf der Oberfläche des blauen Planeten Erde krabbelte, zappelte, rumpelte oder spross.

Die Theorien der Biolinguistik sind Zweig einer übergreifenden Wissenschaft, der computationalen Molekularbiologie, einer der modernsten Disziplinen biologischer Forschung. Wissenschaftler häufen so große Mengen an Informationen über Gene und DNS-Sequenzen an, dass es nur noch durch den Einsatz einer Rahmenwissenschaft wie der Linguistik möglich erscheint, die einströmende Datenflut zu bändigen. In der computationalen Molekularbiologie durchsuchen Wissenschaftler Computerdatenbanken aller bekannten DNS-Sequenzen nach kleinsten und allerkleinsten Ähnlichkeiten zwischen einem Nukleotidstrang und dem nächsten. Sobald sie eine Verwandtschaft entdecken, entwerfen sie ein Experiment, um zu klären, ob die Ähnlichkeit eine Bedeutung hat und auf irgendeine evolutionäre Verwandtschaft zwischen zwei Genen verweist oder ob sie rein zufällig ist.

Ein Ansporn hinter der computationalen Biologie ist das Human Genome Project, jenes internationale Milliarden-Dollar-Unternehmen zur Entzifferung sämtlicher drei Milliarden Nukleotide auf unserer DNS. Das Projekt beinhaltet die Sequenzierung riesiger Abschnitte an genetischer Information auf mehr oder weniger mechanistische Weise. Das heißt, Informationen über Millionen und Abermillionen an Nukleotiden werden zur späteren Verwendung in Computer gefüttert. Die linguistische Analyse ist ein möglicher Ansatz für eine sinnreiche Interpretation, worin unser genetisches Erbe bestehen mag.

Die Idee, sich den genetischen Code als Sprache vorzustellen, ist eigentlich nicht neu. Die Molekularbiologie nahm ihren Anfang in den vierziger Jahren, zufällig genau zu der Zeit, als die Sozialwissenschaftler das Wesen von Sprache und Kommunikation zu erforschen begannen. Bei all dem aufgeregten Gerede über Fragen der Linguistik waren die Biologen nur zu bereit, das Genom als Kommunikationssystem zu betrachten. Um ihre Luftschlösser jedoch in plausible Resultate zu verwandeln, bedurfte es erst noch der Einführung gentechnologischer Methoden, mit deren Hilfe sich die biochemischen Bestandteile von DNS-Sequenzen auseinander zupfen und einzeln buchstabieren ließen. Auch mussten die Biologen hinreichend Informationen über die DNS-Sequenzen einer ganzen Palette an Organismen sammeln, bevor sie entsprechende Vergleiche anstellen konnten, aus denen sich genetische Muster würden erschließen lassen.

Wie Kommunikationssysteme nun einmal sind, ist die DNS zur gleichen Zeit einfach und verschnörkelt. Ihre Sprache besteht aus vier Nukleotiden – Cytosin, Adenin, Guanin und Thymin – die, in unterschiedlicher Anordnung zu Tausenden aneinander gereiht, die Informationen für die Herstellung jedes beliebigen Proteins enthalten. Gleichzeitig aber scheint nur ein winziger Bruchteil unserer DNS der Aufgabe gewidmet zu sein, einer Zelle zu sagen, wie sie zu überleben und sich zu teilen hat. Von den drei Milliarden Nukleotiden unseres Genoms sind offenbar lediglich neunzig Millionen an der Zusammensetzung unserer knapp hunderttausend Gene beteiligt. Die verbleibenden siebenundneunzig Prozent des menschlichen Erbguts, die Hülle und Fülle an Gs, As, Cs und Ts, die sich die Doppelhelix hinauf und hinunter in endloser Folge aneinander reihen, sind entweder harmlose Füllsel – jede Menge molekulares Polystyrol zur sicheren Verpackung der Gene – oder erfüllen einen tieferen Sinn, der erst noch zu entschlüsseln ist.

Vor allem anderen liefert die Biolinguistik den Forschern eine Methode, jene wichtigen drei Prozent aus dem biochemischen Hintergrundrauschen herauszupicken. Sie versucht, die Wörter auszumachen, ohne sich darum kümmern zu müssen, was diese bedeuten. Dr. Trifonov hat einen Computeralgorithmus entworfen, der aus einer langen DNS-Sequenz eine Sinn enthaltende Folge herauszufiltern vermag, indem er nach einem Kontrastwort sucht, einer Reihe von Nukleotiden, die immer oder beinahe immer in derselben Reihenfolge auftauchen. Eine solche Sequenz ist mit großer Wahrscheinlichkeit ein Bestandteil eines echten Wortes, kein benachbarter Teil anschließender Wörter und auch keine völlig zufällige Buchstabenfolge. Ein Beispiel: Die erschöpfende Analyse des Englischen ergibt vielleicht das Kontrastwort *ookie* als Kern des Wortes *cookies*. Wenn Sie auf diese Sequenz stoßen, so Dr. Trifonov, wissen Sie, dass Sie den Buchstaben *c* irgendwo stromaufwärts, das heißt weiter vorn auf dem Strang finden und den Buchstaben *s* stromabwärts.

In der Sprache der DNS sind die Kontrastwörter Sequenzen von etwa fünf Nukleotiden Länge, die sich zu häufig in einer bestimmten Anordnung finden, als dass dies Zufall sein könnte. Woraus sich schließen lässt, dass sie zu Wörtern gehören müssen. Sie haben also eine Botschaft zu übermitteln und gehören nicht zu dem übrigen Gestammel der mutmaßlichen Junk-DNS. Die Botschaft kann das Signal für den Einbau einer oder mehrerer Aminosäuren sein oder auch für die Synthese eines Stückchens Transfer-RNS, einer Gruppe kleiner Moleküle, die maßgeblich daran beteiligt sind, aus einem Stück DNS ein funktionierendes Protein herzustellen. Vielleicht ist die Botschaft auch etwas ganz anderes, das weiterer Untersuchung harrt. Generell gilt, dass die Teile des Genoms mit der höchsten Komplexität und Vielfalt an Kontrastwörtern Bereiche sind, die der Zelle Anweisungen zu Aspekten des Überlebens vermitteln. Obendrein gibt es innerhalb dieser komplexen Regionen verschiedene Dialekte. Manche Teile des DNS-Moleküls bestehen aus Sequenzen, die eindeutig Signale für die Synthese von Proteinen darstellen – beispielsweise für die Synthese eines Wachstumshormons oder eines

Enzyms, das bei der Metabolisierung von Nährstoffen hilft. Andere Sequenzen erfüllen vielleicht eher architektonische Funktionen ähnlich den gestrichelten Linien bei einer Ausschneidepuppe, die Ihnen sagen, welche Teile Sie zu falten oder wo Sie die Lasche einzustecken haben. In diesem Fall dienen die Sequenzen als Instruktionen dafür, wie das DNS-Molekül zu krümmen und zu knicken ist, damit es letztlich im Zellkern in der richtigen Anordnung vorliegt.

Wissenschaftler haben innerhalb des Genoms Wörter gefunden, die überaus selten sind, so als widerstrebten sie dem Organismus wie ein Fluch. Viren, die Bakterien befallen, verfügen beispielsweise über nur sehr wenige Sequenzen, an die sich Bakterienenzyme heften könnten – wodurch die Möglichkeiten des Bakteriums, die virale DNS zu zerstören, drastisch eingeschränkt werden. Ganz vermeiden lassen sich diese Sequenzen nicht, und hin und wieder erspähen die Bakterienenzyme auf der viralen DNS ein Angriffsziel. Aber die natürliche Selektion ist ein rigoroser Zensor und hält solche unanständigen Wörter auf einem absoluten Minimum.

Doch trotz aller Fortschritte bei ihren Bemühungen, die Linguistik der DNS zu verstehen, müssen die Biologen letztlich anerkennen, dass die Ausdrucksmöglichkeiten des Genoms an Komplexität alles übertreffen, was wir bislang an Sprachen kennen. Manche DNS-Sequenzen lassen sich als Träger vielfältiger Botschaften betrachten, die in biochemischer Polysemie eine in die andere verschränkt sind. Die Phrase beispielsweise, die der Zelle mitteilt, wie ein Protein herzustellen ist, enthält im Grund drei verschiedene Sätze von Anweisungen: Erstens sagt sie der Zelle, welche Aminosäuren das Protein enthalten soll. Zweitens informiert sie die Zelle, wie sie die chemische Zwischenbotschaft RNS herzustellen hat, auf deren Grundlage das Protein zusammengefügt wird. Drittens sagt sie der Zelle, wie sie das frisch produzierte Protein zu seiner funktionstüchtigen Form zu falten hat. Und alle drei Informationen werden gleichzeitig gesendet.

Das Genom als Ganzes lässt sich als literarische Botschaft verstehen, die für eine Vielfalt an Interpretationen offen ist. Schließlich und endlich enthält jede einzelne Zelle in jedem Einzelnen von uns den gleichen Katalog an Anweisungen – das gleiche DNS-Gedicht, die gleichen einhunderttausend Gene, die gleichen Sprachfüllsel dazwischen. Dennoch verhalten sich die Zellen in unserer Leber um einiges anders als die in unseren Knochen oder unserem Gehirn. Der Text, der von ihnen allen gelesen wird, ist so vielschichtig, so nuancenreich und subtil, dass jede von ihnen darin die Geschichte ihres Lebens finden kann.

III

Kriechen

16

Die Jünger des Skorpions

Schlangen verkörperten für die alten Chinesen beides – das Gute und das Böse. Skorpione aber galten als reine Ausgeburt der Bosheit. Den Persern waren Skorpione Günstlinge des Teufels, ausgesandt, um alles Leben zu vernichten, indem sie sich über die Hoden des heiligen Stiers hermachten, dessen Blut das gesamte Universum eigentlich befruchtet haben sollte. König Rehabeam droht im Alten Testament seinem Volk an, er werde es nicht mit gewöhnlichen Peitschen züchtigen, sondern mit Skorpionen, das heißt mit gefürchteten Geißeln, deren Schlag wie der Schwanz eines Skorpions stach. Die Griechen schließlich beschuldigten den Skorpion, den prächtigen Riesen und gefeierten Jäger Orion getötet zu haben.

Skorpionen haftet die gesamte Historie hindurch und über beinahe alle kulturellen Grenzen hinweg ein miserabler Ruf an, und sie verdienen ihn, um der Wahrheit die Ehre zu geben. Sie sind widerwärtig und fürchten sich vor nichts und niemandem. Sie können Sie umbringen oder in Krämpfen winden lassen. Selbst Arten, deren Gift relativ harmlos ist, können Ihnen unvergleichlich schmerzhafte Stiche zufügen, ähnlich »flammenden Geschossen, die in deinem Inneren umherwirbeln«, wie es ein Betroffener einmal ausdrückte.

Doch auch Bösartigkeit hat Größe, und das ist der Grund dafür, dass eine erlesene und ständig wachsende Gemeinde von Forschern sich von der Maschinengewehr-Version von Mutter Natur nichts anhaben lässt und ihre Karriere dem

Studium der seltsamen Lebensgewohnheiten, gewalttätigen Nächte und brutalen Liebesrituale der Skorpione widmet, jenen nachtaktiven Verwandten von Spinnen und anderem achtbeinigem Kriechgetier, das sich zur Klasse der Spinnentiere (Arachnida) vereint. Lange vernachlässigt zugunsten der Spinnen und deren entfernt verwandten sechsbeinigen Cousins, den Insekten, erringen die Skorpione nun endlich die gebührende wissenschaftliche Aufmerksamkeit und Anerkennung.

Diese Anerkennung verdienen sie tatsächlich. Würde sich jemand die Mühe machen, ein Guinness-Buch der Wirbellosen zusammenzustellen, bekämen die Skorpione gleich mehrfache Einträge. Sie gehören zu den größten, gemeinsten, langlebigsten, sensibelsten, mütterlichsten, bruderfeindlichsten, langsamsten, schnellsten und vielleicht brillantesten Geschöpfen unter den Spinnentieren und Insekten. Sie sind möglicherweise die ältesten landlebenden Tiere auf unserem Planeten, und doch verfügen sie über Merkmale, die sie wie durch und durch moderne Säugetiere erscheinen lassen. Biologen aus Frankfurt haben beispielsweise festgestellt, dass eine der größten Skorpionarten – sie stammt von der afrikanischen Elfenbeinküste – über ein bislang unter den in der Regel solitär lebenden Arachniden nie gekanntes Maß an Sozialleben verfügt. Männchen und Weibchen, die jeweils achtzig bis neunzig Gramm wiegen und eine Länge von knapp zwanzig Zentimetern erreichen können, leben in Familien zusammen und betreuen ihre Jungen mehr als zwei Jahre lang. Die erwachsenen Tiere jagen Nagetiere, Frösche und andere Wirbeltiere, zerlegen und zerkleinern diese und füttern das solchermaßen vorverdaute Gulasch ihren Jungen.

Doch nicht immer sind Skorpione Mustergatten und -eltern. Manche Arten erweisen sich als aggressive Kannibalen, die fünfundzwanzig Prozent ihrer Energie aus dem Verzehr ihrer Nachbarn, Partner und Jungen beziehen. In Gegenden, in denen mehr als eine Art um Ressourcen konkurriert, veranstalten die Skorpione ausschweifende speziesübergreifende Festmahle, die die Borgias aussehen ließen wie die Waltons. Ältere Angehörige der kleineren Art verspeisen den Nachwuchs der größeren Art, während sich die größere Art die etwas kleiner geratenen erwachsenen Tiere schmecken lässt. Und erwachsene Tiere von ähnlicher Größe ringen geräuschvoll um das Recht, weiter an der Spitze der Nahrungskette verbleiben zu können – so kurz die Zeit auch sein mag, die ihnen dort beschieden ist.

Die Wissenschaftler haben auch neue Einblicke in das Paarungsverhalten von Skorpionen gewonnen, deren Affären ohne Zweifel zu den am wenigsten romantischen im gesamten Tierreich gehören. Männchen und Weibchen vollführen einen lang andauernden, gewalttätigen Walzer: vor und zurück, vor und zurück, die Mundwerkzeuge ineinander verbissen, die Scheren ineinander verkeilt, die Schwänze hoch aufgerichtet und immer wieder nach vorn schnellend, wobei das Männchen das Weibchen mehrfach sticht, während Letzteres um sich schlägt, als sei es wütend über das Herumgezerre. In manchen Fällen rächt sich das Weibchen nach vollzogener Kopulation für den Ringkampf an seinem nahezu immer etwas kleineren, leichteren Partner, indem es ihn verspeist. Nicht dass sie das geringste Recht hätte, dermaßen verärgert zu sein: Der ausgedehnte Tanz ist im Lauf der Evolution unter anderem auch deshalb entstanden, damit das Weibchen Stärke, Gewicht und genetischen Wert seines Partners einschätzen kann, bevor es sein Sperma akzeptiert.

Seit den Tagen des Aristoteles werden die Naturforscher von Skorpionen gefesselt. Doch erst als in den siebziger Jahren ein einfaches Gerät, die tragbare UV-Lampe, verfügbar wurde, ließ sich überhaupt etwas Informatives über diese kleinen Herren der Dunkelheit erfahren; denn eine weitere außergewöhnliche Eigenschaft des Skorpions besteht darin, unter ultraviolettem Licht zu leuchten wie ein psychedelisches Poster.

Das Außenskelett des Skorpions besteht aus einer widerstandsfähigen Gewebeschicht, die sich anfühlt wie das Material unserer Fingernägel, jedoch aus einer anderen Gerüstsubstanz besteht, die den Namen Chitin trägt. Diese Hülle reflektiert die ultravioletten Strahlen des Mondlichts und anderer Lichtquellen so stark, dass selbst ein schwarzer Skorpion einen grünen oder pinkfarbenen fluoreszierenden Schimmer aufweist. Fossile Skorpione, die vor dreihundert Millionen Jahren am Leben gewesen sind, schillern unter UV-Licht noch immer in den schönsten Farben. Vielleicht hat sich das Leuchten in der Evolution entwickelt, um Insekten anzuziehen, die von UV-Licht angelockt werden; vielleicht ist es aber auch nur eine zufällige Nebenerscheinung der chemischen Beschaffenheit von Chitin.

Welchen Grund es auch haben mag – der unverwechselbare Schein, der noch aus einer Entfernung von fünf bis sechs Metern gut sichtbar ist, macht es leicht, Skorpione bei Nacht zu beobachten, wenn sie hervorkommen, um zu fressen, zu kämpfen, sich zu paaren, ihren Stachel einzusetzen oder einfach an der frischen Luft herumzulungern. Man kann sie aufspüren, fangen, markieren, wieder freilassen und dann erneut fangen, um ihre Stoffwechselrate, ihren Sauerstoffverbrauch und Ähnliches zu bestimmen.

Durch diese Untersuchungen haben die Spinnenforscher gelernt, dass sich die Skorpione seit ihrer Zeit als Pioniere des Quantensprungs – oder besser Quantenkriechens – vom Wasser aufs Land im Silur, das heißt vor vierhundert Millionen Jahren, kaum verändert haben. Nachdem sie nun einmal gestrandet waren, verbreiteten sie sich sehr weit. Und obwohl man Skorpione in der Regel mit der Wüste in Verbindung bringt, besetzen die sage und schreibe fünfzehnhundert bekannten Arten so ziemlich jede ökologische Nische und die entlegensten Winkel der Welt: Regenwälder, außertropische Wälder, Savannen, Steppen, Los Angeles. Blind kriechen sie eine halbe Meile unter der Erde in Höhlen umher. Winzige Exemplare stecken in den Furchen einer Ananas, kräftige halten sich in dreitausend Meter Höhe auf den Hängen des Himalaja. Weitere etwa tausend Arten werden da draußen noch vermutet, harren mit in Stellung gebrachtem Schwanz ihrer glücklichen Entdecker.

Sämtliche bekannten Arten sind Fleischfresser und mit giftigen Stacheln ausgerüstet, doch nur bei fünfundzwanzig von ihnen ist die Toxinladung groß genug, um einen Menschen zu vergiften. Das Gift befindet sich in einer Drüse auf der Rückseite des Schwanzes, und das Tier kann diesen im Bruchteil einer Sekunde nach vorn schnellen, um sein Opfer zu stechen – in manchen Fällen sogar mehrmals. Das giftige Gebräu enthält bis zu dreißig Neurotoxine, und jedes davon ist für einen anderen Beutetyp besonders fatal. Manche dieser Toxine haben sich als sehr wirksam gegen Insekten erwiesen, andere eignen sich besser, um Frösche oder andere kleine Wirbeltiere zu lähmen.

Sobald sein Opfer außer Gefecht ist, beginnt der Skorpion mit dem mühseligen Geschäft, die Beute zu verflüssigen. Skorpione müssen ihre Beute genau wie Spinnen verdauen, bevor sie sie verzehren. Sie speien dazu Enzyme aus, durch deren Einwirkung sich das Opfer zu einer Flüssigkeit auflöst, die sie dann aufsaugen können. Skorpione haben noch andere Dinge mit Spinnen gemein. Wenn sie zusammen dieselbe Nische bewohnen, konkurrieren Skorpione und Spinnen um dieselbe Nahrung: Insekten. Doch die Skorpione sind ihren Konkurrenten in einem haushoch überlegen, das heißt, Letztere sind für sie eine Delikatesse. Und in Anbetracht ihrer Größe können Skorpione ihre Rivalen oftmals ohne große Furcht vor Vergeltung in Beute verwandeln. In Gebieten mit einem hohen Skorpionaufkommen werden die Spinnenpopulationen in der Regel effizient in Schach gehalten.

Doch Skorpione sind keineswegs davor gefeit, selbst zu Opfern zu werden. Zwar können sie einigen potenziellen Angreifern durch ihr Gift begegnen, aber sie stellen doch immerhin eine so ergiebige Fleischmahlzeit dar, dass Eulen, Fledermäuse, Schlangen und einige andere Tiere den Stich im Interesse eines herzhaften Mahles erdulden. Wenn es ihnen gelingt, dem Verzehr zu entgehen, können Skorpione ein Alter von fünfzehn bis zwanzig Jahren und vielleicht noch darüber hinaus erreichen. Älter wird keines der bekannten Spinnentiere und Insekten. Einen bedeutsamen Beitrag zu seiner Langlebigkeit leistet die überaus sparsame Stoffwechselrate des Skorpions, sie ist niedriger als die jedes anderen wirbellosen Tieres und in etwa vergleichbar mit der eines wachsenden Rettichs. Lebewesen mit einem langsamen Stoffumsatz leben in der Regel weitaus länger als solche, die ihre Energie sehr rasch verbrauchen, wie dies bei den meisten kleinen Tieren der Fall ist.

Sein träger Metabolismus schützt den Skorpion vor extremer Hitze oder Kälte, während der er so gut wie ohne Nahrung und Wasser auskommen muss. Er übersteht mehr als ein ganzes Jahr ohne Fressen, und seine wächserne Hülle schließt das Wasser in seinem Inneren ein. Sogar die Ausscheidung von Kot und Urin erfolgt in Form von Trockenpulver.

Alles, was mit dem Skorpion zu tun hat, scheint unglaublich viel Zeit in Anspruch zu nehmen: Er braucht fast sieben Jahre, bis er geschlechtsreif ist, und er trägt seine Jungen bis zu anderthalb Jahren aus – eine Schwangerschaftsdauer, die nur noch an die des Elefanten heranreicht. Skorpionmütter verfügen sogar über so etwas Ähnliches wie eine Plazenta, an der die Jungen im Körperinneren genährt werden, ein weiteres Unikum unter den Wirbellosen. Die Jungen werden lebend geboren und kriechen unmittelbar danach für weitere zwei bis sechs Wochen einer externen Entwicklung auf den Rücken der Mutter.

Die Leute, die es mit Skorpionen zu tun haben, erklären, sie beeindrucke vor allem die unglaublichen Wahrnehmungsfähigkeiten des Tieres. Während bei anderen Spinnentieren und auch bei den Insekten die Nervenzellen in Gruppen über den Körper verteilt sind, besitzt der Skorpion Neuronencluster im Kopf, die ihm gehirnähnliche Verarbeitungsfähigkeiten verleihen. Er findet seinen Weg bei Sternenlicht und kann praktisch als wandelnder Seismograph gelten. Spaltförmige Sinnesorgane an seinen acht Beinen nehmen die Oberflächenerschütterungen eines durch den Sand krabbelnden Insekts noch in einer Entfernung von einem Meter wahr. Überdies kann er seinen Speiseplan um fliegende Insekten erweitern. Nähert sich die Beute, hebt der Skorpion seine Frontscheren in die Luft, und die hoch empfindlichen Härchen auf seinen Klauen beginnen zu vibrieren. Geschwindigkeit und Schwingungsrichtung dieser Vibrationen sagen dem Skorpion, wann es Zeit ist zuzupacken.

Einerseits müssen Skorpione so sensitiv sein, um Nahrung zu finden, andererseits sind sie jedoch auch auf Sinne angewiesen, die im Dienst von Paarungs- und Fluchtverhalten stehen. In jüngeren Untersuchungen an männlichen Skorpionen haben Biologen herausgefunden, dass sich bei den Tieren in der Mitte des Brustkorbs paarig angeordnete kammartige Sinnesorgane befinden, die imstande sind, die verführerisch duftenden Pheromone eines einzigen weiblichen Fußabdrucks wahrzunehmen. Diese Anhängsel helfen den Männchen nebenbei auch, den entscheidend wichtigen Bühnenpfosten für seinen Paarungstanz zu finden: einen Stock, an dem er sein Spermienpaket abladen kann. Im Verlauf des Tanzes muss er das Weibchen zu diesem Stock hinüberzerren, sein Sperma freisetzen und dann versuchen, das Weibchen in die richtige Position auf dem Stock zu bringen. Schließlich gibt das Weibchen seine von ähnlichen Sinnesorganen umgebene Genitalöffnung frei und nimmt das Spermienpaket auf. Die Pheromonsensoren des Männchens teilen diesem außerdem mit, wann das Weibchen den Verkehr beendet hat und im Begriff ist, für die kleine Mahlzeit danach zum Angriff überzugehen. Es versucht auf der Stelle, sich von ihm freizumachen und zu fliehen, doch in zehn bis zwanzig Prozent aller Fälle ist es nicht schnell genug und wird gefressen.

Die meisten Skorpione sind einander derart feindselig gesinnt, dass die Skorpionforscher gern mehr über die Hand voll Riesenarten wissen würden, die in relativer Harmonie miteinander leben und der Versuchung widerstehen, ihre Angehörigen aufzufressen. Vielleicht verfügen diese kooperativen Arten über ein verbindendes Pheromon, das sie daran hindert, sich gegenseitig anzugreifen, und sie sozial verträglicher sein lässt. Eine solche Frieden stiftende Substanz könnte eine recht nützliche Entdeckung sein.

Die Vorstellung von einem Kooperationspheromon hat etwas für sich, doch kann man nur hoffen, dass der Skorpion, auch wenn die Wissenschaftler es fertig bringen sollten, diese Substanz zu isolieren, nichts von seinem Ruf als rücksichtsloser Kämpfer und unerbittlicher Kannibale, als Sexualathlet und Handlanger des Teufels einbüßen wird. Diesem Methusalem unter den wirbellosen Tieren sei es zumindest gegönnt, dass er alle Versuche, seinen fantastisch schlechten Namen von aller Schmach zu reinigen, ungerührt überdauere.

17

Parasiten und Sex

Bei den alten Griechen stand das Wort Parasit für jemanden, der sich vom Tisch des anderen ernährte. Doch weit davon entfernt, sich zum Essen mit allem Anstand bei Tisch nieder-zulassen, saugen die meisten unserer Parasiten unser Blut und nippen an den Verdauungssäften unserer Gedärme, sie bohren sich in die nahrhafte Wärme unseres Muskelgewe-bes. Sie lassen ihre unfreiwilligen Gastgeber auf jede erdenk-liche Weise zur Ader und beuten deren Körperflüssigkeiten und Leistungen rücksichtslos aus. Trotz all ihrer abstoßen-den Züge verdienen Würmer, Milben, Pilze, Viren und das ganze übrige Verbrecheralbum an parasitischen Organis-men, die ihre Nährstoffe von einer größeren Art beziehen, je-doch ein paar Augenblicke der Wertschätzung. Sie mögen auf Kosten anderer leben, mögen versuchen, den eigenen Aufwand gering zu halten, indem sie unsereinen ausbeuten, und viele von ihnen sind winzig genug, um in einer einzel-nen Zelle Platz zu finden – aber im großen Theater der Evo-lution sind sie wahre Riesen.

Viele herausragende Merkmale, die wir an der bunten Pa-lette von Tier- und Pflanzenarten beobachten, haben sich im Lauf der Evolution als Antwort auf den unablässigen Druck von Parasiten entwickelt, die jeden Quadratpikometer pflanzlicher und tierischer Gewebe zu erobern und auszu-beuten bereit sind. Die Notwendigkeit, Parasiten aus dem Weg zu gehen, war die treibende Kraft, die manche Vogel-, Fisch- und Säugerarten migratorisch werden ließ oder sie dazu brachte, Teile des Jahres in Abgeschiedenheit und Isolation von ihren womöglich krankheitsgeplagten Artgenossen zu verbringen.

Mag es auch eine natürliche Reaktion sein, mit den belagerten Wirten auf der ganzen Welt zu sympathisieren, so lassen Sie uns doch einmal einen Moment lang das Leben aus der Perspektive des Parasiten betrachten. Bei ihren Versuchen zu verstehen, warum manche Parasitenarten Zyklen aus mehreren unterschiedlichen Lebensstadien durchlaufen und dabei von einem Wirt zum anderen springen, haben die Wissenschaftler makabre Beispiele der Beziehung zwischen Parasiten und Wirt aufgedeckt. So gibt es beispielsweise zwei eng miteinander verwandte Arten von parasitischen Würmern, die beide imstande sind, das Verhalten von Mäusen ihren eigenen Bedürfnissen entsprechend zu manipulieren. Der eine Wurm macht die Maus hyperaktiv und lässt sie wie wild durchs Feld toben, auf dass sie die Aufmerksamkeit eines Raubvogels errege. Der Vogel verspeist mit der Maus auch den Wurm und bietet so den Larven des Parasiten das gewünschte Zuhause. Der andere Wurm hingegen lässt die Maus träge werden und erhöht so die Chance, dass sie den Fleisch fressenden Säugetieren zum Opfer fällt, die dieser Wurm als zweite Herberge bevorzugt.

Andere Parasitenlarven lassen eine Wirtsschnecke wahnsinnig werden. Sie zwingen sie, in selbstmörderischer Manier die Spitze eines Grashalms zu erklimmen, statt sich im Blattwerk zu verbergen. Einige der eingedrungenen Larven wandern in die Fühler der Schnecke, nehmen lebhafte Farben an und beginnen eine pulsierende Aktivität zu entfalten, durch die die Fühler des unglücklichen Weichtiers in eine recht passable Kopie einer Raupe verwandelt werden, die nunmehr die Aufmerksamkeit eines Vogels erringt. Im Darm des Vogels angelangt, können die Larven heranreifen und sich vermehren.

Die goldene neue Ära der Parasitologie speist sich zum Teil aus den bemerkenswerten Fortschritten bei der Untersuchung des menschlichen Immunsystems. Je mehr Einblicke die Forscher in dessen Komplexität gewannen, desto stärker richtete sich ihr Augenmerk auch auf das breite Spektrum an Parasiten und Pathogenen, zu dessen – mehr oder minder erfolgreicher – Abwehr sich das Immunsystem in der Evolution entwickelt hatte. Alles in allem war und ist der Einfluss von Parasiten auf die menschliche Evolution und das Leben der Menschen von großer Tragweite. Mögen auch die meisten parasitären Erkrankungen unter den Einwohnern der Industrienationen relativ selten geworden sein, so ist doch die Mehrheit der Weltbevölkerung in der Regel mit einer oder mehreren Parasitenarten geschlagen. Einigen Schätzungen zufolge entspricht die Menge des an einem einzigen Tag von Hakenwürmern gesaugten Blutes der Gesamtblutmenge von 1,5 Millionen Menschen. Etwa die Hälfte aller Menschen, die jemals gelebt haben, ist an der von dem mächtigen Einzeller Plasmodium verursachten Malaria gestorben. Das Römische Reich wurde durch Malaria ausgehöhlt, die frühe amerikanische Kolonie Jamestown musste wegen dieser Krankheit dreimal neu aufgebaut werden.

Niemand hat eine genaue Vorstellung davon, wie viele Parasitenarten es gibt, oder gar davon, was einen Parasiten eigentlich ausmacht. Der allgemein verbreiteten Definition zufolge muss ein Parasit die meisten oder alle seiner Nährstoffe und Ressourcen von einer anderen Tier- oder Pflanzenart beziehen, und er muss kleiner sein als sein Wirt. Doch während viele Parasiten wie Viren und Bakterien mikroskopisch klein sind, können manche Würmer im ausgewachsenen Zustand eine Länge von bis zu einem Meter erreichen. In vielen Fällen sind Parasiten für ihren Wirt schädlich, wobei allerdings der Grad der Schädigung stark variiert. Manche Parasiten, beispielsweise viele Viren, lassen die von ihnen infizierten Tiere krank werden und sterben, andere bereiten nur minimale Beschwerden, und wieder andere fallen überhaupt nicht auf. Hier und da findet der Wirt einen Weg, seine Parasiten zur Arbeit zu zwingen; an diesem Punkt wird aus dem Schmarotzer ein Symbiont. Die Bakterien, die unseren Darm bewohnen und uns bei der Verdauung unserer Nahrung helfen, sind ein wohl bekanntes Beispiel für einen willkommenen Parasitenbefall.

Der Parasitismus ist eine derart attraktive Möglichkeit, seinen Lebensunterhalt zu verdienen, dass sich die Mehrzahl der Erdbewohner ihm verschrieben hat. Eine Reihe von Parasiten sind wie die Zecken Generalisten und hüpfen bereitwillig von einem warmblütigen Wesen zum nächsten. Weit mehr aber sind bemerkenswert spezialisiert. Es gibt Milben, die nur im Enddarm einer Riesenschildkröte überleben, oder Würmer, die sich exakt den Federkielen einer ganz bestimmten Vogelart anschmiegen können, oder Milben, die einzig und allein und ohne Schaden anzurichten am Ansatz menschlicher Augenwimpern leben. Die meisten Parasiten tragen darüber hinaus selbst eine Parasitenlast.

Bis vor kurzem untersuchten Parasitologen das Objekt ihrer Forschung in der Regel unter dem Gesichtspunkt ihrer Ausmerzung, doch in jüngster Zeit wendet man sich den Parasiten auch zu, um Antworten auf fundamentale evolutionäre Rätsel zu finden. Eines der größten darunter ist die Frage, warum Sex entstanden ist. Genau genommen ist die sexuelle Fortpflanzung mühsam und unrationell, weit weniger effizient als die Verbreitung vermittels der Herstellung sauberer klonaler Kopien des Mutterorganismus.

Manche einfachen Tiere und Pflanzen vermehren sich asexuell, doch die meisten höheren Arten haben sich für Noahs Version entschieden und müssen Männchen und Weibchen an Bord haben. Und so unvergleichlich Sex in seiner besten Form auch sein mag, seine Allgegenwart gibt doch einigen

Anlass zur Verwunderung. Manche Biologen haben die Vermutung geäußert, Organismen müssten künftigen Generationen eine gewisse Vielfalt sichern, um zu garantieren, dass wenigstens ein Teil ihres Nachwuchses Klimaveränderungen, eine ungewisse Ernährungssituation und andere Umwelteinflüsse übersteht. Eine andere Theorie besagt, dass die Wahrscheinlichkeit dafür, dass die Jungen in direkte Konkurrenz um Ressourcen geraten, geringer ist, wenn sie sich hinreichend voneinander unterscheiden.

Doch die bei weitem meisten Befunde zur Evolution von Sexualität entstammen dem Studium von Parasiten. Eine durch die sexuelle Reproduktion gewährleistete hinreichend hohe Variabilität unter den Nachkommen erweist sich als ideale Methode, Parasiten auszutricksen, denn diese sehen es am liebsten, wenn der Organismus, den sie als nächsten befallen, genauso aussieht wie der vorangegangene. Der Vorteil sexueller Reproduktion lässt sich an dem ungewöhnlichen Lebenszyklus einer neuseeländischen Wasserschnecke namens Potamopyrgus antipodarum anschaulich machen. Einige der weiblichen Schnecken pflanzen sich sexuell fort, andere asexuell, und ihre Entscheidung für einen der beiden Wege hat nichts mit ihrer Libido zu tun. Wissenschaftler haben bei der Untersuchung von fünfundsechzig Schneckenpopulationen eine starke Korrelation zwischen der Art der Fortpflanzung und dem Auftreten des schlimmsten Schneckenschädlings, eines Nematoden, gefunden. In Seen mit einer geringen Parasitenbelastung gab es wenige Männchen, und die Weibchen pflanzten sich asexuell fort. In Seen mit einem hohen Nematodenbestand gab es jede Menge Männchen und Weibchen, was die Vermutung nahe legt, dass die Weibchen zur Fortpflanzung Männchen beanspruchten, die ihnen resistentere Nachkommen zeugten.

Eine weitere Entdeckung ist, dass manche Parasiten die geschlechtliche Fortpflanzung bei ihren Wirten als derartig unliebsam empfinden, dass sie sie mit allen Mitteln unterdrücken. Bei manchen Grasarten, die sich sowohl sexuell über ihre Blüten fortpflanzen können als auch asexuell, indem sie die eigenen Kopien als Schösslinge sprießen lassen, ist der sie bewohnende parasitische Pilz strikt gegen jede Form von genetischer Variabilität. Wenn er die Pflanze infiziert, nimmt er als Erstes Kurs auf die Geschlechtszellen der Pflanze und zerstört diese; im Übrigen lässt er seinen Wirt ungeschoren. Das befallene Gras kann hinfort nur noch Sprösslinge hervorbringen, die sich genetisch ähneln wie ein Ei dem anderen und damit gegenüber einer Pilzinfektion alle gleich verwundbar sind.

In einem anderen Fall, der einige Ähnlichkeit aufweist zu der Story des Films *Invasion der Körperfresser*, befällt ein Pilz eine nelkenverwandte Blütenpflanze und sterilisiert diese nicht nur, sondern verwandelt deren Blüte obendrein in eine Pilzfabrik. Eine infizierte Pflanze enthält in ihren Staubgefäßen, in denen sich eigentlich die Pollen befinden sollten, eine Unmenge Pilzsporen. Um die Perversion auf die Spitze zu treiben, veranlasst der Pilz seinen pflanzlichen Wirt überdies, größere und spektakulärere Blüten zu treiben als normale Pflanzen und so bestäubende Insekten anzuziehen, die die Verbreitung der Parasitensporen sicherstellen.

Parasiten befallen die Reisenden nicht weniger als die Sesshaften, und in ihrer Reaktion auf die Infektion werden diese häufig noch wanderlustiger. Der Rotfleckenmolch in den Bergseen West Virginias beispielsweise beherbergt einen Parasiten, der dem Erreger der afrikanischen Schlafkrankheit beim Menschen stark ähnelt. Dieser Parasit aber scheint seinen Wirt kaum zu schädigen, und dieser glückliche Umstand ist auf die Wanderfreude des Schwanzlurchs zurückzuführen. Zu der Zeit, wenn der Molch einen infektiöseren Parasitenstamm an seine Mitmolche weitergeben könnte, verbringen diese Tiere Monate damit, allein durch die Wälder zu streifen, statt sich in irgendwelchen Tümpeln zu treffen. Molche, die den bösartigen Parasiten in sich tragen, sterben während ihrer Wanderung, und nur diejenigen, in denen ein weniger infektiöser Stamm des Parasiten regiert, kehren zur Paarungszeit zum Wasser zurück.

Auf gleiche Weise weichen Vögel, die von Nord- nach Südamerika ziehen, unter Umständen nicht nur dem schlechten Wetter aus. Während ihres neunmonatigen Aufenthalts im Süden pflanzen sich die Tiere nicht fort und sind einander auch sonst nicht übermäßig nahe, was die Chance ihrer Schädlinge, vom einen Gefieder zum nächsten springen zu können, drastisch verringert.

Doch auch für einen Parasiten, der seinen Wirt erfolgreich infiziert hat, ist das Leben nicht immer einfach. Da der Parasit ohne seinen Wirt ganz und gar hilflos ist, bedeutet dessen Tod nicht selten auch das Ende des Parasiten. Daher haben Parasiten eine Menge Energie in die Evolution von Methoden investiert, die ihre Übertragung von einem Wirt zum nächsten sichern sollen: Sie lassen ihren Wirt niesen oder ändern dessen Verhalten so, dass er vom Wirt Nummer zwei auch sicher gefressen wird.

Manche Parasiten gehen jedoch noch weiter und legen bei ihrem Bestreben, ihre Genossen am Leben zu erhalten, einen Geist wahrer Selbstaufopferung an den Tag. In meiner Lieblingsparasitenstory beginnt ein parasitischer Saugwurm und Leberschädling namens Lanzettegel sein Leben als Ei in den Gedärmen eines Schafs. Zusammen mit vielen anderen Eiern wird er mit dem Kot des Schafs ausgeschieden und anschließend von Landschnecken gefressen, die sich von Schafsfäkalien ernähren. Im Inneren der Schnecke schlüpfen die Larven und fangen an, sich zu entwickeln, bis sie von ihrem zweiten Wirt ausgeschieden werden – dieses Mal als schleimiges Päckchen, das von Ameisen als unwiderstehlich erachtet wird. Hat die Ameise das Päckchen verzehrt, befreien sich die Schwanzlarven mit Hilfe ihres kleinen Bohrstachels aus dem Kropf der Ameise und erobern ihren Wirt. Einige begeben sich in die Leibeshöhle der Ameise, wo sie sich weiterentwickeln, und mindestens eine Schwanzlarve macht sich auf den Weg in das Gehirn der Ameise. Diese Hirnlarven bringen die Ameise derart durcheinander, dass sie frühmorgens oder spätabends, wenn es kühler wird, etwas tut, was keine geistig gesunde Ameise je tun würde: Sie klettert an die Spitze eines Grashalms und beißt sich dort fest. Auf diese Weise wird sie von dem nächstbesten grasenden Schaf gefressen. Sicher in dessen Bauch angelangt, können die Larven aus der Leibeshöhle der Ameise heranreifen, sich paaren, Eier legen und den ganzen Zirkus von vorn beginnen.

Was die Hirnlarven betrifft, so haben sie sich für ihre Angehörigen geopfert. Sie wurden nicht infektiös, sie konnten sich nicht fortpflanzen, sondern starben, auf dass die anderen gedeihen konnten. Wenn es so etwas wie Altruismus gibt, hätten wir hier ein hervorragendes Beispiel. Vom Standpunkt der Ameise ist jener Egel jedoch alles andere als eine Mutter Teresa.

18

Der Skarabäus:
ein perfekter Müllverwerter

In der unüberschaubaren Welt der Käfer haftet ihnen ein Hauch von Adel an: auf ihren Köpfen ein Diadem aus hornigen Stacheln, ihre Körper in einen glänzenden Panzer von Bronze, Smaragd oder Kobaltblau gehüllt. Sie symbolisieren Wiedergeburt, Glück, den Triumph der Sonne über die Dunkelheit. Die alten Ägypter verehrten diese Geschöpfe so sehr, dass sie einem Pharao nach dessen Tod das Herz aus dem Leib schnitten und durch einen Stein von der Gestalt des heiligen Pillendrehers ersetzten.

Das Majestätischste an diesen Insekten aus der Käferfamilie mit dem romantischen Namen Scarabaeidae – die man unter der etwas profaneren Bezeichnung Kot-, Mist- oder Dungkäfer kennt – bezieht sich jedoch darauf, wozu sie zur Bestreitung ihres Lebensunterhalts bereit, ja sogar freudig bereit sind. Mistkäfer wagen sich dorthin, wo andere Tiere keinen Fuß hinsetzen würden. Sie machen sich über die Hinterlassenschaften ihrer Mitgeschöpfe her und vergraben sie geschickt unter der Erde, wo diese für sie und ihren Nachwuchs als nahrhafte und geruhsam zu verzehrende Mahlzeit dienen. Tag für Tag schaffen Mistkäfer auf texanischen Rinderfarmen, in afrikanischen Hochebenen und indischen Wüsten, auf den Weiden des Himalaja und im Dickicht der Amazonaswälder – überall dort, wo Schmutz und Dung anfallen – eifrig und beharrlich Millionen Tonnen an Kot beiseite, vor allem die großen Fladen von Unrat produzierenden Säugern wie Rindern, Pferden, Elefanten, Affen und Menschen.

Wir alle sind den Mistkäfern zu Dank verpflichtet, ihnen, den wahren Recyclern der Natur, ohne die unseren Planeten auch nicht die gründlichste aller noch so hoch subventionierten Super-Frühjahrsputzaktionen retten könnte. Für ihre wenig beneidenswerte Aufgabe werden die Insekten durch die mächtigen Kräfte des Marktes motiviert – eine erbarmungslose zwischenkäferliche Konkurrenz, die sich jedes Mal Bahn bricht, wenn ein Säugetier seine Losung fallen lässt. Jeder Fladen ist ein komplexer Mikrokosmos für sich, ein wimmelnder Lebensraum, einem Stück Feuchtbiotop, dem faulenden Stamm eines alten Mammutbaums nicht unähnlich, wenngleich dankenswerterweise weit kurzlebiger. Für Skarabäen lässt sich trefflich sagen, dass rostet, wer rastet: Zehntausende von Mistkäfern aus über 161 Arten machen sich über einen einzigen großen Dungfladen her, kaum dass er den Erdboden erreicht hat, und schaffen ihn binnen Stunden oder gar binnen Minuten beiseite.

Der Artenreichtum der Käfer, die zu einem einsamen Wiesenstück strömen, übertrifft alles, was man je erwartet oder auch nur für möglich erachtet hätte, und die Wissenschaft hat in jüngster Zeit begonnen, ein paar lieb gewordene Vorstellungen zu überdenken, wie Tiere um begrenzte Ressourcen wetteifern und wodurch Erfolg oder Misserfolg in einem unsicheren Berufszweig wie dem der Abfallwirtschaft bedingt sind. Sie hat gelernt, dass Käfer im Lauf der Evolution ein Riesenarsenal an Methoden entwickelt haben, wie sich so rasch wie möglich so viel Mist wie möglich anhäufen und zum eigenen Nutzen beziehungsweise dem des eigenen Nachwuchses manipulieren lässt und wie unliebsame Konkurrenz von dem hart erworbenen Gut fern gehalten werden kann.

Zufälle und Umstände spielen ebenfalls eine entscheidende Rolle, wenn es darum geht, wer die begehrte Ressource als Erstes erreicht und wer das meiste aus ihr machen kann. Das über die Mistkäfergemeinschaft angesammelte Wissen hat den Wissenschaftlern einen besseren Einblick in die Frage verschafft, wie Arten um konventionellere Ressourcen als Mist, also um Pflanzen oder Beutetiere, konkurrieren. Viele der pikantesten Enthüllungen haben Ilkka Hanski und Yves Cambefort in dem Buch *Dung Beetle Ecology* (»Mistkäfer-Ökologie«) zusammengetragen. Dieses in manchen Teilen etwas technisch geratene Buch voller Grafiken und Tabellen bringt es trotz alledem fertig, einen Käfer, mit dem man sich zuvor womöglich nur widerstrebend befasst hätte, zu einem Insekt von solchen Verdiensten, solchem Ansehen und Charme zu verwandeln, dass einem einzig der Wunsch bleibt, es möge einen Katalog geben, aus dem man eine Großbestellung von ein paar hunderttausend Käfern zur gefälligen Verteilung – auf der lokalen Piste für Hundebesitzer beispielsweise oder rund ums Rathaus – tätigen könnte.

Mistkäfer gehören in vieler Hinsicht zu den größten Wohltätern der Menschheit. Sie entfernen den Mist nicht nur aus unserem Blick-, Geruchs- und Wirkungsfeld, sondern sie fügen durch ihre Gewohnheit, alles zu vergraben, was sie nicht unmittelbar verzehren, dem Erdreich Stickstoff zu, der anderweitig womöglich an die Atmosphäre verloren ginge. Genau wie Regenwürmer wühlen diese Käfer den Boden um und belüften ihn; sie erhöhen seinen Wert für die Ansiedlung von Pflanzen. Ihre Larven vertilgen die im Mist enthaltenen parasitischen Würmer und Maden und tragen so dazu bei, krankheitsübertragende Kleinorganismen einzudämmen.

In den Reihen der Käfer können Skarabäen mit Fug und Recht als außerordentlich zivilisiert gelten. In Afrika und Südamerika, wo einige Arten die Größe einer Aprikose erreichen, tun sich die Käfer teilweise zu Paaren zusammen und gründen, Vögeln ähnlich, eine Familie. Sie graben raffinierte unterirdische Brutkammern und versorgen diese mit

Dungballen, die dem Schutz und der Ernährung ihrer Jungen dienen. Auch sind diese Dungballen keineswegs rasch hingeworfene Dreckklumpen: Mit einer geometrischen Kunstfertigkeit, die an einen Hans Arp heranreicht, setzen die Käfer Beine und Mundwerkzeuge ein, um frisch abgelegten Kot zu runden Dungballen oder bauchigen Brutbirnen zu formen, deren Umfang oftmals den ihres Schöpfers um das Hundertfache übertrifft. Manche Käfer umhüllen die Ballen sogar mit Lehm. Ihre Kugeln sind so groß und rund, dass sie wie von Maschinen gefertigt aussehen. Es ist vorgekommen, dass Leute, die solche Ballen ausgegraben haben, sie für Kanonenkugeln hielten.

Unermüdlich emsig im Team arbeitend, rollen die Käfer jeden Ballen vom Kotfladen weg und in ihre unterirdische Brutkammer. Das Weibchen legt in jede Brutbirne ein einzelnes Ei. Bei den größten Arten gibt es manchmal nur eine Brutbirne, das heißt einen Sprössling pro Paar – ein für ein Mitglied der Klasse Insecta erstaunliches Maß an Selbstbeschränkung, sind deren Angehörige doch traditionell eher für ihre außerordentliche Fruchtbarkeit bekannt.

Sicher in seinen runden Kokon verpackt ernährt sich die Käferlarve von dem Dungvorrat. Während der monatelangen Entwicklung des Jungen bleibt die Mutter in der Nähe und betreut die Brutbirnen mit ausgesuchter Sorgfalt, reinigt sie von Schimmel und anderen toxischen Pilzen, um sicherzustellen, dass ihr Junges überlebt, bis es den Brutkasten als ausgewachsenes Tier verlässt.

Andere Skarabäen sind hoch spezialisiert. Ihre Gewohnheiten sind auf die Ernte der Hinterlassenschaften einer ganz speziellen Säugetierart maßgeschneidert. Diese Käfer heften sich an das Bauchfell eines Faultiers oder einzelner Känguruarten. Sie warten auf den Augenblick, in dem die Säugerverdauung ihr Endstadium erreicht, und springen dann in der Luft auf den herabfallenden Kot auf. Manche Käfer ernähren sich einzig und allein von Giraffenkot, andere von den Exkrementen der Wildschweine. Einige Käfer in Panama fliegen allmorgendlich in die Baumwipfel hinauf, in denen die Brüllaffen nächtigen. Sie warten, bis die Primaten erwachen und ihr morgendliches Geschäft erledigen, huschen flink auf deren Losung und segeln zusammen mit dieser dreißig Meter in die Tiefe, wo sie ihre Errungenschaft dann vergraben können.

Die meisten Mistkäfer aber sind Generalisten und können sich ihre Mahlzeit und ihre Brutkammerausstattung aus jedem beliebigen Dung herstellen. Von heißestem Interesse für die Mistkäfer sind die großzügig bemessenen Fladen großer Pflanzenfresser – Tiere, die sich aufgrund ihres Verdauungssystems häufig entleeren müssen. Eine durchschnittliche Kuh produziert pro Tag zehn bis fünfzehn große Fladen. Elefanten haben pro Stunde um die vier Pfund Mist zu bieten, und Letzterer kann sich binnen kurzem in ein wahres Käfer-Manhattan verwandeln, in dem verschiedene Arten eine beeindruckende Vielfalt an Strategien verfolgen. Große Skarabäen schaffen riesige Ballen zu ihren meterweit entfernten Brutkammern, wobei sie sie manchmal über Stock und Stein rollen. Kleinere Pillendreher trudeln mit gemäßigteren Portionen von dannen. Die Angehörigen einer Käfergattung vergraben große Dungmengen unmittelbar unter dem Fladen, andere stecknadelkopfgroße Vertreter leben in seinem Inneren und tun sich noch daran gütlich, wenn er bereits einzutrocknen begonnen hat und den größeren, aggressiveren Pillendrehern nicht mehr viel nutzt. Räuberische Arten schleichen sich heran und versuchen, die von anderen mühsam geformten Dungballen zu stehlen. Mitten im Getümmel finden sich auch viele Arten von Dung verzehrenden Fliegen. Die Szene erinnert an eine Kantinentheke zur Mittagszeit, wenn alle Vertreter sich etwas zu essen krallen und damit zu ihrem Tisch ziehen. Obendrein ist so ein Dunghaufen auch so etwas wie eine Singlebar, wo sich Käfer treffen können, die auf Partnersuche sind, und wo sie mit dem gemeinsamen Unterfangen, alle Zutaten für ihr Nest zusammenzusuchen, auf der Stelle beginnen können. Einige der größeren Arten verwenden den Dung in ihren Balztänzen: Das Männchen hebt ein besonders prachtvoll gerolltes Kotstückchen hoch und wedelt damit dem Weibchen provokativ vor der Nase herum.

All das bedeutet, dass nur wenig Dung verloren geht. Ein afrikanisches Forscherteam berichtet, auf einer einzigen Ladung Elefantendung sechzehntausend Käfer gezählt zu haben. Als die Wissenschaftler nach zwei Stunden zurückkehrten, war der Dunghaufen verschwunden. Der Ansporn zur Eile ist beträchtlich. Nicht nur, dass jeder Käfer bestrebt ist, sich mit dem größten Stück Kuchen davonzumachen – auf ihren Beutezügen zu einem exponierten Dunghaufen bieten sie überdies zahlreichen Insektenfressern ein verführerisches Ziel. Häufig sieht man Vögel, Mungos, Affen und andere kleine Tiere in Dunghaufen herumstochern, und dies sicher nicht, weil sie selbst zu Koprophagen geworden wären. Manche Käfer schützen sich durch irreführende Verkleidungen. Ein Spezialist, der sich von Elefantendung ernährt, ähnelt beispielsweise einem unverdauten Holzstückchen.

Grund für die Vielfalt an Mistkäfern ist die Ressource, von der sie sich ernähren. Es mag schwer zu fassen sein, doch Dung hat eine Menge für sich: Die meisten Säugetiere verdauen nur einen Bruchteil der von ihnen aufgenommenen Nahrung, und das, was sie übrig lassen, ist noch immer überaus reich an Proteinen, Nährstoffen, Bakterien, Hefen und anderen Nahrungsmitteln. Und das Beste von allem: Dung ist einfach zu handhaben. Tiere wehren sich gegen Möchtegernräuber, Pflanzen produzieren Gifte, um Pflanzenfresser abzuschrecken, Dung aber tut nichts, um sich vor dem Verzehr zu schützen. Die Käfer gehen den Weg des geringsten Widerstands.

Mistkäfer mögen die Losung großer Säugetiere bevorzugen, doch als sie vor mehr als dreihundertfünfzig Millionen Jahren entstanden sind, gab es diese Tiere noch nicht. Wissenschaftler spekulieren, dass ihre Vorfahren sich von Dinosaurierdung ernährt haben, doch bislang hat man noch nirgends einen versteinerten Dinosaurierfladen mit fossilen Käfern darin gefunden. Mit dem Aufstieg und der Verbreitung der großen Säugetiere rund um die Welt nahm auch die Vielfalt und Anzahl an Scarabaeiden zu. Beide Ereignisse liefen, wie man heute weiß, parallel ab, und manche Wissenschaftler sind der Ansicht, dass die Großsäuger ohne die Hilfe von Käfern, die ihren Abfall wegräumten und damit gleichzeitig den Pflanzen, von denen sie sich ernährten, die Chance gaben zu wachsen, niemals eine solche Populationsdichte erreicht hätten, wie man sie heute an Orten wie der afrikanischen Savanne beobachtet. Sie sind Schlüsselorganismen für die Umwelt.

Mit dem Anbruch einer Kultur des Ackerbaus und der Domestikation von massenhaft Dung produzierenden Tieren haben auch die Menschen den Wert der Käfer erkannt, wobei die alten Ägypter in ihrer Verehrung am weitesten gingen. Ein Forscher hat sogar die Vermutung geäußert, dass die ägyptische Tradition der Mumifizierung von Königen und deren Bestattung in Pyramiden dem Vergraben einer Käferlarve in einem Brutballen nachempfunden ist. So wie der Käfer aus dem Erdreich zu neuem Leben ersteht, so sollte nach Ansicht der Ägypter auch ihr Pharao aus seinem begrabenen Kokon wieder geboren werden. Die großen Pyramiden von Giseh ließen sich somit als glorifizierte Dunghaufen verstehen.

Die Wohltaten der Skarabäen sind auch in unserer Zeit nicht unbemerkt geblieben. Das Buch *Dung Beetle Ecology* erinnert unter anderem an das ehrgeizige und großenteils erfolgreiche Bestreben der australischen Regierung, Tausende exotischer Kot- und Dungkäfer zu importieren, die die Berge von Dung beiseite schaffen sollten, die durch die Schaf- und Rinderzucht anfielen. Schafe und Rinder waren im Verlauf der vergangenen zwei Jahrhunderte auf den Kontinent gebracht worden, und die heimischen australischen Dungkäfer, die die mundgerechten Portionen an Känguru- und Koala-Dung gewöhnt waren, wurden mit dem ungeheuer großen Anfall durch die fremden Tiere nicht fertig. In den sechziger Jahren erreichte das Fäkalienproblem krisenhafte Ausmaße, und die gefürchteten heimischen Kotfliegen, die ihre Eier in tierische Exkremente legen, hatten sich derartig vermehrt, dass sich der berühmte »australische Gruß« entwickelte: eine kurze Handbewegung, um die Fliegen aus dem Gesicht zu scheuchen. Doch mit der Einführung von zwei Dutzend Käferarten aus Asien, Europa und Afrika ging das Dungproblem deutlich zurück. In den letzten Jahren sind manche Teile Süd- und Westaustraliens nahezu völlig frei von in Dung brütenden Fliegen, und Weiden, die einst mit einer durchgehenden Kuhmistschicht bedeckt waren, sind zu neuem Nutzen ergrünt.

Auch in theoretischer Hinsicht haben die Ökologen eine Menge von den Käfern gelernt. Wissenschaftler waren traditionell der Überzeugung gewesen, dass in einer ökologischen Nische nicht mehrere Arten zugleich existieren könnten, ohne dass diese sich in ihrer Nutzung der vorhandenen Ressourcen voneinander unterschieden. Einer mathematisch begründeten Regel zufolge musste letztlich immer ein Konkurrent über die anderen triumphieren.

Doch in Anbetracht der Vielfalt an Mistkäfern, die auf einem einzigen Fladen zu Hause sind, scheint sich die Natur nicht an diese Regel zu halten. Insektenforscher, die sich mit Käfern befassen, haben erkannt, dass Dung ein paar unvergleichliche Qualitäten besitzt. Er ist weitaus kurzlebiger als beispielsweise ein blumenbestandenes Fleckchen Erde oder

der Bau eines Nagetieres – er ist schnell da und schnell wieder weg. Und seine Verteilung ist ganz und gar zufällig. Sie gehorcht keinerlei definierbaren Regeln darüber, wann oder wo er vermutlich zu finden sein wird. Den meisten Tieren ist alles und jedes als Örtchen willkommen.

Aus diesem Grund muss in jede Berechnung zur Dynamik der Mistkäferpopulation ein starkes Element des Zufalls eingehen. Und es hat sich gezeigt, dass Zufall dem gleichzeitigen Überleben mehrerer konkurrierender Arten durchaus förderlich ist. Einige der größeren Dungkäferarten sind vielleicht von Natur aus talentierter als andere und beanspruchen gewaltige Dungmengen für sich, sobald sie den Fladen erreicht haben. Doch da ein kleinerer, schwächerer Käfer mit derselben Wahrscheinlichkeit am Ort der wunderbaren Gabe zur Stelle sein wird wie ein größerer, aggressiverer, hat auch die schwächere Art eine Chance, und der Größere wird ihn nicht immer und überall ausstechen können. Die zufällige Verteilung des Dungs verleiht der Überlebenswahrscheinlichkeit ein entscheidendes Element des Zufalls, und dieses Element begünstigt die Koexistenz vieler Arten. Im Casino der Natur halten Fortune und Fitness gemeinsam das Glücksrad in Bewegung.

19

Nichts geht
über eine Schabe

Wenn Abwesenheit das Herz weicher stimmt, dann ist dies vielleicht der Augenblick, der Schabe eine kleine Feierstunde zu widmen.

In jüngster Zeit ist es mehr und mehr Stadtbewohnern vergönnt, des Nachts ihre Küche in der frisch erworbenen Zuversicht zu betreten, dass sie das Licht anknipsen, ein Glas aus dem Schrank, ja sogar einen Keks aus der Schachtel auf dem Tisch nehmen können, ohne den verhassten Anblick Dutzender glänzend brauner Schaben fürchten zu müssen, die eilig Unterschlupf suchen. Eine neue Generation von Insektiziden, in unauffälligen Döschen als Fraßköder wohl verpackt oder auch von den örtlichen Kammerjägern in höheren Dosen versprüht, haben es vermocht, die allgegenwärtige Hausschabe in ihre sechs spindeligen Knie zu zwingen.

Dieses Geschöpf ist dennoch alles andere als vom Aussterben bedroht, in Restaurants, Krankenhäusern und vielen innerstädtischen Wohnblocks ist und bleibt es ein ernst zu nehmendes Problem. Die neuen Insektizide aber, die Mitte der achtziger Jahre eingeführten Amidinohydrazone, haben in die weniger extremen Vorkommen eine deutliche Bresche geschlagen. Es gab eine Zeit, da tauschten die Leute auf Partys Kakerlakenstorys aus; heute fragt sich jeder, wie etwas so Nettes und Modernes wie das Insektenmittel Combat eine so schmutzige Arbeit so sauber erledigen kann.

Insektenforscher spekulieren, dass die neuen Substanzen die Hausschabenpopulation je nach Höhe des Vorkommens um fünfzig bis fast einhundert Prozent werden verringern können. Nicht minder ermutigend zeigen Schabenstudien rings im Land, dass diese Insekten keine Anzeichen einer beginnenden Resistenz gegen Amidinohydrazone zeigen, wie dies bisher bei nahezu jeder anderen in der Vergangenheit gegen sie eingesetzten giftigen Verbindung der Fall war. Und sollte es diese Kreatur irgendwie fertig bringen, gegen die Wirksamkeit gegenwärtiger Pestizide anzumutieren, warten im Hintergrund noch jede Menge anderer hoch wirksamer Verbindungen, von denen etliche sich auf subtile Kenntnisse der Gewohnheiten und der Biologie dieses Insekts gründen.

Da wir nun also nicht mehr länger jede Mahlzeit und jeden Quadratzentimeter Regalfläche mit unwillkommenen Schmarotzern teilen müssen, können wir in unserer Haltung Schaben gegenüber vielleicht etwas weniger drastische Perspektiven in Betracht ziehen als das Armageddon der Kammerjäger. Vielleicht spüren wir, wenn schon nicht aufrichtige Bewunderung, so doch wenigstens eine distanzierte Bewunderung für ihre lange Geschichte, ihre Ausdauer und ihre ökonomische Ressourcennutzung. Bei tropischen Arten – wo diese Wesen ihren Platz kennen und dieser sich nicht mit dem unseren überschneidet – legen die Insekten das unschabenhafteste Verhalten an den Tag, das man sich denken kann. Manche Schabenweibchen sind hingebungsvolle Mütter, tragen ihren Nachwuchs kängurugleich in kleinen Taschen mit sich herum, statt ihre Eier irgendwo abzulegen und die Larven ihrem metamorphischen Schicksal zu überlassen, wie dies bei den meisten anderen Insekten der Fall ist. Eine Schabenart vollführt sogar eine Art Insektenäquivalent des Stillens.

Die umsichtige Fürsorge ist aber nicht allein auf das Muttertier beschränkt. Während viele männliche Tiere außer einer kleinen DNS-Spende nichts Wesentliches zum Wohlergehen ihres Nachwuchses beizutragen haben, gehen manche

Schabenmännchen in ihrer väterlichen Fürsorge sehr viel weiter: Sie fressen Vogelkot nur zu dem Zweck, um daraus Stickstoff zu extrahieren, den sie dann an ihre Jungen verfüttern. Eine Schabenart lebt in den Baumrinden Mittelamerikas und verfügt über einen Sozialverband, der mit dem von Termiten oder Bienen zu vergleichen ist. Männchen und Weibchen tun sich für die fünf bis sechs Jahre, die die Art bis zur Erreichung der Geschlechtsreife benötigt, zu Paaren zusammen, um die Larven großzuziehen. Sämtliche Angehörige eines Nests bewahren sich durch gegenseitiges Bürsten und Fühlerstreicheln sowie durch die Ausschüttung besänftigender Pheromone (chemische Signalsubstanzen, die aus Drüsen am Thorax des einen Insekts abgesondert und durch Rezeptoren an den Fühlern des anderen wahrgenommen werden) einen Sinn für ihre Gruppenzugehörigkeit und Kooperation.

Schaben reagieren ungemein sensibel auf den leichtesten Lufthauch oder Geruch. Diese Fähigkeit verdanken sie ihren ungewöhnlich langen Fühlern. Derartige chemische und taktile Sensitivität in Kombination mit einem Nervensystem aus extrem großen Zellen machen die Schabe zu einem idealen Versuchstier zur Untersuchung der Arbeitsweise von Nervenzellen. Die Rezeptoren zur Wahrnehmung von Luftbewegungen oder chemischen Signalen befinden sich bei den Schaben auf der Körperaußenseite und lassen sich daher leicht analysieren. Und ihr Kopf lebt und reagiert noch zwölf Stunden nach der Enthauptung. Unter den Neurobiologen sind die Schaben zum Äquivalent der weißen Ratte geworden. Sie stehen im Mittelpunkt von Lehrbüchern, die genau beschreiben, wie sie zu manipulieren und zu sezieren sind und warum all das der Mühe wert ist. Und außerdem müssen Schabenforscher wenigstens nie und nimmer fürchten, dass militante Tierschützer zu mitternächtlicher Stunde in ihre Labors eindringen, um ihre Versuchstiere zu befreien.

Eine Wissenschaftlerin von der University of Illinois hat es sich zur Aufgabe gemacht, den Ruf der Schabe aufzupolieren. Jahr für Jahr hält Mary Berenbaum ein »Insektenphobie-Filmfestival« ab, bei dem sie Filmausschnitte vorführt, um das Interesse der Öffentlichkeit an Insekten zu wecken und Schauermärchen zu entlarven. Und einer der häufigsten Darsteller auf ihrer Leinwand ist die Schabe. In Kurz- und Trickfilmen wird die Schabe oft als mitfühlender Charakter dargestellt. Ein Streifen, *All's Quiet in Sparkle City*, ein Antikriegsfilm aus den frühen siebziger Jahren, setzt die Bestrebungen zur Massenvernichtung von Schaben dem Völkermord gleich. Eine Komödie aus dem Jahr 1989, *Dr. Ded Bug*, schildert aus der Insektenperspektive, wie ein rasender Koch versucht, eine Schabe zu erlegen. Zeichentrickschaben reden wie Mickymaus stets mit hohen, zwitschernden Stimmen und lächeln so gut wie immer. Zumindest im Trickfilm ist Ungeziefer Ihr Freund.

Ob Schaben einem nun ans Herz wachsen oder nicht, sie verdienen zumindest einigen Respekt allein aufgrund ihres hohen evolutionären Alters und ihrer enormen Vielfalt. Man hat Fossilien von schabenähnlichen Arten gefunden, deren Alter auf zweihundertachtzig Millionen Jahre datiert wurde, und manche Insektenforscher glauben, dass diese Lebewesen im Silur, das heißt vor über vierhundert Millionen Jahren, entstanden sein könnten. Käfer sind dagegen nur einhundertfünfzig Millionen Jahre alt, Schmetterlinge hingegen jugendliche sechzig Millionen.

Schaben gibt es in so ziemlich jedem Teil der Welt. Die große Mehrzahl der viertausend bekannten Arten lebt jedoch im Äquatorgürtel (und schätzungsweise einige weitere Tausend sind noch in den Tropen zu entdecken, wo ohnehin so gut wie alles noch entdeckt werden muss). Schaben variieren in ihrer Größe zwischen einem halben Zentimeter und der abschreckenden Länge jener zentralamerikanischen Großschabe, die die Ausmaße einer kleinen Ratte annehmen kann. Allen Schaben gemein sind sehr lange, segmentierte Fühler, ein ledriges Paar Deckflügel, die einigen Arten aus wärmeren Zonen die Fähigkeit zum Fliegen verleihen, im Übrigen aber funktionslos sind, und der berühmte, ein wenig nach unten geneigte und nach hinten leicht verjüngte Schabenkopf. (Jeder, der Schaben kennt und verabscheut, ist mit diesem unverwechselbaren Profil vertraut, und wenn Sie der Kopf einer Gottesanbeterin an den einer Schabe erinnert, so deshalb, weil die beiden eng miteinander verwandt sind.)

Einige kleinere Schabenarten tragen eine auffallende Färbung: Sie sind karmesinrot, moosgrün, cremeweiß oder hellbeige. Das ungewöhnlichste Beispiel ist saphirblau mit bronzefarbenen Flecken und feinen roten Streifen. Diese Art ist so hübsch, dass ein Wissenschaftler erklärte, wenn sie keine Schaben- sondern eine Vogelart wäre, würde sie längst von Leuten gekauft und in Käfige gesperrt. Nur eine einzige Schabenart wird tatsächlich oft als Haustier gehalten: die fast acht Zentimeter lange Madagaskar-Schabe, die potenzielle Räuber durch ein geräuschvolles Fauchen abzuschrecken versucht, das dadurch entsteht, dass sie Luft durch einige Löcher in ihrem Brustpanzer entweichen lässt. Dass sie ein so beliebtes Haustier abgibt, liegt unter anderem daran, dass ihre Außenhaut panzerähnlich fest ist und sich daher gut anfassen und auch streicheln lässt. Die meisten anderen Schaben sind im Gegensatz dazu mit einer Ölschicht bedeckt, die es ihnen erleichtert, in haarfeine Risse hineinzuschlüpfen.

Die physiologisch beeindruckendste aller Schaben ist die Art Diploptera punctata. Die Weibchen tragen ihre Jungen lebend aus und nicht in einem Eisack. Sie ist die einzige Insektenart, von der man weiß, dass sie ihre Jungen in einer Art Gebärmutter nährt. Die Innenschicht der Bruttasche beherbergt bis zu zwölf Schabenbabys zugleich und sondert eine Substanz ab, die von manchen Leuten auch als Schabenmilch bezeichnet wird. Genau wie die Milch der Säugetiere ist sie reich an Proteinen, Kohlenhydraten und Fetten. Sobald die Embryos einen voll entwickelten Verdauungstrakt besitzen, beginnt die Mutter Milch zu produzieren, und die Embryonen nehmen die Flüssigkeit über die Mundöffnung auf.

Während manche Schaben im Lauf der Evolution ein ausgeklügeltes System mütterlicher Pflege entwickelten, haben sich andere für eine erhöhte Fruchtbarkeit und für höchstmögliche Flexibilität ihres Verhaltens entschieden. Dies sind die Arten, die uns Menschen so verhasst sind. Nur zwanzig Schabenarten gelten als Schädlinge, und nur zwei von diesen, die Hausschabe und die Amerikanische Großschabe, sind weithin bekannt. Diese beiden Schädlingsarten sind mit ihrer Strategie der Wohngemeinschaft mit dem Menschen dermaßen gut gefahren, dass sie keine unabhängige Existenz mehr führen und keinerlei wild lebende Artgenossen mehr haben. Wann immer Wissenschaftler glaubten, über eine frei lebende Haus- oder Großschabe gestolpert zu sein, fand sich früher oder später ein Haus in der Nähe. Die kleinere Hausschabe ist ein ungemein effizienter Brüter und in der Lage, alle drei Wochen dreißig bis vierzig Jungschaben in die Welt zu setzen. Ließe man die Population sich unkontrolliert vermehren, könnte ein einzelnes Hausschabenweibchen am Ende ihrer zweijährigen Lebensspanne auf eine Nachkommenschaft von vierzig Millionen Tieren blicken.

Die Insekten wachsen rasch heran und häuten sich entsprechend häufig, weshalb Schaben für Allergiker ein echtes Gesundheitsrisiko darstellen können. Über fünfzehn Millionen Amerikaner leiden unter einer Schabenallergie, bei der das Immunsystem eine übereifrige Verteidigungsreaktion gegen winzige, in der Luft umherwirbelnde Partikel abgeworfener Schabenhaut zeigt. Oftmals verschlimmern sich diese Allergien mit der Zeit und fortgesetzter Konfrontation mit dem Allergen, und Insektenforscher, die mit Schaben arbeiten, berichten nach Jahren der Forschung über asthmatische Beschwerden, Hautreizungen und Nebenhöhlenprobleme.

Aus diesem Grund und auch, weil die Möglichkeit besteht, dass Schaben die unappetitlichen Mikroben übertragen, die sie huckepack mit sich herumschleppen, verbringen selbst Entomologen, die diese Insekten in freier Wildbahn schätzen, einen Teil ihrer Zeit damit, bessere Möglichkeiten zu entwerfen, der Plage Herr zu werden. Um herauszufinden, wo und warum Schaben zusammenkommen, entwarf ein Wissenschaftlerteam ein ganzes Scheinhaus. Dessen zweihundert Sensoren überwachten alle fünfundsechzig Sekunden das Mikroklima an jedem erdenklichen Fleck: hinter den Wänden, unter dem Waschbecken, in den Dach- und Deckenbalken. Das durch und durch verkabelte Haus demonstrierte, dass nichts Schaben so gut fern hält wie eine gute Durchlüftung. Die Tiere bedienen sich fast schon nicht mehr messbarer Luftströmungen, um die chemischen Signale ihrer Partner wahrzunehmen. Jeder stärkere Luftzug wird jedoch die Oberfläche der Tiere austrocknen. Die beste Art, Schaben fern zu halten, bestünde also darin, das Küchenfenster offen zu lassen oder Schränke und Spülenunterschränke mit kleinen Ventilatoren zu bestücken.

Eine andere Angriffsmöglichkeit macht sich die neue Pestizidgeneration zunutze, die sich deutlich von den guten alten Sprühdosengiften unterscheidet. Die alten Pestizide bestanden zumeist aus Organophosphor-Verbindungen oder Carbamaten – potenten Neurotoxinen, die die Impulsübermittlung von einer Nervenzelle zur anderen stören. Diese Gifte wirkten jedoch nur auf eine einzige Komponente des Nervensystems, und manche Schaben hatten eine angeborene Resistenz gegen diese Art von Angriff. Die resistenten Insekten überlebten natürlich und brachten ganze Legionen an resistenten Larven zur Welt. Die neueren Pestizide scheinen in ihrer Wirkung umfassender zu sein. Sie betreffen viele verschiedene Teile der Schabenphysiologie, und es ist unwahrscheinlich, dass ein einzelnes Insekt sämtliche genetischen Voraussetzungen auf sich vereint, um dem Ansturm zu widerstehen. Der Wirkstoff in Combat beispielsweise greift auf verschiedenen Stufen in den biochemischen Prozess ein, über den eine Zelle ihre Energiespeicher nutzbar macht.

Von vielleicht noch größerer Bedeutung ist die Tatsache, dass das Toxin bei erfreulich geringen Konzentrationen wirkt. Einer der Gründe dafür, dass die Schaben womöglich Schwierigkeiten haben werden, Resistenzen gegen die Chemikalie zu entwickeln, ist die Tatsache, dass die wenigen Insekten, die das Knabbern an dem vergifteten Köder überleben, steril werden und somit ihre entgiftenden Fähigkeiten nicht an ihren Nachwuchs weitergeben können, wie dies bei den Überlebenden der älteren Pestizidgeneration möglich war.

Doch wenn Combat im Augenblick auch wirksam ist, vergessen Sie nicht, auf wessen Seite der Vorteil wirklich liegt. Schaben haben eine astronomisch hohe Reproduktionsrate und schnelle Lebenszyklen. Sie sind geduldig. Während also die Städter zu Gott beten, dass die neuen Pestizide noch für viele Jahrzehnte ihre Wirksamkeit behalten mögen, ist vielleicht leiser Zweifel angebracht, ob die Gottheit, die wir da anflehen, wirklich ein weises menschliches Gesicht und einen langen weißen Bart hat oder ob ihr Kopf nicht vielmehr ein wenig nach unten geneigt ist und sich nach hinten leicht verjüngt ...

20

Grubenottern:
grotesk, galant und giftig

Einer wütenden Klapperschlange ins Auge zu starren ist eins von den Dingen, die man nicht tun sollte, und man weiß das. Das denkende Gehirn sagt sich: »Warum haust du nicht einfach ab, Dummkopf?«, während die mehr ursprünglichen Hirnbereiche sich mit einem einfachen »Iiiiiii!« begnügen. Noch nervenzerfetzender ist es, die Rassel der Schlange zu berühren, eine kleine Kastagnette aus einem Material, das dem unserer Fingernägel ähnelt und auf geheimnisvolle Weise fünfzigmal pro Sekunde vibriert. Doch diese spezielle Schlange ist sicher verwahrt in einer Art Zaumzeug, und gehalten wird das Geschirr von Harry Greene von der University of California in Berkeley, einer weltweit führenden Autorität auf dem Gebiet der Klapperschlangen. Nachdem ich ein paar Minuten Schwanz und Flanken des Reptils gestreichelt hatte, ließ das flaue Gefühl in meinen Eingeweiden nach, und ich sah nur noch die wilde Schönheit des Tieres leuchten. Sein Körper ganz pulsierender Muskel, sein stolzer Gesichtsausdruck der eines Prinzen. Ich konnte nicht aufhören, der Schlange ins Gesicht zu starren: das Züngeln des dünnen gespaltenen Zungenbandes, die lidlosen gelben Augen. Wo habe ich dieses Gesicht schon einmal gesehen? Ich taste nach meinem Apfel.

Greene neben mir plaudert fröhlich drauflos, berichtet von der Majestät der Schlangen, von seinem Vorhaben, die Öffentlichkeit aus ihrer Angst heraus und hin zu leidenschaftlicher Begeisterung für diese Tiere zu führen, von seiner Hoffnung, dass die amerikanische Durchschnittsfamilie dereinst den Besuch einer Waldklapperschlangenhöhle als wundervolles Freizeitvergnügen für die Sommerferien betrachten wird. Ich versichere ihm, dass ich mit den Leuten in meinem Reisebüro reden werde.

Greene gehört zu einem kleinen, aber engagierten Trupp von Herpetologen, Schlangenforschern, die sich auf Grubenottern spezialisiert haben. Zu dieser Tiergruppe gehören Arten wie die Diamantenklapperschlange, die Wassermokassinschlange, die Gehörnte Klapperschlange, Kupferköpfe, die Gattung der Dreieckskopfottern und andere meist mit Widerwillen betrachtete Schlangen, die am Kopf die beiden charakteristischen Gruben tragen, denen sie ihren Familiennamen verdanken. Die Grubenotterforschung wurde lange Zeit vom Biologen-Establishment ignoriert, das Säugetiere, Vögel und sogar Insekten weit ernster nimmt als Kriechtiere, die sich zu weit unten befinden und ihren Bauch nicht vom Boden hoch bekommen. Doch hat sich dieser Forschungszweig in jüngster Zeit emanzipiert. In dem Porträt, das Greene von seinem Forschungsgegenstand zeichnet, sind Schlangen Liebende, galant und gewalttätig zugleich. Sie sind Killer, deren Gebräu aus tödlichen und lähmenden Giften zu den komplexesten Substanzgemischen der Natur gehört, und sie sind ein evolutionäres Musterbeispiel stromlinienförmigen Designs und eleganter Anpassung. Wer außer einer Schlange könnte sagen: »Guck mal, Mama, ohne Hände; guck mal, Mama, ohne Füße; guck mal Mama, ohne Zähne«, und das mit so viel Gefühl?

Hinter jeder wissenschaftlichen Mode steht irgendwo eine technische Neuheit, und der neue Trend in der Schlangenforschung macht da keine Ausnahme. Dank der jüngsten Fortschritte auf dem Gebiet der Radiotelemetrie können die Biologen Grubenottern nun mit Miniatur-Radiosendern ausrüsten und jedem schlängelnden, verborgenen Geschöpf nachspüren, wo auch immer es Zuflucht sucht. In der Vergangenheit ließ sich dieselbe Schlange so gut wie nie zweimal finden. Mit Hilfe der Telemetrie sind den Forschern einzelne Tiere jedoch so vertraut geworden wie Jane Goodall jeder ihrer Schimpansen.

Auf den Spuren der Prärieklapperschlangen in Wyoming haben Wissenschaftler herausgefunden, dass die Männchen sich während der Paarungszeit allmorgendlich aus ihrem Unterschlupf aufmachen, um auf einer zermürbenden 10-Kilometer-Rundreise nach einem willigen Weibchen zu suchen. Auf ihrer Reise folgen sie einer schnurgeraden Linie, die so präzise ist, als habe sie ein Zeichner am Reißbrett gezogen. Sollten sie von ihrem Weg abweichen müssen, weil vielleicht ein Baumstamm oder ein Tümpel im Weg ist, so kehren sie so rasch wie möglich auf ihren vorherigen Kurs zurück.

Computersimulationen zeigen, dass es für dieses zwanghafte Verhalten einen triftigen Grund gibt: Weibchen sind in der Regel in zufälligen Anhäufungen in der Natur verteilt, da sie auf Nagetiere aus sind, die ihrerseits in Häufungen vorkommen. Die Männchen begehren die Weibchen, und wenn sie statt einem Zickzack-Kurs eine gerade Linie verfolgen, optimieren sie ihre Chancen, irgendwann einer Partnerin zu begegnen. Je gerader der Weg, umso größer die Chance, mit ihr zusammenzustoßen.

Und mit diesem Zusammenstoß geht das Spektakel los. Ein Schlangenmann findet seine Geliebte selten allein, sondern muss sich zumeist einen hoch ritualisierten Kampf, einen so genannten Kommentkampf, mit den konkurrierenden Männchen am Ort liefern. Dieser Kampf ähnelt auf verblüffende Weise einer körperlosen Version des Armdrückens. Die beiden Männchen richten sich auf, umschlingen einander wie die zwei Exemplare an einem antiken Merkurstab und versuchen, einander mit Gewalt zu Boden zu zwingen.

Sie sind Gentleman-Ringer und halten ihre giftigen Fangzähne verborgen. Ihr Kampf dauert Stunden und endet nicht selten unentschieden. Bei den Kupferköpfen geht ein einmal bezwungenes Männchen in einem dermaßen demoralisierten Zustand aus der Begegnung heraus, dass noch Tage danach auch die schwächsten Männchen, die sonst nie die Stirn hätten, einen Kampf vom Zaun zu brechen, sich trauen, den Verlierer anzugreifen, und ihn tatsächlich besiegen. Hinter dem bemitleidenswerten Verhalten des Geschlagenen steht ein schwankender Hormonspiegel. Genauer gesagt, ein Anstieg des Stresshormons Kortisol und ein Abfall der Testosteronkonzentration, der die Männchen ihre normalerweise beachtliche Aggressivität verdanken. Gelegentlich zieht ein Kupferkopfweibchen seinen Nutzen aus diesem Verlierersyndrom: Wenn das Weibchen sich einem potenziellen Partner nähert, imitiert es ein zweites Männchen, richtet sich auf, als sei es bereit zum Gefecht. Schreckt die Verstellung den Bewerber ab, hat das Weibchen den Beweis dafür, dass er ein Verlierer ist, und zieht ihn als Vater nicht länger in Betracht. Die Weibchen paaren sich fast ausnahmslos mit den Gewinnern.

Aber selten. Die meisten Vipern- oder Otterweibchen paaren sich höchstens alle drei bis fünf Jahre, weshalb ein fruchtbares Weibchen heiß begehrt und mächtig umkämpft ist. Wenn im Frühling ein ovulierendes Weibchen auftaucht, warten außerhalb ihres Unterschlupfs unter Umständen bereits Hunderte von Männchen, eine Versammlung, die sich als explosiver Paarungskonvent erweist. Sobald die Begehrte auftaucht, nimmt das Turnier der betörten Männchen seinen Lauf. Nach Stunden oder Tagen des Kämpfens gibt es am Ende einen Gewinner, der sich nun dem Weibchen nähert und es mit sanftem Kinnreiben und Züngeln umwirbt. Am Ende wird er, wenn er Glück hat, mit der Kopulation belohnt. Auch dieser Akt dauert Stunden oder Tage, wobei das

Männchen sich mit seinem gefurchten Hemipenis bei dem Weibchen buchstäblich einhakt.

Die außerordentlichen Fähigkeiten des Kriechtiers beschränken sich jedoch nicht allein auf die Liebe. Seine chemosensitiven Fertigkeiten als Jäger werden für die sensibelsten im ganzen Tierreich gehalten. Der Biss einer Viper oder Grubenotter dauert nur den Bruchteil einer Sekunde, doch in dieser kurzen Zeitspanne nimmt die Schlange die Witterung ihres Beutetiers auf, wobei es dessen chemische Signatur mit seiner gespaltenen Zunge wahrnimmt. Die Duftmoleküle werden von der Zunge an ein entsprechendes Sinnesorgan im Gaumendach – das Vomeronasalorgan oder Jacobsonsche Organ – übermittelt und graben sich über dieses in das chemische Gedächtnis ein. Das vergiftete Tier wird dann von der Schlange losgelassen, kann entkommen und stirbt irgendwann. Doch die Schlange wird es aufspüren, wo auch immer es sich versteckt. In Laborversuchen haben Wissenschaftler den Geruch eines Beutetieres, den eine Schlange bereits gewittert hatte, so weit zu verdünnen versucht, dass sie ihn nicht mehr wahrnehmen kann. Doch selbst nach Tausenden von Verdünnungen haben sie die Schlange nicht von der Spur ihrer Beute abbringen können.

Das Gift einer Grubenotter stellt auch eine Herausforderung für Toxikologen dar, die seine Zusammensetzung gern kennen würden, um ihre Gegengifte zu optimieren. Etwa achttausend Menschen werden in den Vereinigten Staaten jährlich von Grubenottern gebissen – in der Mehrzahl der Fälle handelt es sich um betrunkene junge Männer, die eine Schlange, die sie am Wegesrand finden, ärgern oder misshandeln. Professionelle Schlangenhändler und solche, die dies als ihren Freizeitsport betrachten, glauben es ihrer Männlichkeit schuldig zu sein, ein paar gelegentliche Klapperschlangenbisse auszuhalten, und machen sich daher häufig nicht die Mühe, einen Arzt aufzusuchen, was üble Folgen haben kann. Sogar ein relativ geringfügiger Schlangenbiss am Finger kann zu einer unwiderruflichen Lähmung der Hand führen. Tiefere Bisse führen zu massiven Gewebezerstörungen, inneren Blutungen, einem gefährlich niedrigen Blutdruck und schließlich zum Tod. Harry Greene, der außer einem winzigen Kratzer von einem Kupferkopf in seinen Teenagertagen bislang keinen Biss davongetragen hat, zeigt in seinem Labor Fotos von Menschen, die weit schwerer unter Schlangengift zu leiden hatten – bei denen sich Arme, Beine und Genitalien in schwärzlich nekrotisierendes, mit Blasen übersätes Fleisch verwandelten. Normalerweise beißen Schlangen nicht, wenn man sie nicht anfasst oder ernsthaft provoziert, erklärt er, aber sie sind stets mit Vorsicht und höchstem Respekt zu behandeln.

Der Grund für die potenziell tödliche Macht des Schlangengiftes ist der Umstand, dass die Schlange mit einem einzigen Biss mehrere Dinge gleichzeitig vollbringen muss. Das Gift aus mehreren Dutzend Nervengiften, Blutgiften und abbauenden Enzymen ist nicht nur dazu da, das Beutetier in die Knie zu zwingen und zu töten, sondern es beginnt überdies, die Beute von innen her zu verdauen. Da eine Schlange über keinerlei Gliedmaßen verfügt, mit deren Hilfe sie ihre Beute zum späteren Gebrauch in ihrem Unterschlupf verstauen könnte, ist sie darauf angewiesen zu verzehren, was sie erlegt, bevor ein anderer Räuber auf der Bildfläche erscheint, um es ihr streitig zu machen. Da es ihnen an Zähnen zum Kauen fehlt, verschlingen Grubenottern ihre Mahlzeit als Ganzes, indem sie ihre Kiefer aushaken und sich über ihre Beute schieben, wobei diese das Anderthalbfache ihrer eigenen Körpergröße haben kann. Anschließend verdaut die Schlange das Tier über Tage und Wochen hinweg in ihrem Inneren. Ohne die abbauende Wirkung des injizierten Giftes würde die Beute im Bauch der Schlange verwesen.

Grubenottern sind keineswegs die auffälligsten Schlangen – Korallenschlangen sind weitaus bunter –, doch ihre tarnenden Färbungen in Gold, Braun, Malve, Schwarz und Ocker verleihen ihnen eine sehr samtige Erscheinung. Die meisten der 144 Grubenotternarten sind in Nord- und Südamerika zu Hause, doch einige Arten finden sich auch in Asien. Sie gedeihen in den schroffsten Wüsten, den feuchtesten Regenwäldern des Amazonas und den einladendsten Wiesen und Prärien. Sie leben am Boden, unter der Erde oder auf Bäumen. Manchmal sind sie kurz und dick, dann wieder lang und dünn. Im Winter halten sie Winterschlaf, allein oder zu Hunderten oder gar Tausenden in einem großen Unterschlupf ineinander verschlungen, wo sie einander um ein oder zwei Grad wärmer halten, als sie es allein könnten. In der Vergangenheit waren solche Winterlager ein beliebtes Ziel für Farmer und Viehzüchter: Sie räucherten sie aus oder jagten sie in die Luft. Zwar ist diese Praxis in den meisten Staaten inzwischen illegal, aber manche Grubenotterarten müssen sich von zurückliegenden Ausrottungsversuchen erst noch erholen.

Allen Grubenottern sind zwei herausragende Merkmale gemeinsam: eine bewegliche Rassel, beziehungsweise deren knubbeliger geräuschloser Vorläufer, und die tiefen Gruben auf beiden Seiten des Kopfes. Diese Gruben liegen in einer Einbuchtung des Oberkieferknochens und sind mit einem dünnen Häutchen überspannt, das von einem ungewöhnlich dichten Geflecht aus sensorischen Nervenzellen durchzogen ist und als eine Art Linse zur Wahrnehmung von thermischer Strahlung dient. Die aufgefangenen Infrarotsignale werden von dem Häutchen an die Gehirnteile weitergeleitet, die auch die visuelle Information von den Augen empfangen, und erzeugen dort eine Art thermisches Bild, durch das das visuelle Bild verstärkt wird.

Die traditionellen Vermutungen über den Zweck dieser

Gruben sind jedoch womöglich falsch. Die Forscher waren lange Zeit der Auffassung, dass diese sensorischen Organe den Schlangen bei der Jagd auf warmblütige Beutetiere helfen. Doch Vergleiche zwischen dem Verhalten von Grubenottern und dem verwandter grubenloser Vipernarten legen den Schluss nahe, dass die Infrarotdetektoren nicht zum Zweck des Angriffs, sondern aus Verteidigungsgründen entstanden sind. Die Grubenotter verwendet die thermischen Informationen eines herannahenden Tieres, um abzuschätzen, ob der potenzielle Räuber klein genug ist, um sich durch Drohgebärden abschrecken zu lassen, oder ob die Schlange besser daran tut, sich davonzumachen. Harry Greene, der Vater dieser neuen Theorie, erklärt dazu, dass Grubenottern und ihre grubenlosen Verwandten – denen der Vorzug einer Infrarotwahrnehmung abgeht – keinerlei Abweichungen bezüglich ihres Jagd- und Fressverhaltens zeigen. Beide Schlangenarten bevorzugen Nagetiere und andere Kleinsäuger, die sie aus dem Hinterhalt erlegen.

Die beiden Familien unterscheiden sich jedoch hinsichtlich ihrer jeweiligen Taktik des Selbstschutzes. Grubenlose Vipern sind auf raschen Rückzug eingerichtet. Sie verfügen in der Regel über eine gestreifte Musterung, die eine optische Täuschung verursacht, aufgrund derer sie schwer zu sehen und zu fangen sind. Auch fehlt den grubenlosen Vipern und Ottern eine Rassel, um Eindringlingen zu signalisieren, dass mit ihnen nicht gut Kirschen essen ist. Grubenottern hingegen rasseln mit ihren Kastagnetten oder klopfen mit ihren knubbeligen Rasselvorläufern auf den Boden. Sie sind meist mit Flecken übersät, was ihnen keinerlei Vorteile bei der Flucht bieten würde.

Es gibt einen Grund für das unterschiedliche Verhalten bei Gefahr: Grubenlose Otter- und Vipermütter verteidigen in der Regel ihre Eier nicht, sondern suchen sich eine verborgene Stelle, an der sie ihre Eier ablegen und sich selbst überlassen, bis die Eier gefressen werden oder aus ihnen der Nachwuchs schlüpft. Grubenottern bleiben in der Regel in der Nähe und bewachen ihr Gelege Tage und Wochen, bis die Jungen ausschlüpfen. Da Schlangeneier zu den allgemein begehrten Delikatessen der Natur gehören, ist die Mutter während ihrer Wache zweifelsohne einer Menge Bedrohungen ausgesetzt. Wenn sie bei der Verteidigung ihrer selbst und ihrer Jungen eine Chance haben soll, muss sie über Mittel verfügen, einen Übeltäter aufzuspüren und dessen Körpergröße abzuschätzen, bevor der Eindringling auf der Bildfläche erscheint. Dadurch dass sie die Körperwärme der herannahenden Bedrohung wahrnimmt, kann sie entscheiden, ob Widerstand nutzlos ist und sie sich besser davonschlängelt oder ob der Augenblick gekommen ist, sich aufzurichten, zu rasseln und zuzuschlagen.

IV
Anpassen

21

Spielend gewinnen

Neben der Liebe und einem guten Witz scheint auch der Spieltrieb etwas zu sein, das keinerlei Erklärung bedarf – ein heller Strahl beseelter Freude, die zu beobachten oder zu teilen ein so ungetrübtes Vergnügen ist, dass es keinerlei Rechtfertigung braucht. Die große, weite, wilde Welt ist ein einziger Spielplatz, und so mancher Naturforscher hat von seinem grenzenlosen Entzücken beim Anblick eines Walkalbs berichtet, das sich an der Seite seiner Mutter mit den bedächtigen, tollpatschigen Bewegungen eines aquatischen Elefanten im Wasser rollt und Purzelbäume schlägt, oder eines jungen Braunbären, der mit den Zähnen eine Blume pflückt und einer koketten spanischen Tänzerin gleich über eine Wiese tollt.

Doch vom biologischen Standpunkt aus ist die Frage, wie Spiel eigentlich im Lauf der Evolution entstanden ist und weshalb viele junge Säugetiere, Vögel, ja selbst ein paar Fische und Reptilien sich eindeutig damit vergnügen, nicht leicht plausibel zu beantworten. In der Natur entsteht nichts zum Spaß, wenn sich auch vieles von dem, was wir zu tun haben, am Ende so gut anfühlt, dass wir motiviert sind, es weiter zu tun. Und mag Spiel auch wie ein Geschenk aussehen, wie ein dicker, fröhlicher Eintrag auf der Habenseite der Lebensbuchführung, so verursacht es doch beträchtliche Kosten. Die stürmischsten Jungtiere der Natur, darunter Gabelböcke, Wanderratten und Menschenkinder, verbrauchen zwanzig Prozent der Kalorien, die sie nicht zum unmittelbaren Überleben benötigen, im Spiel. Das ist eine sehr große Portion an Energie, die da in zufallsorientierte und keiner Funktion dienende Aktivitäten – so die formale, wenngleich nicht gerade inspirierende Lexikondefinition des Spiels – investiert wird. Der beim Spiel vergeudete Brennstoff steht nicht im Dienst rascheren Heranwachsens und des Vorbereitens auf die letzte Bestimmung aller Organismen: die Fortpflanzung.

Nicht minder von Bedeutung ist der Umstand, dass Tiere, die in das offenkundige Ausleben ihres jugendlichen Elans vertieft sind – hüpfen, rangeln, eingebildeten Gegenständen hinterherjagen, einander anspringen und an den Mähnen knabbern –, beträchtliche Risiken in Bezug auf ihre Gesundheit und Sicherheit eingehen. Im Spiel setzen Jungtiere sich dem Zugriff von Räubern aus. Sie unternehmen waghalsige Manöver in Baumkronen, am Wasser oder auf Fenstersimsen und flirten mit den gebleckten Zähnen und ausgefahrenen Krallen ihrer Spielkameraden. Unter Berücksichtigung sämtlicher Kosten hätte die Evolution ihren Neulingen nie erlaubt, so frech und munter zu sein, wenn Frechheit und Munterkeit nicht von entscheidender Bedeutung für Wachstum und Leistung eines Tieres wären.

Angeregt durch einen vermehrten Respekt für die Gefahren des Spiels haben die Wissenschaftler sich bei ihrer Forschung in letzter Zeit einen überlegteren Ansatz zu Eigen gemacht und sind von den rein impressionistischen Betrachtungen und Beobachtungen zu tiefer gehenden Analysen der Physiologie und Psychologie des Spiels gelangt. Sie fragen, was mit Körper, Gehirn und Verhalten eines Geschöpfs vor sich geht, wenn es seine eigene wachsende Stärke so überschwänglich zelebriert. Sie haben Beweise dafür gesammelt, dass ein Tier genau dann am lebhaftesten spielt, wenn seine Gehirnzellen wie wild synaptische Verknüpfungen bilden und ein dichtes Netz neuronaler Verknüpfungen spinnen, die elektrochemische Botschaften von einem Gehirnbereich zum nächsten übermitteln können. Diejenigen Nervenzellen, die zu den übermütigsten Zeiten eines Tieres besonders große Mengen an Synapsen bilden, befinden sich im Kleinhirn, der für Koordination, Balance und Muskelkontrolle verantwortlichen Gehirnregion, die in ihrer Gestalt ein bisschen an einen Blumenkohl erinnert. Durch die intensive sensorische und physikalische Stimulation, die das Spiel mit sich bringt, werden Verknüpfungen zwischen Kleinhirnsynapsen gebildet und verstärkt, und dies wiederum beschleunigt die motorische Entwicklung. Andere Teile des Gehirns profitieren vermutlich ebenfalls von dieser Stimulation, und das ist womöglich der Grund dafür, dass Arten mit einem so großen Gehirn wie Primaten und Delfine so unglaublich verspielt sind. Bei diesen Tieren reift das Gehirn noch lange nach der Geburt weiter und benötigt daher so viele Kitzel aus der Außenwelt wie,möglich.

Die lebhaften Bewegungen im Spiel tragen überdies zur Reifung und Stärkung des Muskelgewebes bei. Dadurch, dass den Muskeln die unterschiedlichsten Nervensignale zugeleitet werden, sorgt das Spiel für das ordnungsgemäße Wachstum und die richtige Verteilung von Zuckungsfasern, die rasche Muskelkontraktionen leisten, und Tonusfasern, die für ausdauernde sportliche Leistungen benötigt werden. Untersuchungen zur Muskelentwicklung bei Mäusen, Ratten, Katzen, sogar bei Giraffen haben ergeben, dass Wachstum und Differenzierung der Fasern gerade dann am aktivsten sind, wenn sich die Tiere am verspieltesten zeigen.

Mögen auch die praktischen Notwendigkeiten eines sich differenzierenden Gehirns und wachsender Muskeln die Entstehung des Spiels erklären, so hat das Verhalten seither doch zusätzliche, sehr subtile Dimensionen gewonnen. Im Spiel können Tiere viele der Bewegungen üben, die sie als Erwachsene benötigen werden. Und bei verschiedenen Arten hat sich im Lauf der Evolution ein hoch ritualisierter Zeitvertreib entwickelt, der den jeweils sehr unterschiedlichen Bedürfnissen gerecht wird. Junge Antilopen, Lämmer und andere Pflanzenfresser spielen Spiele mit vorgetäuschtem Fluchtverhalten, bei denen sie vor nicht vorhandenen Räubern Reißaus nehmen – eine Kunst, die sie eindeutig beherrschen müssen, bevor sie auf eigene Faust sicher umherstreifen können.

Bei den Fleischfressern wie Katzen, Wölfen und Hyänen geben die Welpen vor, Beutetiere zu fangen: Sie pirschen sich an etwas heran, springen es an, verpassen ihm Tatzenhiebe, verbeißen sich darin und schütteln es knurrend. Junge Fledermäuse schießen in spektakulären Kurven hintereinander her, die den Manövern ähneln, die ausgewachsene Fledermäuse vollführen müssen, um ahnungslose Insekten zu erhaschen. Die Jungen des Großen Ameisenbärs, einem der ursprünglichsten Säugetiere, das mit grauer Substanz nicht allzu üppig gesegnet ist, vollführen dennoch komplexe Spielsequenzen, in denen Drohgebaren vorgetäuscht wird. Sie plustern ihr Fell auf wie eine gereizte Katze, heben eine Klaue und hüpfen auf den anderen drei drohend seitwärts, wobei sie mit der Heftigkeit eines halb verstopften Abflusskanals gurgeln und brüllen. Im Alter von etwa zwei Monaten wiederholen die Jungen dieses Ritual ein ums andere Mal und üben die Bewegungen, die später Räuber abschrecken oder andere Ameisenbären von einem besonders begehrten Ameisenhaufen vertreiben sollen. Frisch geschlüpfte Meeresschildkröten, die wegen ihrer Kaltblütigkeit auf allerkleinste Luftsprünge beschränkt sind, bringen es gleichwohl fertig, ein Vorderbein zu heben und vor dem Gesicht eines Spielkameraden rasch erzittern zu lassen – ein Verhalten, das die Männchen Jahre später bei ihrem Balzverhalten einsetzen werden.

Viele Arten betreiben Spielformen, die auf die Paarung und

auf die Jungenaufzucht vorbereiten. In einem Test wurde die Beziehung zwischen Spiel und Elternverhalten an jungen Ratten untersucht, die man zum Babysitten verpflichtet hatte. Die Wissenschaftler setzten bei diesem Experiment eine drei Wochen alte Ratte (das entspricht in etwa einem siebenjährigen Kind) zu einem Wurf Neugeborener. Zuerst versuchte die junge Ratte, mit den rosafarbenen kleinen Wesen zu spielen. Sie sprang sie an und wollte mit ihnen ringen, wie sie es mit Gleichaltrigen getan hätte. Sie knuffte und rempelte den regungslosen Haufen ein ums andere Mal an, aber ohne Erfolg. Binnen weniger Tage begann sie jedoch, in ihrem Verhalten sanfter zu werden und sich wie ein Elternteil zu benehmen. Wenn ein Junges davonkrabbelte, sammelte sie es vorsichtig wieder ein, und sie versuchte sogar, die Kleinen zu säugen. Das Spielverhalten von Nagetieren ist also offensichtlich ungemein formbar und ändert sich den Anforderungen seiner Umwelt entsprechend; in diesem Fall wandelte es sich vom hemdsärmligen Geraufe zu einem Training für elterliches Verhalten.

Bei sozial lebenden Arten übernimmt das Spiel zusätzlich die Rolle, einem Tier die Aufnahme in das Gruppenleben zu erleichtern, für das übertrieben selbstsüchtige oder feindselige Neigungen gezähmt oder ganz eliminiert werden müssen. Junge Rhesusaffen und Totenkopfäffchen verbringen beispielsweise ab ihrem dritten Lebensmonat die Hälfte ihrer Wachzeit mit Spielen. Je mehr ein Tier spielt, desto besser stehen seine Chancen, als Erwachsener zu einem gut integrierten Mitglied seiner Herde zu werden. Durch Scheinkämpfe lernt ein Tier, wann es nachgeben und wann es weiterkämpfen muss und wie es einen Kampf mit Anstand verliert. Primaten spielen überdies in Geschlechtergruppen: Die Männchen raufen lieber, während die Weibchen Fangspiele der körperlichen Auseinandersetzung vorziehen.

Affen, die als Jungtiere nicht viel spielen, mögen ihr Dasein am Ende zwar nicht direkt als Ausgestoßene fristen, aber sie sind weniger geschickt darin, Bündnisse mit anderen Affen einzugehen, und ihre Offerten gegenüber potenziellen Partnern haben einen eher mechanischen Charakter. Am Spiel scheint sich der entscheidende Qualitätsunterschied zwischen bloßem Überleben und echtem Gedeihen festzumachen.

Bei sozial lebenden Arten spielen die Erwachsenen beinahe ebenso engagiert wie die Jungtiere und festigen durch ihre Rituale die Bindungen zwischen einzelnen übel gelaunten Individuen von erregbarem Temperament. Das Halsbandpekari, ein überaus aggressiver Verwandter des Wildschweins, spielt mit seinen Rottengenossen mehrmals in der Woche ein raues Spiel. In Reaktion auf ein chemisches Signal, das von einem oder mehreren Mitgliedern der Rotte abgesondert wird, suchen sich die Pekaris einen vor Räubern geschützten und von Pflanzenbewuchs weitgehend freien Ort. Sobald der Platz gewählt und zum Anstoß gepfiffen ist, fangen die alten und die jungen Pekaris an, wild in die Luft zu schnappen, sich ineinander zu verbeißen, grunzend und quiekend hin und her zu springen und übereinander zu purzeln. Ähnlich dem Wettlauf in *Alice im Wunderland* hört der allgemeine Tumult genauso abrupt auf, wie er begonnen hat, und die Pekaris lassen sich zu einem Schläfchen nieder. Dieses Spiel schafft einen festen Gruppenzusammenhalt: Die Pekaris lieben jedes Mitglied ihrer Herde und hassen jeden anderen, und ihr ritualisierter Sport hilft ihnen, diesen fremdenfeindlichen Teamgeist zu bestärken.

Die meisten erwachsenen Tiere sind jedoch genauso spießig wie unsereiner und verbringen nicht allzu viel Zeit im Spiel miteinander. Wissenschaftler haben allerdings Beispiele für ausgiebiges Spielen zwischen Eltern und ihrem Nachwuchs beobachtet, was lange Zeit hindurch als eindeutig menschliches Merkmal gegolten hat. Die Braunbärenjungen in Alaska spielen mindestens ebenso viel mit ihren Müttern wie mit anderen Jungen; eine der beliebtesten Varianten ist es, in fester Bärenumarmung miteinander umherzukugeln. Gorillamütter spielen mit ihren Jungen »Kuckuck«, und Schimpansenmütter schneiden Grimassen.

Von entscheidender Bedeutung für die Evolution des Spiels ist die Entwicklung einer entsprechenden Spielsprache, eines Mittels, mit dem sich einem möglichen Spielkameraden übermitteln lässt: »Komm, spiel mit mir!« Oder wenn es allzu rau hergehen sollte: »Hör auf, ich mach' doch nur Spaß!« Da viele der Bewegungen, die im Spiel ablaufen, denen gleichen, die ein Tier zu weniger lustigen Anlässen bemüht – zum Töten beispielsweise –, muss das Tier seine spielerischen Absichten unzweifelhaft deutlich machen können. Jene Botschaften der guten Absicht können eine stereotype Gestalt annehmen. Wenn ein Welpe spielen will, nimmt er die bekannte einladende Aufforderungshaltung ein und robbt mit hoch gerecktem Hinterteil auf den Vorderpfoten vorwärts.

Ratten verfügen über ein eigenes Spielsignal. Als Einleitung für ein Spiel huscht eine Ratte plötzlich von einer anderen weg, bremst heftig ab und wirft sich als Zeichen freiwilliger Unterwerfung und Verletzlichkeit auf den Rücken – ein Verhalten, das man bei Nagetieren nicht eben häufig findet. Verabreicht man einer Ratte ein Präparat, mit dem sich die speziellen neuronalen Übertragungswege blockieren lassen, die für das Herumwerfen verantwortlich sind, lässt ihr Talent, andere zum Spiel zu überreden, empfindlich nach. Ihre potenziellen Spielpartner beobachten, wie das manipulierte Tier von einer Käfigecke in die andere flitzt, und warten darauf, dass es sich in der sonst typischen Weise auf den Rücken wirft. Bleibt dies aus, rümpfen sie geringschätzig die Nase – ein bisschen so wie die Starkicker der Schule reagieren, wenn das ungeschickteste Kind der Klasse sie um einen Platz im Team bittet.

In all seiner potenziellen Grausamkeit und Härte übertrifft das Spiel unter Kindern in seiner Komplexität das jeder anderen Art. Durch Spiele, Tobereien und alle möglichen Fantasien üben Kinder viele Fertigkeiten, die sie als Erwachsene benötigen werden. Wie bei anderen Tieren hat auch bei ihnen das Spiel eine starke physische Komponente, die der Ausbildung synaptischer Verknüpfungen zwischen den Neuronen und der Reifung verschiedener Arten von Muskelgewebe dient. Und wie bei anderen sozial lebenden Tieren lernen auch Kinder im Spiel die Kunst des Zusammenlebens – des Gebens und Nehmens, der Umwandlung des momentanen Bedürfnisses, einen Altersgenossen gründlich zu verprügeln, in eine weniger verbissene Form von Rauferei.

Kinder teilen mit anderen Primaten auch den ausgeprägten Hang, sich nach Geschlechtern aufzuteilen und getrennt unterschiedlichen Aktivitäten nachzugehen. Wie pazifistisch ihre Eltern auch veranlagt sein mögen, kleine Jungen lieben heftige körperliche Auseinandersetzungen, Scheinkämpfe, Gerangel, Geschrei und die Gelegenheit, jeden Gegenstand, der länger als breit ist, in ein imaginäres Maschinengewehr zu verwandeln. Mädchen vollführen kaum je Spielkämpfe und scheinen Spiele zu bevorzugen, die ein hohes Maß an Koordinationsvermögen voraussetzen: Himmel und Hölle, Seilhüpfen oder Fangen – Vorlieben, die sehr an die erinnern, die auch andere junge Primatenweibchen hegen. Und je nach Kultur üben Mädchen häufig Elemente der Mutterrolle, entweder im Spiel mit Puppen oder indem sie sich beim Eltern-Kind-Spiel gegenseitig als Kinder erziehen. Doch welcher Anteil am Unterschied zwischen den verschiedenen Spielstilen einer angeborenen Veranlagung zu verdanken ist und welcher durch die jeweilige Sozialisierung zustande kommt, das ist eine der Fragen, die sich jeglicher Lösung zu entziehen scheint.

Menschen benutzen das Spiel auch, um Sprache beherrschen zu lernen. Säuglinge beginnen mit spielerischem Gebrabbel. Kleinkinder experimentieren mit den verschiedensten Wortkombinationen. Größere Kinder erfinden Geschichten und Märchen und versuchen sich durch Dinge wie Zungenbrecher und Rätsel direkt mit dem Wesen der Sprache. Mädchen zeigen häufig bessere verbale Fertigkeiten als Jungen, doch ob dies einen Unterschied zwischen den Gehirnen von Jungen und Mädchen reflektiert oder dadurch zustande kommt, dass Mütter mit ihren Töchtern mehr reden als mit ihren Söhnen, ist ungeklärt.

Und noch etwas unterscheidet uns vom Rest des Tierreichs: die Tatsache, dass Spielkämpfe zwischen Kind und Erwachsenem bei nicht menschlichen Arten in der Regel vom Jungtier begonnen werden. Beim Menschen ist das Baby jedoch so lange unfähig, von selbst etwas zu unternehmen, dass die Eltern den ersten Schritt zum Spiel tun. Sie kitzeln den Säugling am Bauch und an den Füßen, klimpern mit ein paar Schlüsseln, spielen Fingerspiele, singen »Alle meine Entchen« und heimsen als Lohn all dessen das unvergleichliche Strahlen eines zahnlosen Babylächelns ein. Dieses Bedürfnis des Erwachsenen, mit den Jungen Spiele zu spielen, ist ein universelles Lebenselement. Den Jungen dient es als Stimulation zur Entwicklung von Körper und Gehirn, dem Erwachsenen ist es Balsam für seine müde Seele.

22

Hormone und Hyänen

Ihrem allgemeinen Ruf zufolge sind Hyänen grässliche Räuber mit räudigem Fell, wild aufgerissenem Maul und einem hysterisch anmutenden Gelächter als Verständigungsruf. Es ist also keine geringe Überraschung, in den Gehegen einer abgelegenen Forschungsstation auf den Hügeln Berkeleys zu entdecken, dass dieses Biest in Wirklichkeit eine Schönheit darstellt – ein Geschöpf, das Zoll um Zoll nicht weniger ein König ist als jener so gefeierte Fleischfresser, der Löwe. Sein espressobraunes Gesicht ist zärtlich und stark zugleich, vertraut und fremd in einem. Es vereint Züge des Braunbären mit einem Hauch von Schneeleopard und sogar einem Schimmer von Seelöwe. Seine Hinterbeine sind um einiges kürzer als seine Vorderläufe – ein ungewöhnlicher Körperbauplan, der es ihm ermöglicht, seine Beute über große Entfernungen hinweg zu verfolgen. Brust und Nacken sind ein dichtes Geflecht aus kräftigen Muskeln, die es einem Tier von gerade einmal der Größe eines Schottischen Schäferhundes ermöglichen, den Schädel eines büffelgroßen Wildtieres zu zerbeißen.

Die Tüpfelhyäne pulverisiert ihre Beute förmlich. Weit davon entfernt, liegen gebliebenes Aas zu vertilgen, wie der Volksmund es will, ist Crocuta crocuta der unbarmherzigste aller Jäger und hat in der Serengeti mehr Wild auf dem Gewissen als jeder andere Fleischfresser. Die Tüpfelhyäne ist überdies der effizienteste unter allen dort ansässigen Verbrauchern und verzehrt Fleisch, Knochen, Hufe, Zähne und

Pelz ihrer Opfer – alles mit Ausnahme des Geweihs. In weniger als einer halben Stunde vermag eine Gruppe von zwei Dutzend Hyänen ein 5-Zentner-Zebra auf einen Blutfleck am Boden zu reduzieren. Sie fressen so große Knochenmengen, dass ihr Kot am Ende wie Kalk aussieht.

Das auffälligste Merkmal der Tüpfelhyäne ist jedoch ihre Hormonbilanz. Im Mutterleib sind sowohl männliche als auch weibliche Feten Schwindel erregenden Mengen an männlichen Hormonen – Testosteron in erster Linie – ausgesetzt. Die Folge dieser Androgenschwemme ist, dass beide Geschlechter mit männlich wirkenden Genitalien geboren werden. Beim Männchen liegt die Standardausrüstung vor. Das Weibchen weist eine stark vergrößerte Klitoris auf, die einem Penis ähnelt, sowie miteinander verschmolzene Schamlippen, die einem klobigen Paar Hoden gleichen. Beide Geschlechter bekommen bei jeder sich bietenden Gelegenheit eine Erektion, zum Beispiel wenn sie einen Fremden beschnüffeln oder einen Freund begrüßen. Doch die beiden Geschlechter mögen zwar gleich aussehen, aber sie sind es keineswegs. Das Weibchen hat das Sagen.

Das endokrine System der Hyäne und seine außergewöhnliche Wirkung auf die weiblichen Genitalien und das weibliche Verhalten kennen in der Klasse der Säugetiere nicht ihresgleichen. Doch wie es in der Wissenschaft so häufig der Fall ist, können Ausnahmen auf eindrucksvollste Weise die Regel bestätigen. Die Biologen, die dort oben auf den dornigen braunen Hügeln Berkeleys oder in den buschbestandenen afrikanischen Savannen südlich der Sahara Hyänen untersuchen, stehen auf dem Standpunkt, dass ihre Ergebnisse imstande sein werden, etliche der allgemeinen Rätsel in Physiologie und Verhaltensforschung zu lösen, unter anderem die Frage, wie Androgene und Östrogene gemeinsam die Sexualentwicklung bei Säugetieren beeinflussen. Schon jetzt werfen ihre Entdeckungen die herkömmlichen Vorstellungen von Testosteron und seiner vermeintlich zentralen Rolle bei der Entstehung dominanter Verhaltensweisen über den Haufen und legen den Schluss nahe, dass für viele Säugetiere, uns selbst eingeschlossen, bei der Entstehung und Abstimmung einer genuinen Persönlichkeit andere Elemente viel wichtiger sind als die Steroidhormone.

Frisch zur Welt gekommene Hyänenwelpen sind die mit Abstand streitsüchtigsten Neugeborenen unter den Säugetieren. Sie sind derart aufs Kämpfen eingestellt, dass sie, kaum geboren, übereinander herfallen, und nicht selten bleibt einer der beiden auf der Strecke. Doch die Aggression ist nicht allein eine Frage überdurchschnittlicher Mengen an männlichen Hormonen. Mit zunehmendem Alter fällt der Testosteronspiegel bei den Weibchen drastisch ab, bis weit unter den von Männchen. Dennoch bleiben sie weitaus kampflustiger und unfreundlicher, hochmütige Prinzessinnen allesamt. Ich sollte in Berkeley einmal eine Portion Pferdefleisch an zwei Hyänen, Männchen und Weibchen in einem Käfig, verfüttern: Das Männchen rührte sich keinen Millimeter, um seinen Anteil zu erkämpfen. Es zuckte mit keinem Schnurrhaar und hob nicht einmal die Pfote, bis das Weibchen satt war.

Trotz ihrer maskulinen Anatomie und ihres dominierenden Verhaltens erfüllen weibliche Hyänen ihre feminine Rolle auf das Geschickteste. Sie bringen es fertig, über eine winzige Klitorisöffnung zu kopulieren und durch dasselbe penisartige Organ ihre Jungen zur Welt zu bringen. Dem Beobachter – insbesondere dem männlichen Betrachter – müssen diese Dinge unerträglich schmerzhaft vorkommen, doch wird das Ganze offenbar dadurch erleichtert, dass die Östrogenkonzentration in zeitlich genau abgestimmter Folge drastisch ansteigt und die Haut weich und elastisch macht.

Die Hyänengeschichten haben einen besonderen Reiz für die großen Brückenbauer in der Biologie. Der Großteil biologischer Forschung lässt sich zwei Lagern zuordnen. Beide gründen ihre Ideologie auf eine Frage der Größe: Makro gegen Mikro, den Organismus als Ganzes gegen das Molekulare. Die Feldbiologie beliefert uns mit den Betriebsbedingungen und Schwierigkeiten von Tieren in freier Wildbahn, wenn diese, sich selbst überlassen, ihrem eigenen zirkadianen Rhythmus folgen. Die Laborbiologie bedient uns mit elegant gereinigten und charakterisierten Molekülen – Genen, Proteinen, Hormonen und den schlüpfrigen Lipiden, die eine Zelle umhüllen. Die Untersuchung von Hyänen gehört zu den wenigen Bestrebungen, das Getrennte zu vereinen und Feldbeobachtungen mit einer detaillierten biochemischen und molekularen Analyse der Hormone und Gene zusammenzubringen, die das tierische Verhalten beeinflussen.

Diese Konvergenz der Standpunkte könnte unter Umständen zu einer Versöhnung anderer vermeintlich unüberbrückbarer Gegensätze führen und uns helfen, Licht in die Frage zu bringen, wie das hormonelle Yin und Yang der Östrogene und Androgene in jedem Einzelnen von uns funktioniert – oder gelegentlich eben nicht funktioniert. Das Stein-Leventhal-Syndrom beispielsweise, eine kleinzystische Degeneration der Eierstöcke, bei der Frauen abnorm hohe Mengen an Androgenen produzieren und dadurch in vielen Fällen unfruchtbar werden, kommt – so vermutet man – unter Umständen durch eine Hormonsituation zustande, die der bei schwangeren Hyänen vergleichbar ist. Wenn man versteht, wie weibliche Hyänen mit hohen Testosteronkonzentrationen zurechtkommen, ohne unter schädlichen Nebenwirkungen zu leiden, gelangen wir vielleicht zu einem besseren Verständnis der Wirkung von Androgenen auf den Körper einer Frau, ein Thema, das bislang großenteils unerforscht ist.

Tüpfelhyänen sind die größten und zahlreichsten Mitglieder der Hyänenfamilie. Zu dieser gehören insgesamt drei Arten, die oberflächlich betrachtet allesamt hundeartig aussehen, in Wirklichkeit aber den Schleichkatzen nahe verwandt sind (sie gehören in dieselbe Überfamilie wie Mungos, Erdmännchen und Zibetkatzen). Die Tüpfelhyäne ist die einzige Art, bei der das Weibchen über vermännlichte Geschlechtsorgane verfügt, weshalb diese Tiere lange Zeit hindurch viel Aufmerksamkeit – und Abscheu – erregt haben. Die Autoren eines Bestiariums aus dem zwölften Jahrhundert schrieben über die Tüpfelhyäne: »Ihr Wesen besteht darin, im einen Moment männlich zu sein, im nächsten Augenblick weiblich, und deshalb ist sie ein unreines Vieh.« Ernest Hemingway, leidenschaftlicher Großwildjäger, als Naturforscher hingegen eher nachlässig, wiederholte in seinen Memoiren den Mythos, dass Hyänen Hermaphroditen seien. In den sechziger Jahren war der Wissenschaft hinlänglich bekannt, dass das Weibchen lediglich männlich aussieht, doch der biochemische Mechanismus, mit dem sich erklären ließ, wie es dazu kommt, blieb zu klären.

Mitte der achtziger Jahre holten die Wissenschaftler in Berkeley sich zwanzig Babyhyänen aus Afrika, um an ihnen Endokrinologie und Verhalten dieser Tierart zu studieren. Die Hyänen wurden hoch oben in den Hügeln in geräumigen Gehegen von Hand großgezogen und sind inzwischen erwachsen – sie wiegen um die zwei Zentner –, und sie gebärden sich untereinander nicht weniger wild als in freier Wildbahn. Ihren Zieheltern sind sie jedoch zugetan und lassen sich liebend gern auf ihrem Schoß nieder, um sich ihr borstiges Feld tüchtig kraulen zu lassen. Sie beißen nur, wenn man sie erschreckt. Sie sind aber insgesamt immer noch so reizbar, dass jeder, der mit ihnen arbeitet, dies anhand einiger Narben belegen kann.

Durch vergleichende Studien zwischen Tieren in Gefangenschaft und deren wilden Cousins in Afrika haben die Bio-

212

logen gelernt, dass Hyänen einer starren Hierarchie gehorchen, in der das herrschende Weibchen und deren Nachkommen die anderen derart unter der Fuchtel haben, dass ein ausgewachsenes, kräftiges Männchen selbst vor dem mickrigsten Jungtier des dominanten Weibchens kapituliert, wenn ein Clan beschlossen hat, irgendeinen Pflanzenfresser zu zerlegen. Biologen, die seit den siebziger Jahren das Schicksal von Hyänenrudeln verfolgen, beschreiben deren Hierarchie als eine dynastische: Die Großenkel der ursprünglichen Herrscherin besetzen die dominanten Positionen im Rudel, und die Nachfahren derer, die ganz unten in der Hierarchie stehen, sind auch Jahrzehnte später immer noch in unterlegener Position. Die Umgangsformen sind nicht minder starr als die Hierarchie. Wenn zwei Hyänen aufeinander treffen, stehen sie nicht Auge in Auge, sondern Hinterteil an Vorderteil. Das unterlegene Tier hebt auf der Stelle einen Hinterlauf und bietet so seine verwundbaren Genitalien den Zähnen der überlegenen Hyäne dar – eine Unterwerfungsgeste, die extreme Verwundbarkeit und Vertrauen signalisiert. Wie ein Offizier den Gruß eines Rekruten erwidert, hebt sodann die überlegene Hyäne ein Bein und gestattet der geringeren ebenfalls, sie zu beschnüffeln.

Bei all dem Genitaliengetue im Mittelpunkt des Zusammenlebens von Hyänen erhebt sich die drängende Frage: Woher bezieht das Hyänenweibchen seinen Modeschmuck? Bei den meisten Säugetieren erwächst dem männlichen Fetus seine maskuline Gestalt durch die Gnade seiner knospenden Hoden, die das notwendige Testosteron produzieren, um die übrigen Genitalien zu formen. Das durchschnittliche Säugerweibchen, dem diese private Androgenquelle abgeht, entwickelt seine Genitalien getreu dem ihm von Geburt an eigenen Programm. Übrigens verdankt es seine femininen Formen der puffernden Wirkung der Plazenta: Im Blut des Muttertiers zirkulieren geringe Mengen an Testosteron – bei allen Säugetieren ist das Hormon des anderen Geschlechts in geringen Mengen vertreten –, die Plazenta aber wandelt das mütterliche Testosteron in eine harmlose Östrogenvariante um, die den Fetus nicht erreichen kann und somit ohne Wirkung auf dessen Genitalwachstum bleibt.

Die Hyäne aber ist weder ein durchschnittliches Weibchen noch eine durchschnittliche Herrscherin. Im Blut der Hyänenmutter zirkulieren horrende Mengen eines weit verbreiteten Säugerhormons, des Testosteronvorläufers Androstendion. Endokrinologen haben dieses Hormon lange als wenig wirksam abgetan, doch die Hyänengeschichte lässt einen anderen Schluss zu. Bei der Hyänenmutter fungiert die Plazenta nicht als Schutz vor Hormonen im mütterlichen Blut, sondern sie formt den Vorläufer Androstendion zu explosiven Mengen an Testosteron um. Feten beiderlei Geschlechts werden auf diese Weise Testosteronmengen ausgesetzt, die bei weitem alles übersteigen, was ein männlicher Fetus selbst produzieren könnte.

Hinzu kommt, dass die Tragzeit bei Hyänen ungewöhnlich lang ist. Sie dauert hundertzehn Tage und ist damit zwei Wochen länger als die des weit größeren Löwen. Im Verlauf dieser ausgedehnten Schwangerschaft erwachsen den Weibchen nicht nur männliche Genitalien, sondern es bekommen auch alle Feten die Chance heranzureifen. Sie werden so groß, dass sie beim Durchtritt durch ihren ungewöhnlichen Geburtskanal nicht selten die mütterliche Klitoris einreißen. Sie kommen mit offenen Augen, ausgebildeter Muskelkoordination und, ungewöhnlich für Neugeborene, mit bereits durchbrochenen Zähnen zur Welt. Die Kombination aus der Wirkung des Testosterons und der bereits ausgereiften kriegerischen Ausrüstung hat oft tödliche Konsequenzen, und obwohl Hyänenjunge in der Regel zu zweit geboren werden, bleiben sie meist nicht lange ein Pärchen. Die meisten Neugeborenen suchen nach den Zitzen der Mutter, Hy-

änenjunge jedoch suchen nach dem Nacken ihres Geschwis-
ters. Binnen weniger Stunden tötet meist das eine Jungtier
das andere, vor allem dann, wenn beide demselben Geschlecht angehören. Diese Art von Brudermord ist unter Säugetieren ziemlich selten.

Diese Feindseligkeit im Säuglingsalter ist fast ausschließlich der Wirkung des Testosterons zuzuschreiben. Wenn die
Jungen heranwachsen, werden Hormon- und Verhaltenspro-
file komplexer. Junge Männchen und Weibchen verfügen
über annähernd gleiche Androgenspiegel im Blut, doch die
Weibchen spielen weit raubeiniger und heftiger als die
Männchen. Und selbst wenn die Weibchen heranreifen und
ihnen ihre Ebenbürtigkeit in punkto Testosteron abhanden
kommt, bleiben sie unverändert unbezähmbar. Diese lebenslange Aggressivität lässt vermuten, dass an der Ausbildung
der weiblichen Persönlichkeit außer Testosteron noch andere Hormone beteiligt sind. Der nahe liegendste Kandidat für
eine solche »Beißzangen«-Substanz ist das Vorläuferhormon
Androstendion, das bei weiblichen Hyänen in großen Mengen vorkommt und im Gehirn womöglich ähnlich wirken
könnte wie Testosteron. Wenn sich dies als zutreffend erweisen sollte, hätten wir damit womöglich auch einen Hinweis
auf die Ursachen weiblicher Aggressivität bei anderen Säugern. Primatenweibchen – Menschen eingeschlossen – weisen beträchtliche Mengen an Androstendion auf, und das
könnte erklären, warum Frauen unter gewissen Umständen
höchst aggressiv sein können, auch wenn ihr Testosteronspiegel im Schnitt nur ein Zehntel so hoch ist wie bei Männern.

Hinter dem kriegerischen Verhalten weiblicher Hyänen
steht das unbarmherzige Diktat ihrer Lebensweise. Wenn
Hyänen sich an einem frisch erlegten Beutetier gütlich tun,
verfallen sie in eine Art Rausch. Sie gönnen sich zwischen
den hastig heruntergeschlungenen blutigen Bissen kaum

eine Pause zum Luftholen. Da gibt es keine Kooperation beim Fressen, kein Teilen, kein »Gib mir doch bitte mal ein Stückchen Niere«. Ein derart hitziges Fressverhalten kann die Evolution weiblicher Aggressivität durchaus begünstigt haben, mussten die Weibchen sich doch durchsetzen, damit ihre Jungen zu ihrem Recht kamen. Hinzu kommt, dass die Weibchen das soziale Rückgrat eines Hyänenclans bilden: Tanten, Schwestern, Mütter und Töchter leben miteinander, und nur eine begrenzte Anzahl an Männchen wird zur Zeugung der Nachkommen in der Nähe geduldet. Bei Erreichen der Geschlechtsreife müssen die Männchen den Clan verlassen, und die Weibchen bewachen das von ihnen besetzte Revier gegen aufdringliche Junggesellen. Vielleicht hat also die Struktur der Hyänengesellschaft die hormonellen Bedingungen begünstigt, aus denen eine Rasse tierischer Amazonen hervorgegangen ist. Das aber wirft ein weiteres Rätsel auf: Männliche Zudringlichkeit ist für die Weibchen vieler Arten ein Problem; weshalb haben sich dann nicht mehr von ihnen die Erfahrungen der Hyänen zum Vorbild genommen und gelernt, härter zurückzuschlagen?

23

Der gefährdetste Primat
der Welt

Das Fingertier oder Aye-Aye ist ein Geschöpf, das sich nur beschreiben lässt, indem man es Stück für Stück mit anderen Dingen und Tieren vergleicht: Es hat die Größe einer Katze, die Ohren einer Fledermaus, die Schnauze einer Ratte, einen Schwanz wie ein Hexenbesen und einen langen, knochigen Mittelfinger, der sich an der Hand eben jener Hexe prächtig machen würde. Seine Zähne sind so stark wie die eines Bibers, und seine Augen stehen hervor wie bei einem Frosch. Und wenn ein Fingertierbaby schreit, dann klingt es wie eine quietschende Badewannenente – vor allem wenn es von einer Besucherin, die bemüht ist, einerseits dem kleinen Geschöpf nicht wehzutun und andererseits Schaden von sich selbst abzuwenden, so ungeschickt gehalten wird.

Schließlich war dies das erste Fingertier, das außerhalb seiner natürlichen Heimat Madagaskar in Gefangenschaft geboren worden ist, und diese Geburt signalisiert möglicherweise eine gravierende Wende im Schicksal dieses Tieres, das man lange Zeit für den am meisten gefährdeten Primaten der Welt gehalten hatte. Es war eine große Ehre für mich, das drei Wochen alte Jungtier auf den Arm nehmen zu dürfen und sein raues Fell, seine bebenden, gegen jede Berührung protestierenden Muskeln und sein kleines vor Angst und Zorn pochendes Herz zu spüren.

Die Forscher am Primatenzentrum der Duke University erzählten überaus plastisch von den zahllosen Versuchen des Jungen, seine wohlmeinenden Zieheltern zu beißen, und davon, dass die Zähne eines Aye-Ayes imstande sind, in Sekundenschnelle eine Kokosnuss zu köpfen. Als das knapp ein drei Viertel Pfund schwere Wesen schließlich einen schrillen Schrei ausstieß und sich verdächtig hin und her wand, konnte ich mich der blitzartigen Überlegung nicht erwehren, ob der kleine Schatz wohl großen Schaden nehmen würde, wenn ich ihn jetzt einfach auf den Boden fallen ließe. Und als dann der Leiter des Zentrums, der Primatologe Elwyn L. Simons, beschloss, dass es nunmehr an der Zeit sei, das kleine Wesen seiner Mutter zurückzugeben, konnte ich nur zustimmend nicken und das Tierchen eilfertig in seine Hände übergeben, als handle es sich um ein Baby, dessen Windeln dringend zu wechseln wären.

Simons ist von rundlicher Statur, spricht bedächtig, schreitet mit der Ruhe eines Panters einher und kann mit kolossaler Genauigkeit die Verhaltensweisen der gefährdeten Primatenarten in seiner Obhut nachahmen. »Schauen Sie her, schauen Sie, so trinkt ein Aye-Aye«, ruft er, während er mit seinem Finger immer wieder vor- und zurückschnellt, aus einer imaginären Kokosnuss imaginäre Kokosmilch in seinen Mund schöpft und demonstrativ dabei schlürft. Wenn er in eine Banane beißt, grinst er verschlagen und ist sich des Bildes, das er soeben abgibt, voll bewusst.

Seine kleinen Albereien aber tun seinem würdevollen Wesen und der Ernsthaftigkeit seines Anliegens keinerlei Abbruch. Simons und andere Wissenschaftler an verschiedenen Zoos und Universitäten ringen darum, das Aye-Aye und andere Lemuren vor der Ausrottung zu bewahren. Die heute lebenden dreißig Lemurenarten sind in ihrem Vorkommen nahezu ausnahmslos auf Madagaskar beschränkt. Da die Wälder dieser Insel vor der afrikanischen Ostküste schwinden, teils schon geschwunden sind, weil die verarmte und rasch anwachsende Bevölkerung sie dort für ihr eigenes Überleben rodet und abbrennt, gelten alle dreißig Arten als gefährdet. Zu den verzweifelten Anstrengungen, die Lemuren vor dem Abgrund zu retten, gehört auch ihre Zucht in Gefangenschaft. Man hofft, so wenigstens einige von ihnen in den Nationalparks und Reservaten Madagaskars wieder auswildern zu können und auf diese Weise unter anderem das Wachstum der Ökotourismus-Branche auf der Insel zu fördern – ein Ansatz übrigens, der in verschiedenen Teilen Afrikas und Lateinamerikas überraschend gut funktioniert hat. Man hofft auch, nebenbei alles Erdenkliche über die Bedürfnisse, Gewohnheiten, Balzrituale und die Ernährung der Lemuren sowie alles Mögliche andere zu lernen, was den Tieren die Chancen auf ein Überleben in Freiheit verbessern hilft. Als Tiergruppe sind die Lemuren weit weniger gut untersucht als beispielsweise Schimpansen, Gorillas und Paviane.

Obwohl die Lemuren zu den Prosimiae oder Halbaffen gehören und im Hinblick auf Gehirn und Sozialleben als primitiver angesehen werden als die eigentlichen Affen, sind sie in ihrer Lebhaftigkeit bezaubernd. Manche gleichen ihren Gesichtern nach sonderbaren kleinen Mönchen, andere haben die unglaublich blauen Augen eines Paul Newman. Der Diademsifaka, ein schlanker Akrobat mit flaumiger Pelzkappe, hüpft in bedächtigen Seitwärtssprüngen von Ast zu Ast. Der fünfzehn Zentimeter große Mausmaki, dessen Aussehen seinem Namen alle Ehre macht, ist der kleinste Primat der Welt; die ausgestorbene Gattung Megaladapis gehörte mit fast zwei Metern zu den größten.

Im bei der Aufzucht von Lemuren bislang erfreulich erfolgreichen Duke Center turnen auf fünfundzwanzig Hektar an Freigehegen mehr als vierhundert Repräsentanten von fünfzehn verschiedenen Arten durch die Wälder von North Carolina. Sie können sich zanken, jagen und paaren, ihre Jungen aufziehen, einander mit ihren kammähnlichen Gebissen lausen und in jeder Hinsicht auf Lemurenart unter Bedingungen leben, die denen der madagassischen Wildnis ganz ähnlich sind – außer dass die Freigehege von elektrischen Zäunen umgeben sind, die einem womöglich allzu wanderlustigen Lemuren einen leichten Schock versetzen. Von besonderem Interesse für den Primatologen ist die Tatsache, dass die Lemuren eine Art lebendes Fossil darstellen, ein Wesen, das durch den glücklichen Umstand seiner geografischen Isolation überlebt hat. Überall sonst sind die Lemuren ausgestorben. Sie wurden von den größeren und aggressiveren Affen und Menschenaffen verdrängt. Die Halbaffen aber, die vor etwa fünfzig Millionen Jahren vom afrikanischen Festland nach Madagaskar gekommen sind, indem sie auf Treibholz hinübergeschwemmt wurden, konnten ohne den Druck der höheren Affen, ja sogar ohne die Bedrohung durch größere Räuber gedeihen. Als wandernde, fühlende Fossilien vermitteln uns die Halbaffen Einblicke in die frühe Evolution des Sozialverhaltens bei unseren Primatenvorfahren.

Außerdem gehören die Lemuren zu der Hand voll Säugetiere, bei denen die Standardaufteilung der Geschlechterrollen vertauscht ist. Bei den meisten höheren Primaten sind die Männchen größer als die Weibchen und dominieren diese in vielen Fällen. Bei den Lemuren aber haben Weibchen und Männchen ungefähr die gleiche Größe, und bei ihren Auseinandersetzungen behält das Weibchen die Oberhand. Es entlockt dem Männchen unterwürfige Verhaltensmuster und verscheucht es, wenn es verärgert ist.

Welches Geschlecht auch vordergründig das Sagen hat, gegenwärtig hält kein Lemur sein Geschick selbst in der Hand, sondern sie alle sind auf das Gewissen Fremder angewiesen. Von allen gegenwärtig betriebenen Anstrengungen, Lemuren am Leben zu erhalten, ist keine so schwierig wie der Feldzug zur Rettung des Fingertiers. Dieser Primat leidet nicht nur genau wie alle anderen Lemuren unter einem fortschreitenden Verlust an Lebensraum, sondern er hat auch ein ernsthaftes Imageproblem, das ihn besonders verwundbar macht. Den meisten Lemuren zollen die Madagassen großen Respekt. Sie betrachten sie mit Zuneigung und nennen sie »die kleinen Menschen des Waldes«. Das Fingertier hat jedoch keinen Anteil an all den Freundlichkeiten. Es gilt als böses Omen, als Vorbote des Todes. Einer Legende zufolge ist derjenige, auf den das Aye-Aye mit seinem Mittelfinger deutet, dazu verdammt, bald einen schrecklichen Tod zu sterben. Um sich vor diesem Fluch zu schützen, töten viele Madagassen jedes Fingertier, das ihnen unter die Augen kommt, und befestigen das tote Tier auf einem Pflock an einer Wegkreuzung in der Hoffnung, dass ein Fremder vorbeigehen und das Unheil des Aye-Aye auf sich ziehen möge.

Die Tabus um das Aye-Aye durchdringen das Denken dermaßen, dass manche sogar glauben, der Primat, dessen wissenschaftlicher Name Daubentonia madagascariensis lautet, verdanke seinen Trivialnamen dem madagassischen Ausdruck für »Kenne ich nicht« – und spiegele damit wider, dass bereits die Erwähnung seines Namens Unglück bringt. Einer der Gründe, weshalb das Fingertier mit so viel Argwohn beäugt wird, ist seine fremdartige Erscheinung. Es gleicht keinem anderen Primaten auf der Erde; im achtzehnten Jahrhundert wurde es von französischen Forschern sogar zu den Eichhörnchen gezählt. Sein langes Fell schimmert in staubigem, abstoßendem Dunkelgrau, und im Dunkeln zeigen seine gelben Augen ein dämonisches Leuchten. Es läuft mit ruckartigen, aggressiven Bewegungen und sieht aus, als wolle es einem jeden Augenblick ins Gesicht springen. Auch hat es die gefährliche Angewohnheit, dem Menschen gegenüber Neugier zu zeigen, wodurch es für denjenigen, der es töten will, eine leichte Beute wird. Dass das Fingertier noch nicht vollständig ausgerottet ist, liegt vielleicht unter anderem an seiner Nachtaktivität. In den meisten madagassischen Dörfern fehlt es an Elektrizität, sodass die Menschen sich im Allgemeinen nach Sonnenuntergang, bevor sich das Fingertier auf Jagd begibt, in ihre Häuser zurückziehen.

Doch der Primat hat seine Reize. Sein Gehirn ist größer und gefurchter als das jedes anderen Halbaffen, was auf eine womöglich höhere Intelligenz schließen lässt. Sein Gehör ist so gut, dass es durch Klopfen auf einen Baumstamm Hohlräume aufspüren kann, in denen sich die von ihm so begehrten Käferlarven befinden. Mit seinen vier messerscharfen Vorderzähnen, die im Unterschied zu anderen Primaten ein Leben lang nachwachsen, nagt es dann ein Loch in den Stamm. Und dann ist da natürlich noch der außerordentlich auffällige Mittelfinger des Aye-Aye, ein langes, dünnes Gebilde, das in jede Richtung beweglich ist. Der Finger ist sein Allzweckwerkzeug zum Abklopfen von Baumstämmen, zum Eieranbohren, zum Herauslöffeln der Flüssigkeit aus den Eiern und um Milch aus Kokosnüssen zu ergattern.

Da Fingertiere Nachtgeschöpfe sind und die lange, nasse madagassische Regenzeit die meisten Forscher abschreckt, sind diese Tiere nur wenig untersucht worden. Doch was man bislang weiß, weckt den Appetit auf mehr. Man hatte die Fingertiere lange für mehr oder weniger solitär lebende Tiere gehalten. Inzwischen hat sich aber gezeigt, dass sie in Wirklichkeit relativ sozial leben. Sie bauen große Schlafnester in Astgabeln und tauschen jede Nacht ihre Kojen miteinander. Ihr Liebesspiel folgt den Empfehlungen des *Kamasutra*. Wenn ein Weibchen paarungsbereit ist, hängt es sich mit dem Kopf nach unten an einen Ast. Das Männchen bringt sich in Position, indem es seine Beine um die Fesseln des Weibchens schlingt, sich seinerseits mit dem Kopf nach unten hängt und seine Angebetete um die Taille fasst, wobei das gesamte Gewicht vom Weibchen gehalten wird. Anschließend kopuliert das Pärchen für ein bis zwei Stunden – weit länger als andere Primaten. Im Verlauf dieser baumelnden Kopulation klettern andere Männchen den Baum hinauf und versuchen, das erfolgreiche Männchen abzudrängen, um selbst zum Zuge zu kommen. Das Weibchen paart sich unter Umständen mit mehreren Partnern, bevor seine Brunst zu Ende ist. Die Trächtigkeitsdauer ist mit hundertvierzig Tagen eine der längsten bei den Lemuren.

Der neugeborene Lemur, den ich im Duke Center so locker gestreichelt hatte, war sechs Monate zuvor bei eben solcher Gymnastik in den madagassischen Wäldern empfangen worden. Seine Mutter wurde gefangen und nach North Carolina gebracht, wo sie auf drei andere Artgenossen traf. Falls die Fingertiere sich in Gefangenschaft erfolgreich fortpflanzen, wird das Primatenzentrum die Nachkommen an verschiedene amerikanische Zoos liefern. Der einzige Zoo der westlichen Hemisphäre, in dem es gegenwärtig Aye-Ayes zu betrachten gibt, ist der Pariser Zoo.

Eine langfristige Strategie für die Primaten von Madagaskar zu entwickeln wird sich weit schwieriger gestalten. Seit die ersten indonesischen Siedler vor fünfzehnhundert Jahren auf der Insel anlangten, sind fünfundachtzig Prozent ihrer spektakulären tropischen Regenwälder vom Menschen als Feuer- und Bauholz gefällt oder abgebrannt worden. Das dünne Erdreich auf der Insel ist der Erosion schutzlos preisgegeben und hat einen Großteil seiner Nährstoffe eingebüßt, sodass die verbliebenen Wälder ebenfalls bedroht sind. Die madagassische Bevölkerung nimmt nach wie vor mit 2,5 Prozent jährlich zu; das ist eine der höchsten Zuwachsraten der Welt.

International herrscht inzwischen eine sehr große Bereitschaft, Madagaskar und seine Fülle von Lebensformen zu retten – Lebensformen, die nirgends sonst zu finden sind, unter anderem 142 Arten von Fröschen, 102 Vogelarten und 6000 Blütenpflanzen sowie die Hälfte des Weltbestandes an Chamäleons. Doch ob der Artenreichtum erhalten werden kann, wenn so viele Madagassen in Armut leben müssen, und ob die Menschen lernen können, das Fingertier als liebenswert statt als unnennbar zu betrachten, bleibt Anlass zu besorgten Fragen.

24

Fische wie Sand am Meer

Die Verabredung ist ein Flop, und beide Seiten wissen es. Doch wenn sie nun schon einmal zusammen sind, unternehmen sie eben einen müden Versuch zu flirten. Er geht träge auf sie los; sie zeigt als Reaktion ein zartes Beben. Er schlägt mit seiner Schwanzflosse nach ihr; sie bläht ihre Kiemen und präsentiert ihm deren aufreizend rote Unterseite. Er dreht Kreise, fordert sie erneut auf und versucht, an ihr zu knabbern, aber sie hat nun genug von dem Theater und schwimmt davon. Auch er sieht keinen Grund, die Sache weiter fortzuführen, und schwimmt zur entgegengesetzten Seite des Aquariums. Ein paar Augenblicke lang verlieren sich beide in die unergründliche Weite ihrer Fischgedanken. Und dann passiert es. Das Weibchen öffnet seine vollen, sinnlich geschwungenen Lippen zur weitesten, perfektesten und unhöflichsten Maulöffnung, die man sich vorstellen kann: zu einem herzhaften Fischgähnen.

»Sie scheint nicht übermäßig interessiert zu sein, oder?«, fragt mich die Doktorandin Suzanne Henson mit einer winzigen Spur von Ironie. Ihren Stift hat sie fest auf die Seiten ihres Protokollbuchs gerichtet, bereit, das Verhalten der Fische minutiös festzuhalten. Doch der Stift bewegt sich nicht, denn sie sieht nichts, was des Festhaltens wert wäre.

Das könnte anders sein. Die Fische vor unseren Augen sind Buntbarsche aus der Art Cichlasoma citrinellum und eigentlich bekannt für ihre heftigen, brutalen Paarungstänze, die hart an der Grenze zur Sadomaso-Pornografie liegen. Wenn das Weibchen erregt ist, gleitet es mit seinem Körper an dem des Männchens entlang. Die Genitalien des Weibchens schwellen an, und sein Körper füllt sich prall mit Eiern. Was den Herrn der Schöpfung betrifft, so ist das erregte Männchen ein gewalttätiger Liebhaber. Es peitscht das Weibchen mit seiner Schwanzflosse und beißt es so fest, dass man es knirschen hört. Immer wieder geht es auf das Weibchen los und beißt zu. Das Weibchen gleitet wieder dahin und lässt seine rosigen Kiemen sehen.

Das zumindest spielt sich ab, wenn es in der Buntbarschliebe zur Sache geht. Aber nicht jetzt und nicht mit diesen beiden Schlafmützen. Ihr verunglückter Flirt ist beendet, und jeder wird in sein eigenes Aquarium zurückgesetzt.

Die Untersuchung, der ich hier beiwohnen durfte, ist Teil einer größeren Studie der University of California in Berkeley, die sich mit der Partnerwahl und dem Verhalten dieses Buntbarschs beschäftigt – einem stämmigen, robusten Fisch aus Nicaragua mit kräftigen Kiefern, der in zwei Farbmustern vorkommt, gestreift oder golden, wobei Letzteres der Art ihren Namen gab. Wie viele andere Buntbarsche gehören auch die Mitglieder der Gattung Cichlasoma zu den Arten, die sich verheiraten. Sie gehen Partnerschaften ein, die so lange halten, wie die Fische überdauern, und die Wissenschaftler in Berkeley interessiert die Frage, was einen Buntbarsch dazu veranlasst, einen bestimmten Partner einem anderen vorzuziehen.

Die Frage ist Teil einer breiteren Betrachtung zum Sexual-, Sozial- und Fressverhalten von Buntbarschen, einer Fischfamilie von ungeheurer Vielfalt. Man hofft, dass deren Merkmale Einblicke in die ewigen Rätsel der Artentstehung und der Entstehung von Vielfalt aus Einförmigkeit vermitteln können.

Über tausend Cichlidenarten gibt es in den Seen Afrikas, Madagaskars, Indiens und Südamerikas. Sie sind eine überaus erfolgreiche Familie und dominieren in vielen Fällen ihre Umgebung durch eine Mischung aus Intelligenz – die bei ihnen im Vergleich zu anderen Fischen ungewöhnlich hoch ist, wie man sagt – und beeindruckenden Ritualen der Brutpflege. Doch was sie so ungewöhnlich macht, ist die große Zahl von Arten, die in derselben Nische leben können. Im südostafrikanischen Malawisee leben über fünfhundert Arten, im tansanischen Tanganjikasee zweihundert weitere. Manche Arten erreichen Ziegengröße, andere passen in einen Fingerhut. Manche sind dick und kofferförmig, andere rank und schlank. Ihre Farben reichen von Braun bis Türkis und decken manchmal auf einem einzigen Tier sämtliche Schattierungen eines neonfarbenen Regenbogens ab.

Die Artentstehung zeigt bei den Buntbarschen einen explosionsartigen Verlauf. Im ostafrikanischen Viktoriasee sind beispielsweise in weniger als zweihunderttausend Jahren dreihundert Arten aus einem einzigen Vorläufer entstanden, ein evolutionärer Laufschritt, mit dem keine andere Tiergruppe konkurrieren kann. Mit Sicherheit hat keine der anderen Fischgruppen, die die drei afrikanischen Seen bevölkern, etwas vorzuweisen, was an diese spektakuläre Diversifikation heranreicht, wie sie die Cichlidenfamilie bewerkstelligt hat.

Die Wissenschaft war von diesen Fischen bereits seit langem fasziniert, sah man in ihnen doch eine weit bessere Gelegenheit, wichtige Evolutionsmuster zu ergründen, als in der anderen Familie von berühmt gewordener Vielfalt: den Darwinfinken. Ein Großteil dieser Forschung gründet sich auf traditionelle taxonomische Ansätze und Beobachtungsmethoden, das heißt, man stuft eine Fischart anhand ihrer Anatomie und ihres Verhaltens ein. In jüngster Zeit haben sich die Biologen in ihren Untersuchungen auch molekularen Analysen zugewandt und gehen der Herkunft und Aufspaltung von Cichlidenarten nach, indem sie die DNS der Fische analysieren. Der genetische Ansatz hat die taxonomischen Ergebnisse der Vergangenheit bestätigt: Buntbarsche sind monophyletisch, das heißt, sie stammen sämtlich von einem gemeinsamen urtümlichen Ahnenfisch ab, der vor vielleicht hundertzwanzig Millionen Jahren gelebt hat, als Indien, Afrika und Südamerika noch einen einzigen großen Kontinent bildeten. Seit dem Auseinanderdriften dieses Kontinents sind die Gründerfische, die in verschiedene Regionen der Erde verstreut wurden, getrennte Wege gegangen und haben sich in allen Fällen vermittels unterschiedlicher genetischer Mechanismen zu verschiedenen Arten rasch entwickelt und von einem See oder Fluss zum nächsten verbreitet.

In manchen Fällen erweisen sich Arten, die sich in Aussehen und Verhalten radikal unterscheiden, als genetisch nahezu identisch. Eine genetische Studie befasste sich mit der DNS-Analyse von vierzehn Buntbarscharten aus dem Viktoriasee, die ein extrem unterschiedliches Fressverhalten an den Tag legten: Da gab es einen, der Schnecken vertilgte, ein anderer lebte von seinen Buntbarschkollegen, ein dritter fraß nur die Augen anderer Buntbarsche, und wieder einer saugte Cichlidenbrut aus dem schützenden Maul der Eltern. Doch trotz der so unterschiedlichen Geschmäcker dieser Fische unterschieden sich ihre Gene lediglich um zwei bis drei von den vielen tausend Basenpaaren, aus denen das untersuchte Erbgut besteht. Die genetische Variabilität unter einzelnen Menschen ist höher als die unter diesen vierzehn Fischarten – und, vergessen Sie nicht, Menschen gehören allesamt nur einer einzigen Art an.

Solche Befunde legen den Verdacht nahe, dass die Buntbarschfamilie einen Großteil des Erfolges einem ungewöhnlich hohen Grad an genetischer Flexibilität verdankt, die durch winzige Gen-Änderungen eine unglaubliche Bandbreite an Anpassungen möglich macht. Und es ist die Fähigkeit der Buntbarsche zur Spezialisierung, durch die sich erklärt, wie in einem einzigen Gewässer so viele Arten Wange an Kieme leben können, sodass jedem von ihnen noch genug zum Leben bleibt. Wären alle Buntbarsche Algenabweider am Grund des Sees, würde eine Art mit der anderen konkurrieren, und eine von beiden müsste am Ende den Kürzeren ziehen. Doch jeder Buntbarsch hat seine eigene Jagdmethode entwickelt, und eine Strategie ist abenteuerlicher als die andere. Ein Buntbarsch ähnelt zum Beispiel einem verwesenden Fisch und verbringt einen Großteil seiner Zeit damit, wie tot im Wasser zu treiben. Doch wenn sich ein anderer Fisch nähert und glaubt, eine leicht verdiente Mahlzeit vor sich zu haben, kommt Leben in den Kadaver, und er greift den Möchtegernräuber an.

Im Tanganjikasee lebt ein Buntbarsch mit permanent nach links gewendetem Kopf. Diese Anpassung ermöglicht es ihm, mit den Zähnen eine rasche Schuppenmahlzeit vom Körper eines vorbeischwimmenden Fischs zu schaben. Eine andere Art trägt den Kopf nach rechts gewandt, um passierende Fische steuerbords zu rasieren. Die Buntbarsche stellen die weit verbreitete Vorstellung auf den Kopf, dass es zahllose Nischen gibt, die darauf warten, besetzt zu werden. Sie gehen den Weg des erfolgreichen Unternehmers und schaffen sich ihre Nischen selbst.

Die meisten Wissenschaftler sind der Ansicht, dass die Buntbarsche der afrikanischen Seen ursprünglich Generalisten waren, die zu Spezialisten wurden, als der Konkurrenzdruck zunahm. Wie sie es geschafft haben, so rasch eine so große Vielfalt zu erreichen, bleibt den Ichthyologen nach wie vor ein Rätsel, doch sicher hat ihre ungewöhnliche Kieferform dazu beigetragen.

Buntbarsche tragen wie jeder durchschnittliche Fisch einen Satz Kiefer im Maul, zusätzlich aber noch einen zweiten in ihrer Kehle. Dadurch dass die Kiefer im Gaumenhintergrund zum Zerkleinern von Nahrung verfügbar sind, sind die vorderen von physiologischen Einschränkungen befreit und können sich der Evolution höchst spezifischer Methoden des Beutefangs widmen. Im Prinzip ist der hintere Kiefer das Mädchen für alles, der vordere der Meister eines speziellen Fachs.

Unterschiedliche Fress-Strategien aber sind nicht die einzigen herausragenden Merkmale der Familie. Hobbyaquarianer lieben Buntbarsche hauptsächlich deshalb, weil sie die berühmten Balz- und Brutpflegepraktiken dieser Tiere bewundern. Die meisten Fische legen Eier und überlassen diese dann sich selbst. Manchmal bleibt auch der Vater da und bewacht die Eier bis zum Schlüpfen. Bei vielen Buntbarschen widmen sich beide Eltern einer hingebungsvollen Brutpflege. Sie brüten die Eier im Maul aus, und auch nach dem Schlüpfen werden die Jungfische beim Herannahen eines Räubers noch immer zu ihrem Schutz ins elterliche Maul aufgenommen.

Diese Praxis des Maulbrütens hat bei den Buntbarschmännchen ein paar herausragende Merkmale entstehen lassen. Da der Druck durch Räuber im Lebensraum eines Buntbarschs erbarmungslos sein kann, nehmen die Weibchen ihre Eier oft sofort nach der Ablage hektisch in ihr Maul auf – bevor das Männchen Gelegenheit hatte, irgendetwas zu befruchten. Die Männchen haben sich diesem Umstand angepasst und tragen auf ihren Afterflossen leuchtende Farbflecken, die den Eiern ähneln. Wenn das Weibchen sein Gelege aufgefischt hat, rüttelt das Männchen kurz seine Afterflosse. Das Weibchen hat daraufhin den Eindruck, ein paar Eier vergessen zu haben, und versucht, nach dem verzierten Hinterende zu schnappen. In diesem Augenblick stößt das Männchen einen Samenstrom in das geöffnete Maul des Weibchens aus. Bei manchen Arten füttern die Alten ihre Brut mit eiweißhaltigen Schleimabsonderungen der eigenen Haut. Die

Fische werden, wenn man so will, zu schwimmenden Brüsten.

In Anbetracht der hohen Investitionen, die die Eltern in ihre Jungtiere stecken, haben sie allen Grund, bei der Wahl ihres Partners größtmögliche Umsicht walten zu lassen. Und an diesem Punkt liefert das Experiment mit Cichlasoma citrinella ein paar Aufschlüsse. Die beiden Subtypen sind nämlich nicht festgelegt. In etwa acht Prozent der Fälle verändert ein gestreifter Buntbarsch mit zunehmendem Alter sein Kleid zu strahlendem Gold. Wenn er vor die Wahl gestellt wird, zieht jeder Buntbarsch – ob golden oder gestreift – die goldene Variante der geläufigeren gestreiften vor. Vielleicht weil das Gold bedrohlicher aussieht. Die Buntbarsche müssen bei der Aufzucht ihrer Brut häufig Eindringlinge abwehren, daher ist eine eindrucksvolle Erscheinung eine hoch geschätzte Eigenschaft bei einem Partner. Durch ihre ausführlichen Versuche zur Kuppelei unter Buntbarschen haben die Forscher in Berkeley gelernt, dass die Partnerwahl in zwei Stufen abläuft. Als Erstes sucht sich das Weibchen ein Männchen, das ihm gefällt – vielleicht weil es die richtige Farbe hat, das richtige Fischparfüm trägt oder irgendetwas anderes an sich hat, das dem menschlichen Auge bislang verborgen ist. Doch sobald das Weibchen sein Faible für ein Männchen offenbart hat, wird es seinerseits wählerisch und benimmt sich dem Weibchen gegenüber äußerst aggressiv. Soll auch nur die geringste Hoffnung bestehen, dass das Weibchen die Zuneigung des Männchens gewinnen kann, muss das Weibchen es ihm mit gleicher Härte heimzahlen. Ein Weibchen, das sich von einem Männchen unterkriegen lässt, hat verspielt. Sobald das Männchen jedoch beschlossen hat, dass das Weibchen ihm robust genug ist, paart es sich mit ihm, und sie leben glücklich bis ans Ende ihrer Tage.

Die Chancen, dass ein weiblicher und ein männlicher

Buntbarsch genau die richtige Farbe und den richtigen Geruch füreinander haben, stehen schlecht, und daher endet eben so manches Buntbarsch-Rendezvous in Langeweile und mit einem herzhaften Fischgähnen.

25

Gepardenjagd

Geparden mögen die rassigen Maseratis unter den Säugetieren sein, in der Lage, mit einer Geschwindigkeit von bis zu einhundertzehn Stundenkilometern zu rennen, doch hat sie dies nicht dazu befähigt, ihrem Elend zu entkommen. Einst beherrschten diese »Windhundkatzen« den gesamten afrikanischen Kontinent und den Nahen Osten. Sie verbreiteten sich bis hinunter in den Süden Indiens. Heute sind sie bis auf ein paar geschützte Gebiete in Ost- und Südwestafrika nahezu überall ausgerottet. Namibias Bauern und Viehzüchter jagten sie als unerwünschte Räuber. In Reservaten, in denen sie oft in unnatürlicher Nähe zu anderen Raubtieren leben müssen, bilden sie die unterste Stufe der grimmigen Fleischfresserhierarchie. Löwen wachsen über sich hinaus, um Gepardenjunge zu erlegen. Hyänen, Leoparden und sogar Geier können spielend einen Geparden von seiner schwer erlegten Beute fortjagen. Um der traurigen Geschichte dieser großartigen Tiere noch eins draufzusetzen, sind viele Wissenschaftler überdies zu dem Schluss gekommen, dass die Art infolge schwerer Populationseinbrüche in der Vergangenheit, von denen sich das bedauernswerte Tier kaum je hat erholen können, unter schwerer Inzucht leidet.

Chromosomenanalysen bei Geparden haben einen überraschenden Mangel an genetischer Vielfalt von einem Individuum zum nächsten gezeigt. Der Gepard wird deshalb oft als Wesen porträtiert, dessen Kopf bereits unter der evolutionären Guillotine ruht, dessen Population in ihrer Varianz so eintönig ist, dass eine größere Seuche viele, wenn nicht gar alle der etwa fünfzehntausend noch in der Wildnis verbliebenen Geparden auslöschen könnte.

So mancher Zoo beklagt die Tatsache, dass seine Geparden unfruchtbar sind. Man hat für das Problem die trostlose genetische Situation dieser Art verantwortlich gemacht, die sogar die langfristigen Aussichten der Tiere, die sich in den geschützten, umhegten Grenzen eines Parks aufhalten, in Frage stellte. Ein paar ketzerische Biologen aber behaupten nun, dass diese weit verbreitete Vorstellung vom aussichtslos in Inzucht gefangenen Geparden womöglich falsch ist – ein Produkt der Manipulationen im Reagenzglas und für den normalen Arbeitstag eines Gepards völlig ohne Belang. Sie sind der Ansicht, dass Geparden weit davon entfernt sind, so nachteilige Inzuchteffekte zu zeigen, wie man sie von anderen genetisch homogenen Tieren kennt – bestimmten Stämmen von Labormäusen beispielsweise oder Zuchthunden mit ellenlangen Stammbäumen. Sie meinen, dass die Geparden im Gegenteil in vieler Hinsicht überaus robust sind und eher ganz gewöhnlichen Hauskatzen und Mischlingshunden ähneln als dem Ergebnis vieler Generationen von inzestuösen Verbindungen.

Diese Debatte geht keineswegs nur die gefleckte Concorde der Tierwelt etwas an. Wissenschaftler versuchen derzeit die Chancen dafür zu berechnen, dass bedrohte oder gefährdete Tierarten im einundzwanzigsten Jahrhundert überleben werden. Zu den vielen Fragen, die sie in diesem Zusammenhang stellen, gehört auch die, wie viel genetische Variabilität eine Art benötigt, um sich vor dem Abgrund bewahren zu lassen. Inzucht gilt aus zwei Gründen als schädlich für eine Art: Erstens lässt sie unheilvolle Merkmale zum Vorschein kommen und verursacht so Geburtsfehler, Totgeburten und in manchen Fällen auch Unfruchtbarkeit. Zweitens führt sie zu einer genetisch einheitlichen Population, der es an der hinreichenden Vielfalt fehlt, Epidemien und Umweltveränderungen zu widerstehen. Betreibt man an Laborstämmen von Mäusen wiederholt Inzucht, um ein zu untersuchendes Merkmal zu verstärken – beispielsweise die Veranlagung, an Brustkrebs zu erkranken –, werden die Nagetiere am Ende vergleichsweise lethargisch und stumpfsinnig, sie neigen zu Fehlgeburten und Mutationen.

Doch die Wissenschaftler, die das Dogma vom Inzucht-Geparden ablehnen, argumentieren, dass ihre Zoo-Geparden so gut wie nie fehlgebildete Junge haben; sie sind rundum fruchtbar und vital, und ihr Immunsystem zeigt eine hohe Variabilität. Der Gepard mag genetisch armselig wirken, wenn man seine DNS im Visier hat, aber in Bezug auf solche Maßstäbe, wie sie das wahre Leben anlegt – das heißt, auf Fruchtbarkeit, Wurfgröße, Gesundheit der Jungen und Immunantwort –, ist der Gepard voll und ganz fit für dieses neue Jahrtausend. Die Forschungsarbeiten stellen die Gültigkeit eines streng molekularen Ansatzes für die manchmal etwas finstere Wissenschaft von der Arterhaltung in Frage und lassen stark vermuten, dass die Wissenschaftler einfach noch nicht wissen, wie sich bestimmte im Labortest entdeckte genetische Muster zu den Stärken und Schwächen eines wilden Tiers auswachsen. Sie legen überdies die Vermutung nahe, dass Zoos, die ihre Geparden nicht zur Zucht bringen können, womöglich die Schuld nicht unbedingt bei der DNS der Tiere suchen sollten, sondern vielleicht bei ihrer eigenen Unfähigkeit hinsichtlich der Partnerwahl und Verpaarung ihrer Tiere. In manchen Zoos waren die Gepardenzüchter immerhin so erfolgreich, dass es zu einer wahren Bevölkerungsexplosion und lautstarken Forderungen nach einer Gepardenpille kam.

So verführerisch die Argumente der Neo-Gepardianer auch sein mögen, ihre Befunde sind nicht absolut wasserdicht. Geparden weisen nun einmal einen im Vergleich zu Tigern oder Leoparden bemerkenswerten Mangel an genetischer Vielfalt auf. Verpflanzt man Haut von einem Geparden auf einen anderen, so dauert es außerordentlich lange, bis der Empfänger das Transplantat abstößt – ein deutlicher Hinweis darauf, dass Geparden mehr oder weniger Klone voneinander sind. Und obgleich Geparden ihr Leben mit der Stärke beginnen, allen anderen Konkurrenten wegzurennen, so endet ihr Leben doch für ein so großes Säugetier um einiges zu früh. Sogar in Zoos werden Geparden selten älter als sieben Jahre; das ist ein Drittel der Lebensspanne, die Großkatzen in Gefangenschaft erreichen. Natürlich ist es möglich, dass Geparden von Natur aus kurzlebig sind. Aber es ist ebenso gut möglich, dass sie aufgrund ihrer fragilen genetischen Gesamtkonstitution unter chronischen und letztlich tödlichen Gesundheitsproblemen zu leiden haben. Die häufigste Todesursache unter Geparden in Gefangenschaft ist Nierenversagen, eine Krankheit, die unter anderem auch durch DNS-Fehler begründet sein kann.

Ähnlich umstritten wie die Folgen der genetischen Homogenität von Geparden sind auch deren Ursachen. Einem Szenario zufolge gehören die Geparden zu den allerersten Opfern des ausbeuterischen Umgangs der Menschheit mit ihrer Umwelt. Am Ende der letzten Eiszeit – vor zehntausend Jahren also – sollen die im Kielwasser abschmelzender Gletscher rasch vordringenden Menschen die Geparden mit Ausnahme einiger weniger afrikanischer Nischen überall ausgerottet haben. Bei dieser Massenauslöschung, so das Szenario, gingen den Geparden über neunzig Prozent ihrer genetischen Variabilität verloren, eine katastrophale Ausdünnung der Population, von der sie sich erst jetzt ganz allmählich zu erholen beginnen.

Einer anderen, nicht minder plausiblen Erklärung zufolge kam den Tieren die genetische Vielfalt nicht durch die grausame Hand des Jägers abhanden, sondern allein deshalb, weil sie so ungemein hoch spezialisiert sind und ihr Körper von Kopf bis Fuß zu dem einzigen Zweck entworfen ist, übersäugerliche Geschwindigkeiten zu erreichen. Diesem Argument zufolge führten die evolutionären Prozesse, die der Erhöhung ihrer Sprinterqualitäten dienten, letzten Endes dazu, dass unterwegs eine Menge anderer Gene ausgemustert wurde. Mit anderen Worten: Vielleicht macht das Gepardendasein eine hohe genetische Homogenität notwendig, und vielleicht ist eine geringe Lebensspanne Teil des Gesamtvertrags.

Der Gepard ist ein spektakuläres Beispiel für stromlinienförmiges Design. Er ist relativ zierlich, und seine Knochen haben ein geringes Gewicht: Er wiegt nur etwa siebzig Pfund. Der Gepard hat einen aerodynamisch geformten kleinen Kopf, ungewöhnlich lange Beine, eine flexible Wirbelsäule und gleitende Schulterknochen, die seine Schrittweite vergrößern. Seine Fangzähne sind extrem klein und lassen den Nasengängen jede Menge Raum, sodass er große Mengen Sauerstoff aufnehmen kann. Der Gepard jagt nicht, indem er sich an seine Beute heranschleicht, sondern er setzt seiner Beute pfeilschnell nach – und betreibt damit einen dermaßen verschwenderischen Energieverbrauch, dass das Tier erst einmal fünfzehn bis zwanzig Minuten verschnaufen muss, bevor es zu fressen anfangen kann.

Da Geparden schlanker sind als die meisten anderen afrikanischen Karnivoren und ihnen zudem große Fangzähne zu ihrer eigenen Verteidigung abgehen, können sie sich gegen konkurrierende Fleischfresser nicht wehren, die ihnen ihr Mahl streitig machen, und wenn sie mit einer solchen Situation konfrontiert werden, trollen sie sich meistens. Die Tiere sind ihrem Wesen nach wirklich unglaublich wenig aggressiv. Im Zoo von San Diego betrat ich einmal ein Gehege mit einem Muttertier und fünf Jungen. Die Alte ließ mich fast bis auf Streicheldistanz herankommen und beäugte mich dabei gelassen mit einer Mischung aus Langeweile und Irritation, während ihre Jungen auf rührende Weise ihren Pelz sträubten und ganz, ganz leise fauchten. Hätte sich in dem Käfig eine Tigerfamilie befunden, könnte ich Ihnen heute vermutlich nicht mehr allzu viel über Geparden berichten.

Alles in allem gründen sich die Zukunftschancen der Geparden vermutlich weniger auf die Genforschung als vielmehr auf altmodische Maßnahmen wie die Erhaltung der letzten verbliebenen Habitate und die Hilfe der an deren Grenzen lebenden Bewohner. In Namibia, wo Geparden nicht wie andernorts in Afrika mit anderen Fleischfressern konkurrieren müssen, geht es den Tieren einigermaßen gut. Ihr größtes Problem sind die Bauern, die sie aus Sorge um ihren Viehbestand abschießen. Namibias Biologen sind darum bemüht, die Viehbesitzer davon zu überzeugen, dass Geparden tatsächlich sehr wenig Haustiere töten, und außerdem ein Entschädigungsprogramm für die Fälle einzurichten, dass doch einmal ein Kalb verloren geht. Da die einzig frei lebende Gepardenpopulation von annehmbarer Größe heute in Namibia zu Hause ist, ist diese Art im Begriff, mehr und mehr zum namibischen Wappentier und damit zu einem Objekt nationalen Stolzes zu werden. Mehr als ein ideales genetisches Profil benötigt der Gepard ein bisschen Raum zum Verschnaufen und alle Reklame, die ihm aufgrund seines edlen Auftretens zukommt.

26

Fleißig wie eine Biene?

In den trägen Hundstagen des Sommers oder während der bittersüßen Flaute »zwischen den Jahren« von Weihnachten bis Neujahr oder an jedem beliebigen schönen Nachmittag, der mit seinem Zauber lockt, mag denen, die von ihrer eisernen Arbeitsmoral daran gehindert werden, mal fünf gerade sein zu lassen, der Gedanke helfen, dass Faulheit völlig natürlich und überaus sinnvoll ist und von jeder anderen Art auf diesem Planeten gepflegt wird.

Alle althergebrachten Märchen über die unendliche Betriebsamkeit von Bienen, Ameisen, Bibern und ähnlichem Getier Lügen strafend, hat man im Rahmen analytischer Zeitstudien zeigen können, dass die große Mehrzahl der Geschöpfe die meiste Zeit über nicht übermäßig viel tut. Sie fressen, wenn es sein muss oder sie Gelegenheit dazu haben. Sie balzen und pflanzen sich fort, wenn die Jahreszeit sie dazu treibt. Manche Arten bauen dann und wann provisorische Behausungen. Andere erfüllen anfallende soziale Verpflichtungen wie die, einem Artgenossen die Flöhe aus dem Fell zu klauben.

Doch die meiste Zeit hindurch würden Tiere über alle Artgrenzen hinweg angesichts der biblischen Aufforderung zur Arbeit mit Sicherheit die Nase oder den Rüssel rümpfen und sich weiter mit verschiedensten Formen von Nichtstun beschäftigen: herumsitzen, sich ausstrecken, dösen, sich wiegen und planlos umherkreisen. Wenn Sie ein Lebewesen in freier Wildbahn über längere Zeit beobachten und seine Aktivitäten in jedem Augenblick des Tages auflisten würden, kämen Sie unweigerlich zu dem Schluss, dass diese Geschöpfe tatsächlich nicht viel tun, oder? Ja, im Vergleich zu anderen Tieren verbringen menschliche Wesen zwei- bis viermal so viel Zeit mit Arbeiten – mehr sogar, wenn man Familien- und Haushaltspflichten mit berücksichtigt.

Bevor wir uns nun aber etwas auf unseren Fleiß einbilden: Eine faire Analyse tierischen Nichtstuns beweist, dass dieses so gut wie nie aus zielloser Gleichgültigkeit geboren ist, sondern vielmehr viele unterschiedliche Gründe haben kann. Manche Tiere hängen herum, um wertvolle Kalorien zu sparen, andere, um die Verdauung der Kalorien zu optimieren, die sie soeben verzehrt haben. Manche tun es, um kühl zu bleiben, andere, um warm zu bleiben. Der Gejagte ist am besten getarnt, wenn er nicht herumzappelt und -lärmt, dasselbe gilt für den Jäger, der bis zum Augenblick des Angriffs möglichst ungesehen bleiben möchte. Manche Geschöpfe bummeln gelassen in ihrem Revier umher, um dieses zu bewachen. Andere bleiben zu Hause, um nicht dem Kannibalismus ihrer Nachbarn zum Opfer zu fallen. Es mag zwar keine Gene für die Faulheit geben, aber immer eine gute Ausrede.

Die möglichen Gründe für ausgemachte Faulheit sind so vielfältig, dass manche Biologen bereits den Schwerpunkt ihrer Forschung verlagert haben. Statt das Verhalten von Tieren in Aktion zu untersuchen, wie das bei Feldforschern traditionell üblich war, versuchen sie nun, die vielen Faktoren zu verstehen, die tierischer Trägheit zugrunde liegen. Sie hoffen, auch zentralen Rätseln der Ökologie – der Verteilung verschiedener Arten in einer bestimmten Umgebung beispielsweise oder der Frage, wie Tiere harte Zeiten und magere Tage überstehen – näher zu kommen, wenn sie verstehen, warum ein Tier dem Nichtstun frönt. Wie ein Zeitanalytiker sich ausdrückte: »Früher galt mein Interesse der Bewegung, dem Jagd- und Paarungsverhalten, heute frage ich mich, warum ein Tier stillsitzt.«

Tiere geben ihren Erforschern in der Tat eine Menge Anlass zum Grübeln. Diejenigen, die die Löwen der Serengeti die letzten zwanzig Jahre hindurch erforscht haben, behaupten, fast die ganze Zeit über nur lohfarbene Fellberge durch ihre Ferngläser angestarrt zu haben; die kollektive Untätigkeit der stolzen Tiere wurde allenfalls durch das gelegentliche Zucken eines Ohres unterbrochen. Löwen können bis zu zwölf Stunden am Stück regungslos auf einem Fleck verharren. Aktiv auf den Beinen sind sie vielleicht zwei bis drei Stunden am Tag. Während dieses kurzen Ausbruchs von Arbeitswut jagen sie für gewöhnlich oder tun sich am Ertrag der letzten Jagd gütlich, was wiederum einer der Gründe dafür ist, dass sie so lange Auszeiten benötigen. Ein Löwe kann auf einen Schlag riesige Mengen Fleisch, manchmal bis zu siebzig Pfund, vertilgen. Sein Magen dehnt sich zu solcher Größe aus, dass der mächtige König der Wüste sich am Ende seines Mahls nur noch mit Mühe und Not in den Schatten des nächsten Baumes schleppen kann, wo er sich ermattet hinwirft und mit dem Bauch nach oben in ein Verdauungsschläfchen verfällt, das man korrekter als Koma bezeichnen sollte.

Affen gelten in der Regel als die unermüdlichen Akrobaten der Natur, doch viele Arten sitzen mehr als drei Viertel des Tages herum – von den zwölf Stunden, die sie pro Nacht schlafend verbringen, gar nicht zu reden. Ein paar Primatologen, die sich mit brasilianischen Spinnenaffen befassten, amüsierten sich nicht schlecht über deren laxe Lebensgewohnheiten. Eines Morgens stand das Team weit vor Morgengrauen auf, um ab etwa sieben Uhr früh – um diese Zeit würden die Affen mit ihrer Jagd beginnen, so nahm man an – auf einem entfernter gelegenen Beobachtungsposten bereitstehen zu können. Die Wissenschaftler trafen rechtzeitig ein und warteten darauf, dass das Spektakel beginne. Die Wissenschaftler warteten und warteten. Sie kritzelten Männchen in ihre Notizbücher und fragten sich müßig, ob die Affen am Abend zuvor womöglich zu viele Kokablätter gekaut hatten. Um elf Uhr schliefen die Affen immer noch, und die Forscher nickten ebenfalls ein.

Kolibris sind die lebhaftesten und energieintensivsten Flieger der Welt – wenn sie denn fliegen. Diese Vögel verbringen achtzig Prozent des Tages regungslos zusammengekauert auf einem Zweig; bei Nacht schlafen sie.

Biber gelten so einmütig als höchst geschäftige Wesen, dass ihr Name geradezu ein Synonym für Fleiß und Arbeit geworden ist. Doch die Biber tauchen aus dem sicheren Hafen ihres Baus nur etwa fünf Stunden täglich auf, um Futter zu suchen oder ihren Damm zu flicken, und das noch mit etlichen Pausen. Sogar zu Zeiten, in denen man sie für höchst aktiv hält, ziehen sie sich in ihre Behausung zurück, um zu ruhen. Die Krötenfrösche in den Wüsten des amerikanischen Südwestens graben sich einen Meter tief ein und rühren sich manchmal elf Monate im Jahr überhaupt nicht. Während dieser Zeit fressen und trinken sie nicht; sie scheiden dann keinen Kot aus und halten, um Energie zu sparen, ihren Stoffwechsel auf einer Rate von etwa einem Fünftel dessen, was sie in jenem einzigen aktiven Monat umsetzen. Wenn Sie beim Graben in Ihrem Kakteengarten auf eines dieser schlafenden Amphibien stoßen, können Sie es wie einen Stein oder eine Kartoffel auf Ihren Spaten nehmen.

Sogar die emsigen Bienen und Ameisenarbeiterinnen von legendärem Ruf, denen bereits Äsop ein literarisches Denkmal setzte, widmen nur etwa ein Zwanzigstel ihres Tages ernsthaften Arbeiten wie der Suche nach Nektar oder der Reinigung des Nests. Im Übrigen sitzen diese Insekten still herum, als hätten sie ihren Arbeitsplan verlegt und scherten sich einen Dreck darum. Der Mythos von dem nimmermüden sozialen Insekt entstand vermutlich aus der Betrachtung ganzer Ameisenhaufen oder Bienenstöcke, kleiner Galaxien von pausenloser Aktivität. Doch nun, da die Wissenschaftler gelernt haben, einzelne Insekten mit Markierungen zu versehen, um zu verfolgen, was diese von einem Augenblick zum nächsten anstellen, entdecken sie, dass eine einzelne Biene oder Ameise jede Menge Freizeit hat.

Biologen, die Tiere im Zustand der Ruhe untersuchen, machen sich ausgeklügelte mathematische Modelle zunutze, die denen ähneln, die von Ökonomen eingesetzt werden und in denen die energetischen Bedürfnisse des Tieres, seine Fortpflanzungsrate, die relative Häufigkeit und Lage von Wasser und Nahrung, Klimafaktoren und andere Parameter berücksichtigt werden. Sie führen ausführliche Kosten-Nutzen-Analysen durch und stellen Fragen wie zum Beispiel: Wie hoch sind die Kosten der Jagd, und in welchem Verhältnis stehen sie zu den möglicherweise zu ergatternden Kalorien? Zu einer solchen Kalkulation gehört nicht nur ein Maß dafür, wie viele Kalorien ein Tier bei seiner Herumstreunerei im Vergleich zum Ruhezustand verbraucht, sondern auch eine Betrachtung dessen, wie warm ihm etwa durch die Bewegung wird und wie viel seines eingelagerten Wassers es verdunsten muss, um seinen Körper zu kühlen. Wenn sie mit ihrer Rechnung durch sind, bekunden die Wissenschaftler den Tieren in der Regel ihren Respekt für deren Entscheidung, es ruhig angehen zu lassen.

Manche Leute verwahren sich heftig gegen die Verwendung des Begriffs Faulheit zur Beschreibung tierischen Verhaltens. Sie sagen, dieser beinhalte den unausgesprochenen Vorwurf, dass das Tier sich absichtlich vor einer Tätigkeit drücke, die ihm, würde es sie ausführen, sein Los erleichtern könnte. Tiere sind müßig, weil sie dies sein müssen. Der Elch muss sich als Wiederkäuer ziemlich ruhig verhalten, damit sein vierkammeriger Magen seine ballaststofflastige Ernährung aus Blättern, Stängeln und Gräsern verwerten kann. Jede Stunde Grasen beschert ihm vier Stunden Verdauung. Und es gibt noch andere Gründe für ihn, übereifrige Aktivitäten zu meiden. Ein Elch ist riesig, und wenn er im Gebüsch herumschnobert, gerät er ganz schön in Schweiß. Würde er sich über ein vernünftiges Maß hinaus bewegen, sodass seine Körpertemperatur bis nahe an ihr Maximum anstiege, wäre er in ernstlicher Gefahr, falls plötzlich ein Räuber auftauchen sollte. Seine Flucht würde die Körpertemperatur über die kritische Grenze hinaus ansteigen lassen, und der Elch würde an einem Hitzschlag sterben – unverhofftes Glück für seinen Verfolger.

Forscher, die sich mit dem Verhalten von Kolibris beschäftigen, kommen zu dem Schluss, dass auch diese winzigen Vögel ein gutes Recht auf häufige Pausen haben. Um in der Luft auf der Stelle zu schwirren und dabei aus langstieligen Blüten zu trinken, muss ein Kolibri sechzig Mal in der Sekunde mit seinen Flügeln ein kompliziertes Achtermuster schlagen. Der Preis für diesen Flug ließe selbst die NASA verstummen. Kolibris verbrennen dabei pro Gramm Körpergewicht mehr Kalorien an Brennstoff, als je bei einer anderen sportlichen Aktion eines Tieres gemessen wurde. Fliegen ist derart zehrend, dass viele Kolibris und auch deren afrikanische Gegenstücke, die Nektarvögel, gut daran tun, im Prinzip bewegungslos zu verharren, außer wenn die erreichbare Nahrung wirklich sehr nahrhaft ist. Um zum Essen nicht immer allzu weit von zu Hause fort zu müssen, suchen die Nektarvögel sich ein Revier, in dessen Grenzen sie bleiben und darauf warten, dass die Blüten schwer von Nektar werden.

Für manche Geschöpfe birgt die Unbeweglichkeit so viele Vorzüge, dass sie in ihrer Regungslosigkeit etwas Buddhahaftes bekommen. Der Fransenzehenleguan in den Wüsten des amerikanischen Südwestens liegt stundenlang regungslos im Sand vergraben. Oberhalb der Sandoberfläche ist von ihm außer seinen beiden Augen nichts zu sehen. Wenn sich der Sand erwärmt, kommt Leben in den Leguan. Die Sonne lädt ihn sozusagen auf, damit er auf jedes vorüberkrabbelnde essbare Insekt losschießen kann. Sollte er stattdessen eine räuberische Schlange nahen sehen, kann er auch seinen eigenen Beinahetod herbeiführen, indem er seine Atmung vorübergehend unterdrückt und seinen Herzschlag anhält. Und schließlich schränkt der in seine Sandbettdecke gehüllte Leguan auch seinen Wasserverlust ein, der für Wüstengeschöpfe eine permanente Bedrohung darstellt.

An einem unwirtlichen Ort wie der Wüste verbringen die meisten Tiere einen Großteil ihrer Zeit damit, auf Wasser und Abkühlung zu warten. Jene Krötenfrösche des Südwestens kommen nur im Juli zum Vorschein, wenn die alljährlichen Regenfälle Insekten mitbringen, von denen sie sich ernähren können. Männchen und Weibchen kommen zusammen und paaren sich gleich in der ersten Nacht nach ihrem Erwachen aus ihrem versteinerten Dasein und beginnen, so viel zu fressen, dass sie dreißig Prozent zusätzliches Körperfett einlagern, genug, um sich durch die elf Monate des Schlafes zu bringen.

Mehrere hundert Säugetierarten halten jeden Winter ihren Winterschlaf und schränken in dieser Zeit ihre Energieausgaben massiv ein, indem sie ihre Stoffwechselrate drastisch herunterschrauben. Wenn ein Ziesel seinen Winterschlaf hält, schlägt sein Herz nur noch ein bis zwei Mal pro Minute, und seine Körpertemperatur sinkt bis nahe an den Gefrierpunkt. Für Pflanzenfresser ist der Winterschlaf eine sinnvolle Einrichtung: Es gibt nichts zu fressen, das Wetter ist miserabel, Fortpflanzung wenig ratsam, und außerdem streunen noch immer Räuber herum. Das Beste, was man tun kann, ist, in eine Art Scheintod zu verfallen.

Manchmal steht ein Biologe ratlos vor einem Fall von offenkundiger Trägheit, die sich durch so augenfällige Dinge wie schlechtes Wetter nicht erklären lässt. Wissenschaftler, die sich mit dem Nacktmull, einem häuslichen, haarlosen, blinden, sozial lebenden kleinen Säugetier beschäftigen, das sein ganzes Leben unter Tage verbringt, fragten sich lange, warum die größten Tiere der Gruppe am wenigsten zu tun und am meisten zu schlafen schienen. Die Antwort erhielten sie, als sie eines Tages eine Schlange in die Kolonie in ihrem Labor setzten. Die großen Nacktmulle sprangen sofort auf und fielen gemeinsam über die Schlange her. Sie hatten nur scheinbar geschlafen und in Wirklichkeit in aller Stille Wache gehalten.

Die Notwendigkeit, sich mit verlässlichen Wachen zu schützen, erklärt möglicherweise auch, weshalb Bienen und Ameisen so viel Zeit ruhend verbringen. Termiten verfügen über eine so genannte Soldatenkaste, eine stehende Armee aus Arbeiterinnen, die in und um den Bau so gut wie nichts tun, aber die Ersten sind, die sich rühren, wenn dem Staat Gefahr droht. Bei Bienen und Ameisen sparen etliche Individuen ihre Energie womöglich für eine besondere Aufgabe auf – die Entdeckung einer ergiebigen neuen Nahrungsquelle zum Beispiel, zu deren Erschließung es etlicher Überstunden bedarf, oder eine vorübergehende Spaltung des Staates, durch die für dieselbe Menge an Aufgaben plötzlich weniger Arbeiterinnen zur Verfügung stehen.

Neuere Untersuchungen zeigen, dass sozial lebende Insekten es sich nicht leisten können, ihre Energien für nebensächliche Aktivitäten zu verschwenden. Ameisen und Bienen gleichen nicht aufladbaren Batterien. Sie werden mit einer festgelegten Menge an Energie geboren, die sie ihrer Kolonie zur Verfügung stellen können. Sie können diese Energie rasch verbrauchen, oder sie können sie langsam verbrauchen, aber sie können sie nicht vermehren, indem sie sich richtig ernähren oder regelmäßig Sport treiben. Mit anderen Worten: Je härter sie arbeiten, desto rascher sterben sie. Mit diesem Gedanken im Hinterkopf versteht man das Bedürfnis einer Biene, einen Augenblick Pause zu machen und einmal nicht an den Blumen zu schnuppern.

Und vielleicht lässt sich nun auch jener so verkannten Kreatur ein bisschen gerecht werden, die die Faulheit in seinem Namen trägt: dem Faultier. In ganz Mittel- und Südamerika hängen die Faultiere mit ihren langen, biegsamen Gliedmaßen träge in den Bäumen, schlafen fünfzehn Stunden am Tag und bewegen sich so selten, dass sich in ihrem Pelz und zwischen ihren Klauen zwei Arten von Algen angesiedelt haben. Ein neugeborenes Faultier sitzt auf dem Bauch seiner Mutter und ist jeder Bewegung derart abhold, dass es seinen Kot und seinen Urin auf das Fell seiner Mutter entleert, und diese bemüht sich nur gelegentlich darum, es zu reinigen. Doch bevor Sie solche Trägheit nun als abartig verdammen, sollten Sie bedenken, dass das Faultier an seine Nische angepasst ist. Durch seine langsamen Bewegungen bleibt es für die Augen von Räubern bemerkenswert unauffällig. Und sein Pflanzenbewuchs trägt zu seiner Tarnung sogar noch bei. Durch das grünlich blaue Schimmern der Algen im Sonnenlicht ähnelt das Faultier zum Verwechseln einer grünen Hängepflanze, die es im Übrigen ja beinahe schon ist.

Menschen verbringen in der Regel mehr Zeit bei der Arbeit als jede andere Kreatur, doch zwischen menschlichen Kulturen bestehen bemerkenswerte Unterschiede bezüglich der Betriebsamkeit. Der französische Durchschnittsarbeiter schuftet 1646 Stunden pro Jahr, der durchschnittliche Amerikaner 1957 und der durchschnittliche Japaner 2088.

Einer der Gründe für den menschlichen Fleiß ist die Tatsache, dass wir uns leichter tun als andere Lebewesen, wenn es darum geht, unseren Drang nach Ruhe zu überwinden. Wir können Kaffee trinken, wenn wir eigentlich ein Nickerchen vorzögen, oder die Klimaanlage einschalten, wenn uns die

Hitze normalerweise zur Untätigkeit verdammen würde. Viele Menschen treibt einzig und allein der Wunsch zu harter Arbeit, sehr viel mehr zu besitzen als das, was zum bloßen Überleben notwendig ist. Eichhörnchen sammeln, was sie brauchen, um den Winter durchzustehen. Nur Menschen sorgen sich um Schulgeld, Rente oder den Ersatz ihrer alten Schallplatten durch CDs.

Ein Großteil dieser Raffsucht ist höchstwahrscheinlich Resultat kultureller Zwänge. Die meisten Jäger-und-Sammler-Kulturen, die von einem Tag zum anderen von den Ressourcen leben, die sie töten oder sammeln, und die nur wenig für kommende Zeiten zurücklegen können, arbeiten in der Regel drei bis fünf Stunden. Vielleicht schlummert die angeborene Versuchung, es langsamer angehen zu lassen, ja auch in dem arbeitssüchtigsten Menschen. Das würde erklären, warum Faulheit mit Lust und Gefräßigkeit zu den sieben Todsünden gezählt wird.

27

Alles nur zu menschlich

Allem säkularen Gehabe zum Trotz hat Wissenschaft mit vielen Religionen etwas gemein: das eifrige Festhalten am Konzept der Sünde. Es gibt wissenschaftliche Todsünden wie das Fälschen von Ergebnissen oder das Übergehen der Leistungen eines Kollegen. Und es gibt lässliche Sünden wie eine gewisse experimentelle Großzügigkeit oder das etwas zu häufige Erscheinen im Fernsehen. Als eine der größten unter den kleineren Sünden galt den Wissenschaftlern, die sich mit dem Verhalten und der Ökologie von nicht menschlichen Tieren beschäftigen, lange Zeit die gefürchtete Praxis der Vermenschlichung: die Versuchung, der zu untersuchenden Kreatur Emotionen, Absichten, Bewusstsein, Intelligenz, Wünsche oder andere Merkmale zuzuschreiben, die ausschließlich als menschlich gelten.

Nach herkömmlicher Ansicht sollte ein Wissenschaftler nie davon ausgehen, dass ein Tier bestimmte Absichten verfolgt oder sich dessen bewusst ist, was es tut, ja nicht einmal davon, dass es Schmerz fühlt. Der wahrhaft objektive Biologe wird sich hüten, persönliche Gefühle in ein Tier zu projizieren, und seine Forschung stattdessen auf eine solide Sammlung von Beobachtungen und eine emotionslose statistische Analyse seiner Daten beschränken. In jüngster Zeit hat sich jedoch eine wachsende Zahl von Verhaltensforschern von dieser Ansicht abgewandt und verkündet, dass die Vermenschlichung, wenn sie intelligent und geschickt erfolgt, unsere Erkenntnisse über Leben und Befindlichkeiten der Geschöpfe um uns herum beträchtlich erweitern kann.

Niemand will damit sagen, dass Tiere nichts weiter sind als kleine Menschen mit Federn oder Pelz, die dummerweise nicht über einen Internet-Anschluss verfügen. Das Argument der Anthropomorphisten lautet vielmehr, dass viele Arten alle Anzeichen für eine vorhandene Selbst-Bewusstheit aufweisen, für eine Bewusstheit des Daseins anderer und für ein gewisses Maß an Vorausschau und Absicht – alles Merkmale, von denen der orthodoxe Antianthropomorphist behaupten würde, dass sie Tieren grundsätzlich fehlen. Die Anthropomorphisten stehen auf dem Standpunkt, dass sie interessantere Fragen stellen und aussagekräftigere Experimente entwerfen können, wenn sie nicht menschlichen Wesen ein gewisses Maß an Motivationen und Wünschen zugestehen. »Ich habe nicht vor, waghalsige Behauptungen aufzustellen, etwa dass Tiere eine Menge bewusster Manipulationen an ihrer Umwelt vornehmen«, so ein eingefleischter Anthropomorphist, »aber ich würde ohne Zögern behaupten, dass Tiere gewisse Erwartungen bezüglich ihrer Zukunft hegen.«

Der Abendkernbeißer beispielsweise versammelt sich mit seinen Artgenossen im Kreis statt in einer Reihe oder in einem fröhlichen Durcheinander. Aus dem vermenschlichenden Blickwinkel des Anthropomorphisten gelangten Biologen zu der Überzeugung, dass sich dieses rätselhafte Gruppenverhalten womöglich daraus erklären lässt, dass die Vögel sich so leichter der Aktivitäten anderer im Schwarm versichern können: Wenn ein Vogel sieht, dass ein anderer nach Räubern Ausschau hält, beginnt er in Ruhe zu fressen, ist er doch für den Moment der Pflicht entbunden, darauf achten zu müssen, was hinter ihm passiert. Wie sonst sollte sich das Verhalten erklären lassen, wenn nicht durch die Annahme, dass der Kernbeißer erwartet und darauf vertraut, dass seine Wache über seine Artgenossen ihm zum Vorteil gereicht?

Die Neo-Anthropomorphisten erklären, es gebe für die Annahme, dass wir Menschen durch eine unüberbrückbare Kluft vom Rest der natürlichen Welt getrennt sind, keinerlei wissenschaftlich fundierten Grund. Das menschliche Skelett, der menschliche Körper, die molekularen Abläufe im Inneren menschlicher Zellen, das Nervengewebe, aus dem das erhabene menschliche Gehirn besteht – sie alle gleichen in bemerkenswerter Weise denen anderer Arten. Welche Vermessenheit veranlasst uns also zu glauben, dass die menschliche Psychologie und das menschliche Verhalten aus dem Nichts entstanden sind und keinerlei Ähnlichkeiten mit dem Verhalten irgendeines anderen irdischen Wesens haben? Wir sind lebende Organismen, die in einem Kontinuum mit anderen Organismen existieren, so die Vertreter des Anthropomorphisten-Lagers, und es ist wenig sinnvoll, Aspekte unserer Menschlichkeit leugnen zu wollen, wenn wir uns mit dem Verhalten unserer Mitgeschöpfe befassen.

Die neue Garde steht auch auf dem Standpunkt, dass der Anthropomorphismus im Grunde nur ein anderes Wort für Empathie ist, für die Bereitschaft, sich mit dem auseinander zu setzen, das man auch als die »private Erfahrung« eines Tieres bezeichnet: die visuellen Eindrücke, die Gerüche, das Getöse und Gesumme, das seine Welt ausmacht; die Dinge, die es zur Kenntnis nimmt, und die Dinge, die es ignoriert; wie es reagiert, wenn es mit dem Unerwarteten konfrontiert wird. Ein guter Anthropomorphist wird versuchen, in den Schädel eines Lebewesens hineinzuschlüpfen, um die Welt so zu sehen, wie das Tier es tut – wie eine Waldklapperschlange zu kriechen oder durch die Lüfte zu segeln wie ein Rotschulterbussard –, und dazu ist es unerlässlich, diesen Schädel als würdigen und komplexen Aufenthaltsort zu betrachten.

In einem Experiment mit definitiv anthropomorphem Beigeschmack versuchten die Biologen die Geistesgegenwart einer Hakennatter auf die Probe zu stellen. Diese Schlange verfügt über ein vielfältiges und sehr breites Spektrum an Manövern, um einen Räuber zu täuschen. Bei der ersten Konfrontation pumpt sie sich auf wie eine giftige Kobra (das heißt, sie verbreitert ihre Gestalt, indem sie ihre Rippen nach außen stellt), obwohl sie überhaupt nicht giftig ist. Wenn das den Feind nicht abschreckt, verfällt sie in eine Art Starrkrampf, wälzt und windet sich eine Weile am Boden und kippt dann auf den Rücken, stellt die Atmung ein und lässt die Zunge aus dem Maul hängen, als sei sie tot. Lange galt diese Darbietung lediglich als Ausdruck der Furcht, aber Biologen haben beweisen können, dass es sich in Wirklichkeit um einen Akt der Täuschung handelt: Die Schlange stellt sich tot. Und sie spielt ihre Rolle auf das Raffinierteste. Solange ein Mensch neben der Schlange steht und sie anstarrt, bleibt das Reptil regungslos mit heraushängender Zunge auf dem Rücken liegen. Sobald der Betreffende jedoch seine Augen abwendet, dreht sich die Schlange flink auf den Bauch und gleitet von dannen.

Die aufrührerische Haltung der Anthropomorphisten hat unter den Verhaltensforschern eine lebhafte Debatte und ein wahres Karussell des Für und Wider ausgelöst. John S. Kennedy von der Oxford University warf im Jahr 1992 den Fehdehandschuh in den Ring mit seinem kleinen Bändchen *The New Anthropomorphism*, in dem er die Praktiken des Anthropomorphismus als eine Art genetisch bedingte »Erkrankung« geißelte, die geheilt werden muss, wenn das Gebiet der Verhaltensforschung überleben soll. Beißende Attacken gegen dieses Buch und seine Gesinnungsgenossen füllen seither die Zeitschriften für Verhaltensforschung, in denen die Vertreter des Anthropomorphismus Kennedy wegen seiner Ignoranz gegenüber ihren Arbeiten über tierische Intelligenz, Sprache und Bewusstheit angreifen.

Die meisten Wissenschaftler liegen irgendwo zwischen

den Extremen. Sie gestehen zu, dass Tiere über ein komplexeres Innenleben verfügen, als man es ihnen bislang zugestanden hat. Sie fürchten jedoch auch, dass das Bild, das die Anthropomorphisten von ihrem Anliegen zeichnen, zu grob ist und dass diese zu viele ihrer eigenen Ansichten und Überzeugungen auf ihre Tiere übertragen. Ein besonders lebhaftes Beispiel für die Gefahren, die eine Betrachtung der Natur durch eine allzu vermenschlichte Brille birgt, bietet der Bericht der großen Elefantenforscherin Cynthia Moss über ihre erste Begegnung mit etwas, das sie zunächst als »Grünschleimkrankheit« bezeichnete. Zu Beginn ihrer Beobachtungen an Dickhäutern fiel ihr auf, dass alle männlichen Elefanten der von ihr beobachteten Herde auf ihrer Haut, vor allem aber in der Umgebung ihres Penis einen grünen Schleim absonderten. Ihr definitiver Abscheu vor der vermeintlich krankhaften klebrigen Absonderung veranlasste sie zu der Annahme, dass auch die Elefantenkühe ihre verschmierten Genossen unattraktiv finden müssten. Doch im weiteren Fortgang ihrer Studien fand sie heraus, dass der Schleim zum Brunftverhalten der Elefanten gehört und von den Weibchen vielmehr als überaus attraktiv empfunden wird. Nicht minder haarsträubend ist, wenn übertriebener Anthropomorphismus zu unangemessener Tierpflege führt, beispielsweise dazu, dass Rattenkäfige aseptisch sauber gehalten werden, obwohl Ratten in Wirklichkeit daran gewöhnt sind, eine reiche Auswahl an Düften zu schnuppern.

Neben alledem wirft die Anthropomorphismus-Debatte unter den einzelnen Streitern auch eine gewisse Form von »Speziesismus« auf: Jeder verteidigt das von ihm untersuchte Tier als das klügste, höchst entwickelte und damit als das der Vermenschlichung am ehesten würdige Geschöpf. Bei ihren Angriffen auf Kennedy offenbaren einige Anthropomorphisten ihren Anthropozentrismus, beispielsweise mit der spöttischen Bemerkung, seine Haltung entspreche genau dem, was man von einem Insektenforscher erwarten würde, der sein ganzes Leben mit dem Studium niederer (das heißt, nicht menschlicher) Blattläuse zugebracht habe. Primatologen stehen auf dem Standpunkt, dass es absolut sinnvoll sei, Ähnlichkeiten zwischen dem Verhalten von Schimpansen und unseren eigenen Dummheiten zu suchen, denn schließlich hätten beide Arten mindestens achtundneunzig Prozent ihrer DNS gemein. Doch auch diejenigen, die Tiere untersuchen, die mit uns weit weniger eng verwandt sind, bestehen darauf, dass ihre Geschöpfe ein ausgeprägtes Sozialverhalten, gepaart mit Bewusstsein und Intelligenz besitzen. Von Schafen wird allgemein angenommen, dass es in ihrem Gehirn genauso trübe aussieht, wie man es von einem sprichwörtlichen Schafskopf erwartet. Doch Biologen, die sich mit Schafen befassen, haben bei ihren Tieren ein überaus komplexes Sozialverhalten beobachtet, das bis hin zu Gesten der Versöhnung nach einer Auseinandersetzung geht oder zum Einstehen für ein Mitschaf, das von der Herde angegriffen wird.

Die Diskussion über die Beziehung des Menschen zum Tierreich ist natürlich nicht neu. Die christlich-jüdische Tradition schrieb dem Menschen eine Position in Gottesnähe und die Herrschaft über die Tierwelt zu. Tiere können, so die landläufige Meinung, nicht denken, und damit können sie nach René Descartes im Grunde auch nicht über ein Sein verfügen – und ganz sicher haben sie nichts mit dem vernunftbegabten Menschen gemein. Trotzdem haben Menschen die Wesen um sie herum immer vermenschlicht, insbesondere Tiere, die sie gern hatten. Als Charles Darwin seine Theorien über die natürliche Selektion und die Abstammung des Menschen formulierte, musste er feststellen, dass sein Publikum im neunzehnten Jahrhundert die Vorstellung zutiefst ablehnte, es könnte mit Affen verwandt sein. Und tatsächlich war das Geschöpf, das er selbst in seinen Schriften als dem Menschen am ähnlichsten schilderte, der Hund.

Zu Beginn des zwanzigsten Jahrhunderts verbreitete sich eine Denkrichtung, die man als Behaviorismus bezeichnet und der zufolge es keinerlei Anlass gibt, einem Tier ein psychologisches Innenleben zuzubilligen, weil alle Aktivitäten sich ohne jedweden Bezug auf Emotionen oder Motive objektiv als das beschreiben lassen, was sie sind. (Die Psychologen versuchten, ähnlich mechanistische Prinzipien sogar auf Verhaltensanalysen am Menschen anzuwenden.) In den siebziger Jahren begann jedoch Donald Griffin, der Entdecker des Echolots bei Fledermäusen, die Behauptung, Tieren gehe ein Bewusstsein ab, in Frage zu stellen. Die Deiche des strengen Behaviorismus zeigten daraufhin erste Risse. Zur selben Zeit trat die nassforsche Schule der Soziobiologie auf den Plan, die für eine schier endlose Skala komplexer sozialer Verhaltensweisen rein evolutionär bedingte Motive forderte. Plötzlich schien es möglich zu sein, dass Tiere planen, sich verschwören und Manöver durchführen – und all das nur, um ihr genetisches Erbe weitergeben zu können.

Inzwischen kreist die Debatte um die Frage, bis zu welchem Grad Tiere sich dessen bewusst sind, was sie tun, beziehungsweise darum, bis zu welchem Grad dies die Wissenschaft zu interessieren hat. Manche Behavioristen kritisieren an der Auseinandersetzung mit den Anthropomorphisten, dass die wissenschaftlichen Techniken zur Untersuchung von Gehirnfunktionen viel zu primitiv sind, um mit ihnen die Frage nach tierischen Intentionen anzugehen. Wenn uns ein Tier nicht sagen kann, was es zu tun vorhat, und wenn es keine Methode gibt, diese Absicht in irgendeiner anderen Weise sichtbar zu machen, welchen Beweis haben wir dann dafür, dass die Absicht tatsächlich vorliegt? Wenn man über zielgerichtetes Handeln bei Tieren redet, als gehöre dies in das Reich der Wissenschaft, so bemängeln sie, spannen wir nicht nur den Karren vor das Pferd, sondern wir tun auch noch so, als geschehe dies auf Geheiß des Pferdes.

Die Kritiker gestehen zu, dass es für einen Verhaltensforscher so gut wie unmöglich ist, keine enge Beziehung zu dem von ihm untersuchten Tier zu entwickeln. Doch wenn ein guter Wissenschaftler seine Ergebnisse zur breiteren Verwendung präsentiert, wird er sie von aller Subjektivität zu befreien suchen und sich an solide Daten und deren möglichst unparteiische Auswertung halten. Außerdem, so wenden sie ein, verstößt die Annahme, dass ein Tier sich seines Verhaltens gewärtig ist, gegen ein Hauptprinzip der Wissenschaft, das besagt, dass man für jede Beobachtung stets die einfachste Erklärung zu suchen hat. Und die einfachste Annahme ist, dass die meisten Verhaltensweisen weder Bewusstsein noch tierische Emotionen, noch strategische Planung voraussetzen. Denn schließlich, so bemerkte man bereits vor einem halben Jahrhundert, sehen Mikroben, die man auf die Größe einer Katze oder eines Hundes aufbläst, ebenfalls aus, als würden sie über Wünsche, Gefühle und Intelligenz verfügen, so durchdacht wirkt ihr Verhalten, wenn sie auf einen Tropfen Zuckerwasser zu- oder von einer schädlichen Substanz weggleiten.

In Reaktion darauf erklären nun wieder die Anthropomorphisten, dass sie diejenigen sind, die die einfachsten, saubersten und sinnvollsten Annahmen über Tiere formulieren, und dass es die Anthro-Chauvinisten sind, die sich zur Wahrung menschlicher Exklusivität immer wieder in unhaltbare Situationen manövrieren. Vor Jahren hätten die Chauvinisten den Standpunkt vertreten, dass allein Menschen Werkzeuge verwenden. Dann entdeckte man, dass manche Tiere wie Schimpansen und Elefanten Stöcke, Steine und andere Gegenstände als Werkzeuge benutzen. Also sagten die Neinsager, nur Menschen seien imstande, das verwendete Werkzeug zu wechseln. Dann stellte man fest, dass Schimpansen ihre Stöcke jeweils danach auswählen, was sie mit ihren Geräten zu tun haben. Das neueste Argument lautet, dass nur Menschen Werkzeuge verwenden, um Werkzeuge herzustellen. Und so dreht und windet sich die Definition dessen, was unserer Ansicht nach zum Menschsein unerlässlich ist, angesichts sich wandelnder wissenschaftlicher Erkenntnisse unablässig weiter, und muss sich immer wieder neu anpassen. Das Bedürfnis, etwas Besonderes zu sein, ist schließlich trotz alledem nur allzu menschlich.

V

Heilen

28

Eine neue Theorie der Menstruation

Die menstruierende Frau wurde auf die verschiedenste Weise geschmäht, gefürchtet, bemitleidet oder aus ihrer Gemeinschaft verbannt, auf dass sie ihre »unreinen« Tage in Einsamkeit verbringe. Eine Frau blutet einmal im Monat, so die Legende, um sich ihrer unbefruchteten Eizellen und gleichzeitig der Gebärmutterschleimhaut zu entledigen, die in optimistischer Erwartung eines Babys, zu dem es nie kommen sollte, herangemästet worden ist. Bleibt der Leib leer, muss die Gebärmutter weinen.

Also gut, ihr Frauen, freut euch, denn ihr habt nichts zu verlieren – es sei denn eure Schande. Eine Evolutionsbiologin fordert jedoch eine radikal neue Sichtweise der Menstruation. Eine Perspektive, die dem schmutzigen Geschäft mit der Periode eine aktive und heilsame Note verleiht. Margie Profet von der University of Washington, eine Bilderstürmerin der alten Schule, ist der Ansicht, dass sich die Menstruation im Verlauf der Evolution zum Wohl der Frau entwickelt hat, und zwar als Mechanismus zum Schutz von Gebärmutter und Eierstöcken gegen schädliche Mikroben, die vom eindringenden Sperma mitgebracht werden.

Dieser Lesart zufolge ist die Gebärmutter extrem verwundbar durch Bakterien und Viren, die möglicherweise auf Spermien huckepack reiten, und die Menstruation liefert ein aggressives Mittel, Infektionen zu verhüten, die letztlich Unfruchtbarkeit, Krankheit und Tod nach sich ziehen könnten. In der Menstruation, so Frau Profet, fährt der Körper einen zweigleisigen Angriff gegen potenzielle Eindringlinge: Einerseits stößt er die Uterusschleimhaut ab, in der Krankheitskeime vermutlich zuerst ihr Unwesen treiben würden. Zum anderen überschwemmt er den Bereich mit Blut und schafft so Immunzellen herbei, die die Krankheitserreger zerstören können. Auf diese Weise werden die Krankheitskeime samt ihrer Behausung vernichtet.

Frau Profets Theorie sucht nach einer Antwort auf die einfache Frage, weshalb der Körper einer Frau vor dem Einsetzen der Menopause Monat für Monat die Mühe auf sich nimmt, beträchtliche Mengen an Blut und Gewebe abzustoßen, gehen doch bei diesem Prozess Eisen und andere wertvolle Nährstoffe verloren. Weshalb die Uterusschleimhaut nicht bereithalten, bis ein Embryo sie benötigt – warum das Bad ausschütten, wenn das Kind noch nicht einmal darin gewaschen worden ist? Und wenn die Schleimhaut schon regelmäßig ausgewechselt werden muss, warum dann die verschwenderische Blutung? Schließlich wird die Schleimhaut des Verdauungstraktes alle zwei bis vier Tage erneuert. Unsere Haut schilfert Tag für Tag Tausende von Zellen ab, und auch andere Organe werden aufgefrischt und geflickt, und das ganz und gar ohne den Einsatz von Blut. Insgesamt betrachtet ist die Menstruation ein kostspieliges Ereignis für eine Frau, und Frau Profet ist der Überzeugung, dass dieses nicht stattfinden würde, wenn es dafür nicht einen wichtigen Grund gäbe. Sie ist überdies der Ansicht, dass andere Arten uteriner Blutungen – beispielsweise die Zwischenblutungen, die den Eisprung gelegentlich begleiten, oder Blutungen bei der Einnistung des Embryos sowie nach der Geburt – das Mittel des Körpers sein könnten, Haus und Hof gründlich zu reinigen und von pathogenen Eindringlingen zu befreien.

Die Theorie geht noch weiter und verweist darauf, dass wir und die höheren Primaten keineswegs, wie oft vermutet wird, die einzigen Tiere sind, die menstruieren. Ein ausführlicher Rückblick auf die wissenschaftliche Literatur der Vergangenheit bis zurück ins neunzehnte Jahrhundert vermittelte Frau Profet die Erkenntnis, dass man bei einer Reihe von Säugetieren, die in der Evolution zu den verschiedensten Zeitpunkten entstanden sind, ebenfalls eine Menstruation beobachtet hat, unter anderem bei Fledermäusen, Spitzhörnchen, Raubbeutlern und niederen Affen. Wenn die Wissenschaftler sich nur die Zeit nähmen, könnten sie womöglich feststellen, dass so gut wie alle Säugetiere menstruieren, wobei manche Arten vielleicht nur minimale Mengen an Blut verlieren, die sich nicht ohne weiteres erkennen lassen.

Diese kühne Hypothese hat eine Reihe von medizinischen Konsequenzen. Wenn die Blutungen tatsächlich Infektionen vorbeugen sollten, wäre es angebracht, auf Verhütungsmittel zu verzichten, die die Blutung völlig unterdrücken. Zudem sollten unerklärliche Blutungen als mögliches Frühzeichen einer Infektion gedeutet werden, als Hinweis darauf, dass der Körper gegen eine Infektion ankämpft. Ärzte sehen solche Blutungen häufig als Ausdruck hormoneller Schwankungen, als Reaktion, was für die Betroffene das Risiko erhöht, sich eine Infektion im Beckenbereich zuzuziehen. Diese Argumentation ist jedoch nach Ansicht von Frau Profet völlig schief: Es wäre so, als behaupte man, der Feuerwehrmann würde das Feuer verursachen. Wenn Profet Recht hat, wäre das Schlimmste, was ein Arzt tun könnte, um eine ungeklärte Blutung zu behandeln, sie mit Hormonen einzudämmen. Ein geeigneterer Schritt wäre dann eine Untersuchung der Patientin auf infektiöse Organismen, beispielsweise auf Chlamydien, und eine umgehende Behandlung mit Antibiotika. Es kann aber auch andere Gründe für unregelmäßige Blutungen geben, etwa Tumoren, eine Endometritis oder eine Schwangerschaftsanomalie – aber eine Infektion sollte stets ebenfalls in Betracht gezogen werden, so Margie Profet.

Diese Hypothese erklärt möglicherweise auch, warum Frauen, die eine Spirale tragen, sehr massive Blutungen haben. Die Spirale führt zu einer chronischen Entzündung der Gebärmutter, und eine Entzündung ist in der Regel ein Zeichen für eine Infektion. Die Gebärmutter reagiert, als hätte sie es mit Krankheitskeimen zu tun, und verstärkt die Blutung.

Eine Reihe von Gynäkologen hat diese Theorie angegriffen – manche, weil sie ihnen zu neuartig erscheint, um sich mit ihr wohl fühlen zu können, andere, weil sie sagen, dass die von ihnen behandelten Frauen während der Regel im Gegenteil infektionsanfälliger sind und eben gerade nicht vor Krankheit gefeit. Margie Profet antwortet darauf, (a) dass der Augenblick der Periode nicht notwendigerweise eine Zeit erhöhter Resistenz ist, sondern nur die Ausmerzung von in der Vergangenheit angesammelten Keimen bedeutet, und dass (b) kein Immunmechanismus des Körpers perfekt ist und die Ärzte es in erster Linie mit Patientinnen zu tun haben, deren angeborene Verteidigungsmechanismen versagten.

Die Urheberin der Theorie lebt und denkt außerhalb der Normen. Eine wichtige Anerkennung erhielt sie im Jahr 1993. Damals wurde ihr im Alter von fünfunddreißig Jahren der Mac-Arthur-Award – der »Geniepreis« – verliehen. Abgesehen davon wurden ihr jedoch nicht allzu viele der traditionellen Anerkennungen zuteil. Sie unterzog sich nie der Mühe zu promovieren, weil sie dies für reine Zeitverschwendung hielt und als potenziellen Dämpfer für die eigene Kreativität sah. Stattdessen publizierte sie unorthodoxe Theorien über die Evolution von Alltagsphänomenen, die von Wissenschaftlern und Ärzten in der Regel ignoriert werden. So hat sie beispielsweise die Vermutung geäußert, dass die morgendliche Übelkeit, herkömmlicherweise als zufälliger Nebenaspekt der Schwangerschaft betrachtet, in Wirklichkeit entstanden sei, um Frauen während der Zeit, in der der Fetus durch aufgenommene Giftstoffe besonders verwundbar ist, davor zu bewahren, Gemüse und andere Nahrungsmittel zu sich zu nehmen, die reich an natürlichen Toxinen sind. Sie hat auch die Überlegung geäußert, dass die Allergien, an denen manche Menschen zu leiden haben, ein Mechanismus sein könnten, durch den der Organismus sich selbst vor Substanzen pflanzlicher Herkunft schützt, die seine Zellen schädigen könnten, wenn sie nicht durch Husten oder Niesen aus dem System entfernt werden.

Zum ersten Mal nachgedacht hat Margie Profet über das Problem der Menstruation, als sie etwa sieben Jahre alt war und von ihrer Schwester darüber aufgeklärt wurde. »Ich empfand nur Abscheu, denn es ergab keinen Sinn und schien mir so ungemein unrentabel«, berichtet sie. »Warum die ganze Mühe auf sich nehmen und eine so komplizierte Zellschicht produzieren, nur um sie anschließend abzustoßen? Ich dachte, Gott müsse uns wirklich hassen, dass er uns mit etwas so Lächerlichem belastet.« Als sie älter wurde, empfand sie die Erklärungen der Kliniker zum Thema Menstruation als überaus unbefriedigend, und die medizinische Sicht der Periode als unseliges und möglicherweise unnötiges Nebenprodukt des hormonellen Zyklus irritierte sie, denn für diese Theorien gab es, soweit sie es überblicken konnte, keinerlei Beweise.

So wie sich die Struktur des Benzols seinem Entdecker im Traum als Zirkel aus lauter Schlangen darstellte, die sich selbst in den Schwanz bissen, leistete auch Margie Profet den fantasievollsten Teil ihres theoretischen Ansatzes im Schlaf. Eines Nachts träumte sie von schwarzen Dreiecken, die tief in rotem Gewebe steckten, und als sie aufwachte, realisierte sie, dass die Dreiecke pathogene Keime repräsentierten, und der scharlachrote Hintergrund für die blutende Gebärmutter stand.

Beträchtlicher Forschungsaufwand belieferte Profet mit

Beweisen unterschiedlichster Art, die allesamt zur Unterstützung ihrer Theorie beitrugen. Als Erstes hatte sie nach Hinweisen darauf gesucht, dass die Menstruation eine Anpassung ist – etwas, das sich im Hinblick auf ein bestimmtes Ziel entwickelt hat – und sie nicht nur ein Nebeneffekt schwankender Hormonkonzentrationen ist. Aus physiologischen Untersuchungen lernte sie, dass es spezielle Blutgefäße gibt, die so genannten Spiralarterien, die die Uterusschleimhaut durchziehen und offenbar den Ablauf der Menstruation dirigieren, indem sie sich zunächst fest zusammenziehen und danach rasch erweitern. Der Verschluss der Arterien lässt das Gewebe an Blutmangel zugrunde gehen. Das erneute Öffnen lässt einen Schwall von Blut einströmen, der das frisch nekrotisierte Gewebe davonträgt. Dem Menstruationsblut fehlt es überdies an Stoffen, die andernorts im Körper das Blut beim Kontakt mit Luft gerinnen lassen.

Angesichts der Hinweise auf ein »Anpassungsdesign« entwickelte Margie Profet ihre eigene Theorie zu der Frage, welchem Zweck dieses dienen könnte. Aus klinischen Studien erhielt sie reichlich Bestätigung dafür, dass Sperma ein potenter Krankheitsüberträger ist. Auf elektronenmikroskopischen Aufnahmen sind Spermien ausnahmslos von mitgeschleppten Bakterien umringt. Zwar ist der Gebärmutterhals mit Schleim angefüllt, der Organismen die Passage in den oberen Teil der Geschlechtsorgane verwehrt, aber dieser Schleim wird während des Eisprungs durchlässig, damit die Spermien die Eizelle auch erreichen können. Auf den Spermien können dann aber auch Krankheitserreger aus dem Körper des Mannes oder solche, die während des Verkehrs in der Scheide aufgeschnappt wurden, den Gebärmutterhals passieren, in die Gebärmutter gelangen und so die Frau einem erhöhten Krankheitsrisiko aussetzen.

Noch zwei andere Befunde lassen auf eine konstruktive Rolle der Periode schließen: Das Menstruationsblut ist einerseits reich an Makrophagen – Immunzellen, die unerwünschte Eindringlinge verschlingen können –, und es ist andererseits in der Lage, Eisen zurückzuhalten und den Bakterien, die für ihr Überleben auf Eisen angewiesen sind, zu entziehen.

In Anbetracht dessen, dass auch andere weibliche Säugetiere durch Mikroorganismen, die mit dem Sperma in den weiblichen Genitaltrakt eindringen, gefährdet sein müssten, suchte Profet nach Hinweisen darauf, ob die Menstruation oder andere Formen von uterinen Blutungen im Stamm der Säugetiere nicht sehr viel verbreiteter sind, als bislang angenommen. Sie kann eine lange Liste von Arten anführen, die sichtbar oder im Verborgenen bluten. Sie findet zudem keinerlei überzeugende Argumente dafür, dass es Weibchen geben sollte, die nicht menstruieren. Dass die Periode beim Menschen am auffälligsten ist, überrascht kaum: Frauen sind sehr viel häufiger empfänglich als jedes andere Tierweibchen, und so ist bei ihnen auch das Risiko für eine durch sexuelle Kontakte bedingte intrauterine Infektion am höchsten. Während der Schwangerschaft sind Frauen von der Notwendigkeit befreit, bluten zu müssen, denn während dieser Zeit ist der Gebärmutterhals mit einem dicken und chemisch überaus feindseligen Schleimpfropf gut versiegelt. (Während der letzten beiden Schwangerschaftsmonate wird dieser Schleim jedoch erneut durchlässig, und deshalb empfehlen manche Ärzte ihren schwangeren Patientinnen, den Partner in dieser Zeit zum Schutz vor Infektionen Kondome tragen zu lassen.) Bei Frauen in der Postmenopause ist der Zervikalschleim ebenfalls zähflüssiger als bei fruchtbaren Frauen. Er stellt eine Barriere dar, die zumindest teilweise das Fehlen des allmonatlichen Hausputzes im Körper ausgleicht. Wenn es keinen Grund mehr gibt, Spermienzellen durchzulassen, um eine empfängnisbereite Eizelle zu befruchten, kann man sie und ihre mikrobiellen Mitreisenden ebenso gut bereits am Tor abfertigen.

29

Warum Gemüse
so gesund ist

Tief verborgen im Innersten der Seele jedes waschechten Amerikaners, der sich nur allzu gern der schönen Tage erinnert, als Fleischessen noch als Tugend galt und keine Abendmahlzeit ohne ein ordentliches Schweinekotelett, ein Rindersteak oder ein Stück Hochrippe denkbar war, schlummert die schwache Hoffnung, dass der ganze Wirbel, den man in jüngster Zeit um Obst, Körner, Gemüse und nochmals Gemüse veranstaltet, sich eines Tages irgendwie als schrecklicher Irrtum erweisen wird.

Begrabt eure Hoffnung. Die Wahrheit ist, dass je mehr wir über die Inhaltsstoffe von Obst, Gemüse, Hülsenfrüchten und Kräutern lernen, wir umso beeindruckter von den Fähigkeiten dieser Substanzen sein müssen. Sie sind nämlich imstande, den körperlichen Verfall aufzuhalten, der in Krebs und andere chronische Krankheiten mündet. Ernährungswissenschaftler und Epidemiologen haben seit langem beobachtet, dass Menschen, die von einer pflanzenreichen Ernährung leben, eine geringere Krebshäufigkeit aufweisen als treue Fleischanhänger, und inzwischen sind die Wissenschaftler auch auf dem Weg, das Warum zu verstehen.

Außer Vorzügen wie Vitaminen und Ballaststoffen haben pflanzliche Nahrungsmittel eine Reihe von Chemikalien vorzuweisen, die zwar keinen Brennwert besitzen und für das unmittelbare Überleben unnötig sein mögen, die jedoch dem langsamen, unbarmherzigen Fortschreiten einer Krebserkrankung Einhalt gebieten können. Die meisten der bislang durchgeführten Experimente wurden an Tieren oder isolierten Zellen vorgenommen, und bisher hat sich noch kein spezieller Bestandteil von Obst oder Gemüse in langfristigen Untersuchungen am Menschen als probates Mittel zur Verhütung oder Eindämmung malignen Wachstums erwiesen. Nichtsdestotrotz können wir uns dadurch ermutigt (oder verstimmt) fühlen, dass die Laborergebnisse in seltenem Einklang mit Erkenntnissen aus empirischen Untersuchungen an langlebigen Populationen stehen.

Gerade als die Forscher dachten, sie hätten ein einigermaßen vernünftiges Verständnis der grundlegenden, gegen Krebs wirksamen Verbindungen gewonnen, die sich in einer gesunden Ernährung finden, tat sich eine neue Möglichkeit auf, wie bestimmte Inhaltsstoffe von Pflanzen dazu beitragen können, der Krankheit einen Strich durch die Rechnung zu machen. Wissenschaftler von der Universitätskinderklinik in Heidelberg haben unlängst aus dem Urin von Personen, die sich mit einer an Sojabohnen und Gemüse reichen traditionellen japanischen Kost ernähren, eine Verbindung namens Genistein isoliert. In Experimenten mit einer synthetischen Version der Substanz an Geweben in der Petrischale zeigten sie, dass Genistein einen Prozess blockiert, den man als Angiogenese (Wachstum neuer Blutgefäße) bezeichnet.

Diese Fähigkeit kann wichtige Konsequenzen für die Verhütung und Behandlung vieler Arten von Tumoren – darunter bösartige Veränderungen in Brust, Prostata und Gehirn – haben. Wenn ein Tumor größer werden soll als einen oder zwei Millimeter im Durchmesser, dann muss er zunächst dafür sorgen, dass um ihn herum genügend neue Blutgefäße wachsen. Sobald er ausreichend mit Gefäßen versorgt ist, erhält der Tumor die für sein weiteres Wachstum notwendigen Mengen an Sauerstoff und Nährstoffen, und letzten Endes dringt er selbst in das Blut- und Lymphsystem ein und sät seine tödlichen metastatischen Kolonien im übrigen Körper aus. Indem es das Kapillarwachstum hemmt, könnte Genistein entstehende Tumoren daran hindern, über harmlose Dimensionen hinauszuwachsen.

Genistein findet sich in hohen Konzentrationen in Sojabohnen und in etwas geringerer Konzentration auch in anderen Hülsenfrüchten. Bei Menschen, die sich von traditioneller japanischer Kost ernähren, liegt der Genisteinspiegel im Urin um das Dreißigfache über dem eines Angehörigen der westlichen Zivilisation. Die andersartige Ernährung könnte eine Erklärung dafür liefern, warum beispielsweise die Prostatakrebsrate bei japanischen Männern, die ihr Land für ein paar Jahre verlassen, um in den Vereinigten Staaten oder in Europa zu arbeiten, sprunghaft ansteigt. Winzige Prostatatumoren, die womöglich durch den täglichen Verzehr von Miso-Suppe in Schach gehalten wurden, sehen sich plötzlich in der Lage, nach Belieben zu wachsen, wenn die Männer sich einer westlichen, genisteinarmen Ernährung zuwenden. Wenn Genistein in Tierversuchen und kontrollierten klinischen Studien hält, was es verspricht, wird diese Verbindung sich womöglich gleichermaßen als Diätmaßnahme zur Krebsvorbeugung und in konzentrierter Form zur Behandlung von bereits wachsenden Tumoren als nützlich erweisen.

Die Hemmung der Angiogenese wird als ideale Therapieform gewertet, als eine Möglichkeit, bösartige Veränderungen anzugreifen, während man normales Gewebe ungeschoren lässt. Außer um den verderblichen Bedürfnissen wachsender Tumoren nachzukommen, werden Blutgefäße im Körper nämlich nur nach äußerst seltenen Ereignissen wie schweren Verletzungen, Herzinfarkten oder der Einnistung eines Embryos in die Uterusschleimhaut gebildet. Eine Verbindung, die die Angiogenese stört, hätte damit nur wenige Nebenwirkungen.

So ermutigend der Nachweis von krebshemmenden Wirkstoffen in Nahrungsmitteln auch sein mag, die Wissenschaftler geben zu, dass das Gebiet der Lebensmittelanalytik diesbezüglich noch in den Kinderschuhen steckt. Nahrungsmittel sind in chemischer Hinsicht erschreckend kompliziert – jeder Stängel Broccoli, jedes Stück Melone besteht aus Hunderten, wenn nicht gar Tausenden einzelner, miteinander in Wechselwirkung stehender Chemikalien. Manche pflanzlichen Produkte enthalten natürliche Toxine, die Krebs fördern, und gleichzeitig solche, die der Krankheit entgegenwirken. Herauszufinden, welche Sorte von Substanzen in einem bestimmten Lebensmittel vorherrscht, kann sehr schwierig sein. Neben seinen immanenten Schwierigkeiten ist der von fanatischen Vitaminpräparat-Anhängern, nach ewiger Jugend Suchenden, strikten Veganern, maßlosen Vollkornfreunden und Ähnlichem bevölkerte Bereich Ernährung ausgesprochen anfällig für Spinnereien, Scharlatanerie und Hysterie. Viele seriöse Forscher schrecken davor zurück.

Auch ist der Ansporn für Studien zur Prävention von Krebs eher zaghaft im Vergleich zu denen zu seiner Behandlung. Im Schnitt fließen nur etwa fünf Prozent des jährlichen Budgets von schätzungsweise zwei Milliarden Dollar in die Krankheitsprävention. Weit mehr wird in teure und anspruchsvolle Studien wie die Untersuchungen zur Gentherapie gesteckt, die, so sie denn funktioniert, den vielen Krebspatienten erst in etlichen Jahren zur Verfügung stehen wird. Die Kosten dafür, den weithin gepriesenen Wirkstoff Taxol auf den Markt zu bringen, beliefen sich Schätzungen zufolge auf eine Milliarde Dollar. Dennoch verlängert dieses Medikament das Leben einer an Eierstockkrebs erkrankten Patientin lediglich um etwa fünf Monate. Würde doch nur eine ähnlich hohe Summe dafür ausgegeben, Krebs von vornherein zu verhindern! Es wäre ein Unternehmen, das ein besseres Verständnis der Dinge voraussetzt, die die Leute kauen und schlucken.

Sicher besteht ein Teil der Vorzüge einer pflanzlichen Ernährung in dem, woran sie uns hindert: Jemand, der eine Menge Obst und Gemüse isst, wird sich höchstwahrscheinlich nicht mit zu vielen fettigen Nahrungsmitteln belasten. Hinzu kommt, dass Gemüse weniger Kalorien hat als Fleisch und Käse, und eine verringerte Kalorienaufnahme, so hat sich in Tierversuchen herausgestellt, senkt das Krebsrisiko drastisch. Doch abgesehen von den Tugenden der Enthaltsamkeit hat Gemüse noch viele andere Pluspunkte zu verzeichnen. Bei der Energiegewinnung und beim Sauerstoffverbrauch lassen die Körperzellen unablässig gefährliche Moleküle, so genannte freie Radikale, entstehen. Diese können die Gene mutieren lassen und damit den Grundstein für eine Krebserkrankung legen. Die meisten Radikale werden von den körpereigenen antioxidativ wirkenden Enzymen beiseite geschafft. Gelbe und grüne Gemüsesorten sowie Melonen und Zitrusfrüchte bieten jedoch ebenfalls ein breites Spektrum an antioxidativen Verbindungen, unter anderem die Vitamine C, E und Beta-Carotin, das der Körper zu Vitamin A zerlegt. In Tierversuchen hat sich gezeigt, dass Rosmarin, grüner Tee und Curcumin – die chemische Substanz, die für die gelbe Farbe von Curry verantwortlich ist – allesamt das Tumorwachstum unterdrücken. Dies geschieht mit größter Wahrscheinlichkeit dadurch, dass sie als Antioxidantien wirken und freie Radikale neutralisieren, bevor diese die Steuersäule der Zelle, die DNS, erreichen.

Wissenschaftler sind dem Einfluss pflanzlicher Chemikalien auf den Östrogenstoffwechsel und damit der Frage, auf welche Weise die Ernährung die Entstehung von Brustkrebs beeinflussen kann, nachgegangen. Man weiß, dass Östradiol zwei metabolische Wege gehen kann: Es kann an Position 2 oder an Position 16 seines Kohlenstoffgerüsts hydroxyliert werden. Die letztgenannte Form hat stimulierende Wirkung und weist alle Kennzeichen einer vergleichsweise gefährlichen Version auf: Bei Frauen mit einem erhöhten Brustkrebsrisiko ist die Konzentration der 16er-Form im Blut erhöht, und Gewebe aus Brustkrebstumoren enthält mehr von dieser Form als das umliegende, nicht bösartig veränderte Gewebe.

Die an Position 2 hydroxylierte Form dagegen ist relativ träge. Sie ist beispielsweise bei Leistungssportlerinnen erhöht, und bei diesen liegt das Risiko für Brustkrebs unter dem Durchschnitt. Von Bedeutung für unsere Geschichte hier ist vor allem, dass die inaktive Östrogenform offenbar bei Frauen vorherrscht, die viel Gemüse aus der Familie der Kreuzblütler zu sich nehmen: Broccoli, Rosenkohl und andere Kohlarten.

Durch die Analyse der Inhaltsstoffe dieser grünen Gemüsesorten konnten Wissenschaftler zeigen, dass vor allem eine Chemikalie das Östradiol auf den harmlosen Weg bringt, und zwar das Indol-3-Carbinol. Um herauszufinden, ob diese Induktion das Krebsrisiko von Frauen in irgendeiner Weise beeinflusst, wurde Mitte 1993 mit einer Studie begonnen, bei der eine Gruppe von Frauen eine tägliche Dosis von vierhundert Milligramm Indol-Carbinol einnehmen sollte. Das entspricht etwa der Hälfte der Menge, die man in einem Kopf Weißkohl findet. Binnen der ersten paar Wochen stieg der Blutspiegel der harmlosen Östrogenvariante auf Konzentrationen, wie man sie bei Marathonläuferinnen beobachtet, und er blieb über Monate hinweg erhöht. Ob diese Veränderung im Östrogenstoffwechsel jedoch die Brustkrebsrate beeinflusst hat, wird man erst in etlichen Jahren wissen können.

Kreuzblütler bilden eine regelrechte Fundgrube an antikanzerogenen Verbindungen, und jede Substanz hat ihre eigene Methode, zellulärem Irrsinn zu begegnen. Ein weiterer schützender Bestandteil ist beispielsweise Sulforaphan, das robusteste Mitglied einer Chemikalienklasse, die unter dem Namen Isothiocyanate läuft und Broccoli, Blumenkohl, Grünkohl, Senf, Meerrettich und vielen anderen Gemüsesorten und Gewürzen ihren intensiven Geruch verleiht. Isothiocyanate scheinen indirekt vor Krebs zu schützen, indem sie die körpereigene Produktion natürlich vorkommender Enzyme – so genannter Phase-2-Enzyme – stimulieren, die sich an Karzinogene anheften, diese entgiften und rasch aus dem Körper herausschaffen.

Sulforaphan und andere Enzym-Induktoren können die Wissenschaftler inzwischen mit Hilfe eines einfachen Systems auf der Basis von kultivierten Mäuseleberzellen und mit einem Aktivitätstest für ein Phase-2-Enzym in Nahrungsmitteln nachweisen. Mit dieser Methode hat man nicht nur verschiedene Gemüsesorten, sondern auch unterschiedliche Varietäten desselben Gemüses untersucht und ist zu dem Ergebnis gekommen, dass die Menge an Enzym induzierenden Substanzen von einer Probe zur nächsten ungemein schwankt. Das lässt sich entweder mit natürlichen genetischen Variationen zwischen verschiedenen Sorten oder mit unterschiedlichen Anbaumethoden erklären.

Wenn es um die Analyse von Nahrungsmitteln geht, ist nichts einfach, und jedes Ding scheint mehrere Wirkungen gleichzeitig zu haben. Vitamin C hat neben seiner antioxidativen Kraft auch die Fähigkeit, die Bildung von Nitrosaminen – potenziellen Karzinogenen – im Magen zu hemmen. Genistein vermag, außer dass es das Wachstum von Blutgefäßen unterdrückt, überdies Krebszellen direkt anzugehen und am Wuchern zu hindern. Ballaststoffe, die mehr oder minder im Alleingang die Müsli-Industrie saniert haben (aber auch essenzieller Bestandteil von Obst und Gemüse sind), besitzen eine Reihe von positiven Wirkungen auf den Körper. Sie verringern im Dickdarm die Konzentrationen an schädlichen Verbindungen, sodass dort die Toxine weniger Gelegenheit haben, die empfindliche Schleimhaut zu schädigen, und sie sorgen dafür, dass sich alles rascher durch das System hindurchbewegt. Außerdem verändern Ballaststoffe die Flora von Dünn- und Dickdarm. Auf irgendeine bislang kaum verstandene Weise hemmen sie das Wachstum schädlicher Bakterien, die gewisse Enzyme freisetzen, von denen man annimmt, dass sie das Tumorwachstum fördern, indem sie die in unserer Nahrung enthaltenen Vorstufen karzinogener Substanzen zu aktiven Förderern malignen Wachstums machen. Gleichzeitig mit der Unterdrückung unerwünschter Bakterien fördern Ballaststoffe auch das Wachstum gutartiger Bakterien, die die unerwünschten Vertreter zusätzlich verdrängen können. Und als ob das nicht schon genügend Grund wäre, vom Fettesser zum Wiederkäuer zu werden, fördern Ballaststoffe überdies auch noch die Bildung jener gesünderen Form von Östrogen und wirken so womöglich auch der Entstehung von Brustkrebs entgegen.

Alles in allem sprechen Ausgewogenheit und Abstimmung der in Pflanzen enthaltenen chemischen Substanzen eine deutliche Sprache gegen den übertriebenen Griff zu Vitaminpräparaten zum Ausgleich für eine miserable Ernährung aus Pommes und Snacks. Wenn die Wissenschaft noch an den subtilen Details des Rosenkohls herumrätselt, wie kann dann jemand glauben, das Ganze in einer Tablette nachbauen zu können?

30

Hässliches Fett:
das Los aller Säugetiere

Wenige Dinge im Leben sind so ärgerlich wie die dem Fett eigene Gabe, sich in unansehnlichen Taschen und Falten gewisser Körperregionen anzusammeln: Es schwabbelt am Oberschenkel, es wölbt sich schamlos am Bauch, es hängt schlaff vom Trizeps herunter wie Laken, die im Wind trocknen. Doch so ärgerlich solche Fettablagerungen sein mögen, vielleicht sind sie lediglich der Preis, den wir dafür zu zahlen haben, dass wir Säugetiere sind.

Einst dachten die Forscher, Körperfett sei in mehr oder minder gleichmäßiger Weise unter der Haut und um die inneren Organe herum verteilt, und Menschen, die an der einen oder anderen Stelle mollig werden, würden dies aufgrund ihrer genetischen Veranlagung und ihrer sportlichen Angewohnheiten tun. Doch wie eine Fülle von Studien zum Vergleich von menschlichem und tierischem Fettgewebe erschreckend klarmacht, bleibt selbst das magerste Wildtier nicht davor bewahrt, an ein paar diskreten Brennpunkten seines Körpers Fett einzulagern – an denselben Stellen übrigens, die auch wir ihrer scheinbar endlosen Speicherkapazitäten wegen beklagen. Ob Sie es mit einem Eichhörnchen, einem Dachs, einem Hirsch, einem Vielfraß, einem Kamel oder einem Menschen zu tun haben – das Fett lagert sich im Brustbereich, um die oberen Teile der Vorderbeine (unseren Oberarmen), am Gesäß und um die Oberschenkel sowie in drei bis acht Bauchzonen und am Genick ab. Bei vielen Säugetieren ist überdies das Herz von einem überraschend großen Fettklumpen umgeben, eine Beobachtung, die der herkömmlichen Vorstellung zuwiderläuft, derzufolge Fett in Herznähe eine pathologische Erscheinung und als solche in erster Linie auf den Menschen beschränkt ist. Die Gesamtmenge an Körperfett variiert von einer Art zur anderen und von einem Lebewesen zum nächsten, doch wenn sich Fett ansammelt, dann immer an den gleichen Stellen.

Die Lage der Fettpolster ist scheinbar ausschlaggebend. Die neuen Arbeiten zur Biologie des Fetts – und des Fettgewebes, wie es diejenigen nennen, die es im Labor untersuchen, des Specks, wie es diejenigen nennen, die es im Spiegel untersuchen – machen deutlich, dass Fettzellen in biochemischer Hinsicht bemerkenswerte Unterschiede zeigen, je nachdem, an welcher Stelle im Körper sie sich befinden. Manche sind darauf spezialisiert, Lipide und Fettmoleküle aus dem Blut aufzunehmen. Die Zellen anderer Fettablagerungen sind hingegen dafür prädestiniert, diese Lipide leicht als Brennstoff für das umliegende Gewebe zu mobilisieren. Die verschiedenen Fettablagerungen um Oberschenkel, Bauch und Eingeweide lassen sich in der Tat als lauter völlig verschiedene Organe betrachten.

Bewirkt werden Ansammlung und Ablagerung von Fettpolstern durch Enzyme, die Fettmoleküle synthetisieren, verarbeiten und speichern. Von besonderem Interesse ist ein Enzym namens Lipoprotein-Lipase. Es spielt eine führende Rolle bei der Gewinnung von Fettsäuren aus einer Mahlzeit und deren Speicherung in den Fettzellen. Dieses Enzym ist in beinahe allen untersuchten Arten gefunden worden und bei Weibchen in höheren Mengen vorhanden als bei Männchen – vermutlich, um Weibchen die Fettspeicherung während der Schwangerschaft zu erleichtern.

Eine raffinierte Regulation dieses Enzyms und etlicher anderer ist möglicherweise der Grund dafür, dass Bären, Murmeltiere und andere Arten, die sich alljährlich kugelrund fressen, bevor sie in ihren Winterschlaf fallen und fasten, den bei Menschen häufig zu beobachtenden schädlichen Wirkungen der Fettleibigkeit – erhöhter Blutdruck, verstopfte Arterien und Diabetes – nicht zum Opfer fallen. Ein Eisbär kann beispielsweise so viel Robbenspeck vertilgen, dass der Fettgehalt in seinem Blut Ausmaße erreicht, die einen Hund und vermutlich auch Sie augenblicklich das Leben kosten würden, dennoch sind Leber und Arterien eines Eisbären vergleichsweise fettfrei, und einen Herzinfarkt bekommt er auch nicht. Der Grund dafür scheint in der Wirkungsweise seiner Lipoprotein-Lipase zu liegen. In den kühnsten Träumen hofft man, dass das frisch erworbene Verständnis des Fettstoffwechsels wirksamere Möglichkeiten zur Behandlung von Übergewicht und Fettsucht eröffnet. Zumindest hoffen die Wissenschaftler jedoch, die Menschen davon überzeugen zu können, dass nicht alles Fett auf die gleiche Weise zustande kommt und dass nicht alles Fett gleich schlecht ist.

Worin auch immer seine biochemischen Besonderheiten bestehen mögen, die allgemeine Ansicht zum Thema Fett ist, dass es einen praktischen Energiespeicher für harte Zeiten darstellt. Fett im Essen wird beinahe ohne jeglichen Aufwand in Körperfett verwandelt. Bei der Umwandlung von aufgenommenem Fett in Speicherfett verbraucht das Verdauungssystem lediglich zwei Prozent der im Fett enthaltenen Energie. Der Rest wird in Fettzellen abgeladen. Bei dem Stoffwechselvorgang, Stärke in eine speicherfähige Energieform umzuwandeln, wird hingegen die Hälfte der in den verzehrten Kohlenhydraten enthaltenen Kalorien verbrannt. Mit anderen Worten: Aus Fett lässt sich sehr viel leichter Fett herstellen als aus jedem anderen Nahrungsmittel. Hinzu kommt, dass sich das Fettgewebe, das die Fettmoleküle zum späteren Gebrauch aufbewahrt, nahezu unendlich ausdehnen kann – eine ungewöhnliche Eigenschaft, die es mit keinem anderen Organ außer der Haut teilt. Ein Teil seiner Flexibilität verdankt es den Fettzellen, aus denen das Fettgewebe besteht.

Einzelne Fettzellen können sich auf mehr als das Zehnfache ihrer ursprünglichen Größe aufblähen. Eine Fettzelle ist nichts weiter als ein von einer Membran umschlossener großer, runder Fetttropfen. Sie lässt sich, wie eine Wurstpelle sich mit immer mehr Fleisch vollstopfen lässt, mit immer mehr Fett anfüllen. Wenn sich nach einer Weile die Fettmengen in Ihrer Ernährung als zu reichlich erweisen, als dass die vorhandenen Fettzellen sie aufnehmen könnten, beginnt Ihr Körper, neue zu bilden, und diese Fettzellen sterben nie. Wenn Sie abnehmen, schrumpfen die Fettzellen, aber sie liegen auf der Lauer und warten nur auf das nächste fette Mahl.

Eben weil Fett so einfach und amorph wirkt, hat es die Forschung lange Zeit versäumt, die Bedeutung seines Zuwachses in bestimmten Teilen des Körpers angemessen zur Kenntnis zu nehmen. Doch dann begannen die Epidemiologen festzustellen, dass bei Menschen, die um den Bauch herum ihre Pfunde zulegten, das Herzinfarktrisiko höher war als bei Leuten, die an Oberschenkeln und Gesäß zunahmen. Diese Beobachtung veranlasste die Forscher, sich Gedanken über das biochemische Profil verschiedener Fettspeicher zu machen und bei der Korpulenz unserer Säugetierkollegen nach Hinweisen Ausschau zu halten. Einige der aufschlussreicheren Befunde entstammten Untersuchungen an dem Fettspeicher, der das Herz umgibt. Auf den ersten Blick erscheint die Anlage von Fettschichten in unmittelbarer Nähe des Herzens wie eine höchst mangelhafte Ingenieurleistung, denn das schwere Fettpolster muss mit jedem Herzschlag bewegt werden. Dennoch entpuppt sich Fett an dieser Stelle als überaus vorteilhaft. Es hat die bemerkenswerte Eigenschaft, Fettsäuren aus dem Blut aufzunehmen und die entsprechenden Lipide herzustellen, die der Herzmuskel als Brennstoff benötigt. Obendrein wirkt es als absorbierender Puffer und schützt den empfindlichen Herzmuskel vor zu viel Fett nach einer besonders üppigen Mahlzeit.

Jede Fettablagerung hat ihren ganz eigenen biochemischen Charme. Die Polster um die Oberschenkel nehmen bereitwillig Lipide aus dem Blut auf und geben ihren einmal gespeicherten Fettschatz nur sehr widerstrebend wieder her. Gleichzeitig ist Oberschenkelfett relativ zurückhaltend bei der Aufnahme von Glukose, einfachem Zucker, der als Energiequelle direkt zur Verfügung steht. Die geringen Fettmengen hingegen, die man im ganzen Körper zwischen den Muskeln findet, haben eine Vorliebe dafür, Glukose aus dem Blut aufzunehmen, die sie dann zu Lipiden umwandeln, mit denen sich das hungrige Muskelgewebe nebenan beschicken lässt. Die unterschiedliche Biochemie hat ihren tieferen Sinn: Intramuskuläres Fett dient der raschen Reaktion und Lagerung; Oberschenkelfett ist dazu da, langfristige Nachfragen zu bedienen. Heutzutage haben die meisten von uns allerdings keinen langfristigen Bedarf mehr, aber irgendwie haben unsere Oberschenkel das Zeitalter der regelmäßig geöffneten Supermärkte noch nicht so recht verinnerlicht. Ein gewisser Trost schlummert in jenen Satteltaschen dennoch: Nach einer fettreichen Mahlzeit entfernen sie umgehend das Fett aus dem Blut, bevor es Gelegenheit hat, sich in den Arterien anzusetzen. Aus gesundheitlicher Sicht ist Oberschenkelfett also nicht das Schlechteste.

Die Oberschenkel sind jedoch nicht die einzigen Fettlager. Wie vielen Frauen nur allzu bewusst ist, sind sie selbst alles in allem ein bisschen runder als Männer. Auch hier lassen sich an anderen Arten die Gründe für solche Unterschiede aufzeigen. Bei der Analyse der am Fettstoffwechsel von Säugetieren beteiligten Enzyme stellten die Forscher fest, dass die Lipoprotein-Lipase, das für die Einlagerung von Fett hauptsächlich verantwortliche Enzym, unter anderem von den Geschlechtshormonen kontrolliert wird. Sowohl Männchen als auch Weibchen bedienen sich dieses Enzyms zur Einlagerung von Fettspeichern. Doch bei den Weibchen vieler Arten stimulieren die weiblichen Geschlechtshormone auf irgendeine Weise die rasche Produktion dieses Enzyms und lassen die Weibchen vor oder während der Schwangerschaft gehörig Fett einlagern. Beim Menschen sind die Unterschiede der Lipoprotein-Lipase-Aktivität zwischen den Geschlechtern sogar noch auffälliger, und dies erklärt die unterschiedliche Fettverteilung bei Männern und Frauen. Bei Frauen tendieren die Fettzellen im Hüft-, Oberschenkel- und Brustbereich zur Produktion und Ausschüttung des Enzyms. Bei Männern produzieren eher die Fettzellen im Bauchbereich die Lipase.

Das Muster der Lipase-Aktivität bei Männern mag deren Gewichtszunahme mittschiffs erklären. Warum aber die Fettzellen am Bauch eines Mannes das Enzym überhaupt in solchen Mengen herstellen, bleibt ein Rätsel. Vielleicht hat sich dieses Merkmal früh in der Evolution entwickelt, damit Männer die Rolle des Jägers, Kriegers – und gelegentlich auch die des Fliehenden – ausfüllen konnten. Das Fett um Bauch und Eingeweide spricht extrem auf die berüchtigten Stresshormone an, die ausgeschüttet werden, wenn die Entscheidung zwischen Flucht und Angriff ansteht. Wenn die Hormone sie kitzeln, setzen die Fettzellen im Bauchbereich bereitwillig Fettsäure-Brennstoff zur raschen Verwendung durch Herz und Muskeln frei. Doch worin auch immer sein ursprünglicher Zweck bestanden haben mag, beim modernen Mann stellt Fett in der Bauchgegend in den meisten Fällen eine Bedrohung für die Gesundheit dar, vor allem wenn es von dem chronischen Stress begleitet wird, der unsere allzu fortgeschrittene Zivilisation rotieren lässt. Unter konstantem Adrenalinstimulus schütten die Fettzellen unablässig Fett ins Blut aus. Entsprechend der Ausrichtung unseres Blutkreislaufs gehen die solchermaßen freigesetzten Fettsäuren direkt zur Leber, bevor sie zum Verbrauch durch die Muskelzellen im ganzen Körper verteilt werden. Wenn zu viele Fettsäuren in die Leber drängen, wird das Organ insulinresistent. Infolgedessen steigt der Blutzuckerspiegel, und die Bauchspeicheldrüse produziert mehr Insulin, was wiederum zu hohem Blutdruck, Diabetes und schließlich zu Herzerkrankungen führen kann.

Von dieser Gefahr sind jedoch nicht nur Männer bedroht. Männer mögen zwar stärker als Frauen zu Bauchfett neigen, aber Frauen, die zu einer »apfelförmigen« Figur tendieren, tragen ein vergleichbares Risiko für die Entstehung kardiovaskulärer Erkrankungen wie dickleibige Männer. Umgekehrt besteht bei Männern mit einer »birnenförmigen«, das heißt oberschenkel- und gesäßbetonten Figur, wie man sie oft bei Frauen beobachtet, ein vergleichsweise geringes Herzinfarktrisiko.

Die optimistischsten Forscher sind der Ansicht, dass sich aus dem Wissen über andere Säugetiere, die ihr Fett mit Fassung tragen, neue Behandlungsmethoden zur Bekämpfung des Übergewichts beim Menschen ergeben werden. Generell neigen wir stärker dazu, fett zu werden, als Tiere in freier Wildbahn – aus dem einfachen Grund, weil diejenigen von uns, die in den Industrienationen leben, über einen permanenten Zugang zu Nahrungsmitteln verfügen, dabei gleichzeitig aber mit einem Stoffwechsel gesegnet sind, der auf gelegentliche Hungerzeiten eingerichtet ist. Doch auch andere Geschöpfe werden fett, und das in freier Wildbahn. Und wenn sie zunehmen, dann richtig: Bei einer frei lebenden Makakenpopulation von etwa elfhundert Tieren, die auf der Insel Cayo Santiago vor der Südostküste von Puerto Rico lebt, sind etwa sechs Prozent der Tiere stark übergewichtig und erreichen beinahe das Doppelte des Makaken-Standardgewichts von ungefähr zwanzig Pfund. Doch keiner dieser gewaltigen Affen hat jemals eine der normalerweise mit Übergewicht verbundenen Krankheiten wie Bluthochdruck und Diabetes bekommen. Und die Tiere verbringen ihr ganzes Leben höchst fruchtbar und aktiv. Es gibt sogar ein noch spektakuläreres Beispiel für Fettleibigkeit in freier Wildbahn: das Waldmurmeltier. Jahr für Jahr verdreifacht oder vervierfacht das Murmeltier sein Gewicht, um den Winter zu überstehen, und doch bleibt es dabei flink und weist keinerlei arteriosklerotische Ablagerungen auf. Bei ihren Bestrebungen zu verstehen, wie ein Tier auf so prachtvolle Weise so dick werden kann, stellten Wissenschaftler fest, dass die Konzentrationen an Lipoprotein-Lipase und anderen Enzymen des Fettstoffwechsels bei ihm genau zu dem Zeitpunkt in die Höhe schnellen, an dem das Geschöpf anfängt, sich auf den Winterschlaf vorzubereiten, um so rasch wie möglich so viel Fett wie möglich anzusetzen. Bis zum Frühling sind die Enzymkonzentrationen jedoch wieder auf das normale Niveau abgefallen. Das steht in komplettem Gegensatz zur biochemischen Dynamik beim Menschen: Leute, die lange Zeit hindurch übergewichtig gewesen sind, behalten ihren erhöhten Lipoprotein-Lipase-Spiegel sowie erhöhte Mengen an anderen Enzymen, wenn sie an Gewicht verlieren. Warum die Enzymkonzentrationen beim Menschen nicht abnehmen, ist bislang ungeklärt.

Andere Säugetiere haben uns womöglich auch etwas zur Biochemie der Willenskraft zu sagen. Ab einem gewissen Zeitpunkt im Herbst beschließen beispielsweise Bären, in Vorbereitung auf den großen Schlaf unglaublich an Gewicht zuzulegen, und vertilgen ungeheure Fischmengen. Im Frühling und Sommer hingegen beschließt der Bär, schlank zu bleiben, und frisst trotz der Fülle, mit der ihn Fluss und See locken, viel weniger Fisch. Bären wollen einfach keine zusätzlichen Pfunde, an denen sie schwer zu tragen haben und die sie im Sommer zusätzlich aufheizen. Irgendetwas in ihrem Gehirn, irgendein chemisches Signal verleiht ihnen die frühlingshafte Selbstkontrolle, und wenn sich dieses Etwas isolieren und künstlich herstellen ließe, wäre es sicher das gefragteste Produkt, eines, das jeder von uns absolut bärenstark fände.

31

Die Anatomie des Glücks

Wir sind eine Nation, der Puritanismus an der Wiege gesungen wurde und die Pedanterie mit der Muttermilch eingesogen hat. Es überrascht daher nicht, dass die Wissenschaft mit sehr viel mehr Enthusiasmus der Anatomie der Melancholie nachgespürt hat als dem Verstehen ungehemmter Fröhlichkeit. Stressreaktionen haben Wissenschaftler in allen Einzelheiten auseinander genommen. Sie wissen, dass stete Tropfen Adrenalin, Noradrenalin oder Kortisol den Körper aushöhlen, ihn abstumpfen lassen wie langsam tröpfelnde Säure und dass chronischer Stress zusammen mit seinen beiden treuen Kameraden Ärger und Depression uns krank machen und sogar umbringen kann. Allerdings hegen sie auch den Verdacht, dass Empfindungen wie Optimismus, Neugierde und Entzücken – das Schwindel erregende, törichte Gefühl, die Arme ausbreiten und die Süße des Frühlings besingen zu müssen – das Leben nicht nur lebenswert machen, sondern womöglich sogar verlängern. Sie glauben, dass Euphorie – wenn sie ohne die Wirkung irgendeiner Substanz zustande kommt – gut für den Körper ist, dass Gelächter vor dem korrodierenden Angriff des Stresses schützt und dass fröhliche Menschen ihre galligen, klagenden Altersgenossen überleben. Wissenschaftler, die das Schicksal einer Gruppe von Medizinstudenten über fünfundzwanzig Jahre hinweg verfolgt haben, stellten fest, dass von denen, die man nach den Ergebnissen eines Temperamentstests zu den Lockeren, Gutgelaunten zählen würde, bis zum Alter von fünfzig Jahren nur zwei Prozent gestorben waren. Bei denen, die als mürrisch und abweisend eingestuft wurden, waren es immerhin vierzehn Prozent.

Warum jedoch Glücklichsein gesund ist und was der Körper tut, wenn er aus tiefstem Inneren jubelt, darüber hat die Wissenschaft nur die vagesten Hinweise. Endorphine, die hirneigene Opiumvariante, die nachweislich das Hochgefühl des Läufers verursacht, haben allem Anschein nach weniger mit Glücksgefühlen zu tun als vielmehr mit einem verminderten Schmerzempfinden. Eine weitere Verbindung, die dieser Tage große Aufmerksamkeit genießt, ist Oxytozin, ein kleines von der Hypophyse ausgeschüttetes Hormon und ein potenzieller Vermittler von Gefühlen der Befriedigung und Harmonie (vergleiche Kapitel 2). Die meisten Experimente waren bislang auf Nagetiere beschränkt, und die Gelehrten der Verhaltensforschung scheinen sich nur ungern auf die Jagd nach der Menschenversion der Kuscheldroge zu begeben. Mediziner ziehen es vor, sich mit ernsthaften Dingen zu befassen – das heißt mit Dingen, die Menschen krank machen.

Leider sehen zu viele Wissenschaftler das Glücklichsein aus einer negativen Perspektive. Dieser Logik zufolge gilt es nur deshalb als gesund, weil es uns vor dem Kräfte zehrenden Zugriff der Angst bewahrt oder uns motiviert, so löbliche Gewohnheiten zu pflegen wie das Essen von Obst und Gemüse, acht Stunden Schlaf pro Nacht und der Verzicht auf Alkohol und Zigaretten. Und doch weiß auch der muffeligste Forscher, dass wahre Freude weit mehr ist als das Fehlen von Stress und dass Glück einen eigenen, höchst aktiven Zustand der Besessenheit einschließt: das ausgeprägte, wunderbare Gefühl, zu den Gesegneten zu gehören, die das Leben feiern. Es ist ein köstlicher Reigen von Gefühlen, das Gegenstück zu einem Teufelskreis.

Einer der Gründe dafür, dass es so problematisch ist, das

Glücklichsein zu verstehen, so klagen die Wissenschaftler, liegt in der Schwierigkeit, dieses Gefühl im Labor zu wiederholen. Sie können Leute ärgerlich machen, indem sie sie ein paar Stunden im Wartezimmer sitzen lassen. Sie können sie ängstigen, indem sie ihnen erklären, sie hätten einen Besorgnis erregenden Knoten bei ihnen gefunden. Aber es ist nahezu unmöglich, jemanden glücklich zu machen, ohne ihn, sagen wir, ein bisschen Kokain schnupfen zu lassen – wobei sie in diesem Fall ihr Ziel verfehlt hätten, das ja darin bestand zu beobachten, was in einem Zustand natürlicher Freude in dem Betreffenden abläuft.

Eine Version der Fröhlichkeit, die sich dem Zugriff der Laboranalyse nicht entzieht, ist das Lachen. Anhaltendes Gelächter gehört, wie sich gezeigt hat, zu den angenehmeren Formen der Gymnastik: Während Sie lachen, spannen sich bei Ihnen die Muskeln in Bauch, Genick und Schultern in rascher Folge an und entspannen sich wieder. Herzschlag und Blutdruck steigen. Ein- und Ausatmen geschehen krampfartig und werden dadurch tiefer. Wenn das Gelächter nachlässt, sinken Blutdruck und Puls mit großer Wahrscheinlichkeit auf ein niedrigeres und bekömmlicheres Niveau, als Sie es vor Ihrem Heiterkeitsausbruch hatten. Hundert Lacher bilden das sportliche Äquivalent zu zehn Minuten Rudern – mit dem Unterschied, dass Sie beim Lachen immer noch lächeln können.

Lachen hilft einem auch, sich gegen Unannehmlichkeiten zu wappnen. In einem Experiment zeigte man Studenten ein Videoband von Bill Cosby (in seiner Rolle als schlagfertiger Komödiant, nicht als heiliger Familienvater); die Kontrollgruppe durfte einen lehrreichen Film über die hohe Kunst des Bepflanzens von Blumenampeln betrachten. Beide Gruppe erhielten leichte, aber zunehmend hartnäckigere Elektroschocks. Beide hatten den Auftrag, sich zu melden, wenn der Schmerz unerträglich wurde. Es mag vielleicht niemanden erstaunen, aber die Cosby-Zuschauer ertrugen beträchtlich höhere Stromstöße als die Pflanzenbetrachter – wobei leider im Nachhinein nicht festzustellen ist, wie viel von ihrer Empfindlichkeit auf das Konto der Tristesse ihrer aufgezwungenen Unterhaltung ging.

Selbst wenn sie sich mit Humor beschäftigen, können Forscher nicht umhin, dessen Schattenseiten zu erwähnen. Unter den relativ spärlichen Einträgen in der wissenschaftlichen Literatur zum Thema Gelächter finden wir eine außerordentlich große Zahl an Veröffentlichungen über pathologisches Gelächter, Fälle von Psychiatriepatienten, die lachen, um ihr Elend zu verbergen (»Die Behandlung derer, die sich selbst nicht ernst nehmen können«, wie es ein New Yorker Psychiater ausdrückte), oder hirngeschädigter Patienten, die völlig grundlos lachen. Ein Artikel berichtet über einen Mann, der aus Versehen ein mildes Insektizid eingeatmet hatte. Außer leichter Benommenheit, Zittern und unkontrollierbarem Gelächter zeigte er keinerlei Symptome. Die Ärzte fanden keinen physischen oder neurologischen Schaden, aber der Mann lachte ohne Unterbrechung fünfundfünfzig Minuten lang – so lange, dass er am Ende jammerte, seine Bauchmuskeln würden ihn gleich umbringen. Man verabreichte ihm intravenös ein Beruhigungsmittel, sein Gelächter ließ nach, und die Ärzte schickten ihn nach Hause. Zweifellos taten sie es mit einem starren, triumphierenden Grinsen im Gesicht.

VI

Erschaffen

32

Der kunstsinnige Arzt

Ob zu Lebzeiten oder nach seinem Tod – Vincent van Gogh galt nie als maßvoller Mensch und Maler. Seine Malerei war wild und ungezähmt. Er trank Unmengen Absinth und lebte tagelang, ohne etwas Essbares zu sich zu nehmen. Er schnitt sich das linke Ohrläppchen ab und beging im Alter von siebenunddreißig Jahren Selbstmord. Zu Lebzeiten verkaufte er nur ein einziges Gemälde, doch heute ist sein Werk zig Millionen Dollar wert. Und seit seinem Selbstmord im Jahr 1890 wurde der große Spätimpressionist nicht weniger als 152 postumen medizinischen Diagnosen unterzogen. Von den Ärzten, die sich über van Goghs Gemälde und seine ausführliche Korrespondenz den Kopf zerbrochen haben, wurde verschiedentlich behauptet, er habe unter Temporallappenepilepsie, einem Hirntumor, grauem Star, grünem Star, manischen Depressionen, Schizophrenie, Magnesiummangel oder einer Digitalisvergiftung gelitten. Digitalis wurde in früherer Zeit zur Behandlung von Epilepsie verordnet und kann zur Gelbsichtigkeit führen, was, so die Legende, van Goghs Vorliebe für leuchtende Gelbtöne erkläre.

Kürzlich bot *The Journal of the American Medical Association* zwei originelle, wenn auch verdächtig glatte Diagnosen von van Goghs legendärem Leiden. Die eine stellte fest, er habe unter der Ménière-Krankheit gelitten, einer Innenohrerkrankung, die mit starken Schwindelanfällen verbunden ist und den Künstler womöglich dazu veranlasst hat, Hand an sein Ohr zu legen. Die andere vertrat die Ansicht, der niederländische Meister habe unter akuter hepatischer Porphyrie gelitten, einer erblichen Stoffwechselkrankheit, durch die es unter anderem zu Halluzinationen, Verwirrung, Depressionen, Krämpfen, Koliken und anderen Symptomen kommt, über die van Gogh häufig geklagt hat – und die rein zufällig durch Fasten, übermäßigen Alkoholkonsum und das Einatmen von Farbdämpfen verstärkt wird.

Die jüngsten Einträge unter der Rubrik »Van-Goghs-Krankheit-des-Monats« gehören zu einer fortdauernden Übung, die gewisse ästhetisch interessierte Ärzte vielleicht aus Gründen des Gehirntrainings betreiben oder vielleicht auch, um der Naturgeschichte von Krankheiten auf die Spur zu kommen. Das Spiel heißt »Leinwanddiagnose«. Da gibt es beispielsweise einen Ansatz, bei dem die Ärzte versuchen, die Krankheit eines Künstlers zu diagnostizieren oder ihr Fortschreiten einzuschätzen, indem sie aufschlussreiche Details seiner Arbeiten bewerten: die Wahl der Farben, der Perspektive und des Motivs. Mit dieser Art von Analyse gelangte man beispielsweise zu der Vermutung, dass Claude Monets beidseitiger grauer Star, durch den er fast erblindet wäre, und die schließlich erfolgte Augenoperation großen Einfluss auf die Entstehung seiner Seerosenbilder gehabt haben und dass Goya in seinen Darstellungen wahnsinniger und gemütskranker Menschen seinen eigenen Gefühlen hinsichtlich seiner zunehmenden Taubheit Ausdruck verliehen hat.

In der zweiten Variante dieses Zeitvertreibs untersuchen Ärzte abnorm oder missgestaltete Individuen in einem Kunstwerk und versuchen, die abnorme Erscheinung des Dargestellten über eine medizinische Diagnose zu erklären. Beim Anblick der deutlich knotig verformten Hand der Frau in Corots Gemälde *Mädchen mit Mandoline* gelangten zwei Ärzte und ein Kunststudent zu der Vermutung, die Musikerin müsse unter rheumatoider Arthritis gelitten haben, einer zerstörerischen Autoimmunkrankheit, die vor allem bei jungen Frauen häufiger diagnostiziert wird. Des Weiteren argumentierten sie, Corot habe deshalb die Hand in so entstellender Weise dargestellt, weil er selbst an einer Gelenkerkrankung gelitten habe – er hatte Gicht – und von den Symptomen dieser Krankheit besessen gewesen sei.

Gelegentlich versetzen künstlerische Darstellungen einer bestimmten Krankheit die Medizinhistoriker in die Lage einzuschätzen, wann und in welchem Ausmaß eine Krankheit sich beispielsweise in einer bestimmten Population ausgebreitet hat. Die rheumatoide Arthritis beispielsweise ist eine genetisch bedingte Erkrankung. Die Tatsache, dass die mit ihr verbundenen Verformungen vor dem Jahr 1800 in keinem europäischen Kunstwerk auftauchen, hat die Rheumatologen zu der Theorie veranlasst, dass die entsprechende Mutation vor diesem Zeitpunkt in Europa selten oder gar nicht vorhanden gewesen ist. Die anonymen Maler und Bildhauer im alten Ägypten und in Mittelamerika stellten eine Reihe von genetisch bedingten Erkrankungen mit einer solchen Präzision dar, dass man sie noch immer bei der Ausbildung von Medizinstudenten heranzieht. Zu den herausragendsten Beispielen gehört die erste bekannte Darstellung des Retinoblastoms, eines erblichen Augentumors, der sich, wie ein Maya-Bildhauer es überaus plastisch darstellte, im Endstadium zu einer umfangreichen Gewebemasse auswächst, die aus der Augenhöhle tritt.

Die meisten Kunstliebhaber unter den Ärzten erklären, dass sie die Leinwanddiagnostik weniger aus wissenschaftlichen Gründen betreiben würden, sondern weil sie einen unwiderstehlichen Zeitvertreib darstelle. Sie fühlen sich den Künstlern verwandt, denn ein guter Diagnostiker erfasst genau wie ein Maler die winzigen aufschlussreichen Details, die dem ungeschulten Auge in der Regel entgehen. Bei der Diagnose einer Krankheit sucht der Arzt nach einer leichten Verfärbung des Teints, nach der Delle im Fingernagel, nach erweiterten Kapillaren der Hautoberfläche. Wenn also ein Arzt bemerkt, dass ein Künstler in seinem Gemälde dieselben Symptome darstellt, kann er kaum umhin, die Leinwand als seinen Patienten zu betrachten, der stumm darauf wartet, seine professionelle Meinung zu hören.

Bei allem Vergnügen, das sie vermittelt, hat die Versuchung, einem Künstler, den der Arzt nie persönlich gekannt hat, oder einer gemalten Figur, die ihm nicht einmal mitteilen kann, wo es wehtut, ein Syndrom anzuhängen, auch zu abwegigen und sogar verderblichen Vorstellungen über die Kunst und den Künstler geführt. Als sich die moderne Kunst beispielsweise mehr und mehr von der figürlichen Darstellung entfernte, versuchten viele, sie als Produkt kranker Gehirne abzutun. Sie holten die Meinung von Ärzten und Psychiatern ein, die ihnen bestätigten: Jawohl, dieser und jener Künstler leidet in der Tat unter einer Geistesstörung. Kunst- und Medizinhistoriker arbeiten noch immer daran, ein für alle Mal einen besonders berühmt gewordenen Versuch, die Arbeit eines Künstlers per Ferndiagnose zu interpretieren, als falsch zu entlarven. Im Jahr 1913 äußerten Pariser Ärzte die Vermutung, El Greco habe seinen Figuren womöglich deshalb stets die charakteristische lang gestreckte Gestalt verliehen, weil er unter einer Hornhautverkrümmung litt, die bei ihm einen Astigmatismus verursacht hatte. Bei manchen Fällen von Astigmatismus wirken nach der Korrektur durch eine Brille alle Gegenstände in eine Richtung leicht verlängert, in die andere leicht gestaucht.

Doch wie Ophthalmologen und andere seither wiederholt erklärt haben, ist diese Theorie über El Grecos Sehfähigkeit Unsinn. Zunächst einmal sieht jemand mit einem Astigmatismus, der keine korrigierenden Gläser trägt, die Gegenstände nicht verlängert, sondern eher verschwommen, und zu El Grecos Zeiten gab es für dieses Leiden keine korrigierenden Linsen. Röntgenbilder von seinen Gemälden zeigen außerdem, dass sich unterhalb der gemalten Figuren Zeichnungen von eher naturalistischer Komposition befinden, sodass anzunehmen ist, dass der Künstler seine Motive beim Aufbringen der Farbe absichtlich gestreckt hat, höchstwahrscheinlich, um ihnen eine ätherische Dimension zu verleihen.

Auf sichererem Terrain bewegen sich die Leinwandmediziner, wenn sie die Arbeit eines Künstlers im Zusammenhang mit zeitgenössischen medizinischen Dokumentationen betrachten. In einer solchen Untersuchung analysierten Ärzte, wie Monets fortschreitende Starerkrankung die künstlerische Entwicklung des großen Meisters beeinflusste. Monets Krankheit wurde 1912 diagnostiziert; damals war er zweiundsiebzig. Doch in Anbetracht ihres allmählichen und schleichenden Verlaufs ist anzunehmen, dass die Krankheit mit ziemlicher Sicherheit viele Jahre früher eingesetzt hatte. Gegen Ende des Jahrhunderts wurden seine Bilder verschwommener und undeutlicher; sie enthielten weniger Details. Die Farben gingen sämtlich ins Gelblichbraune, das ist der Farbbereich, der Menschen mit grauem Star am besten zugänglich ist. Violett- und Blautöne sind für sie am schlechtesten sichtbar. Monet selbst beschrieb die Veränderung seines Sehvermögens im Jahr 1918 einem Reporter gegenüber so: »Ich malte Licht nicht mehr mit derselben Genauigkeit. Rottöne erschienen mir trübe, Rosatöne fade, und Zwischentöne oder dunklere Farben entzogen sich mir ganz.«

Im Jahr 1922 war Monet eigentlich blind. Er nahm wohl noch Licht wahr, erkannte aber so gut wie keine Formen oder Farben mehr. Nach der Staroperation an seinem rechten Auge kehrte seine Fähigkeit, Blautöne wahrzunehmen, mit solcher Vehemenz zurück, dass er die Brillanz der Farben zunächst nicht ertrug und gelb getönte Brillengläser tragen musste. In den letzten vier Lebensjahren vollendete Monet seinen Seerosenzyklus, und einige der Gemälde schimmern in sanften, üppigen Blau- und Lavendeltönen.

Edgar Degas hat in fortgeschrittenen Jahren womöglich ebenfalls an einer Augenkrankheit gelitten, und zwar an einer Makula-Degeneration, die bestimmte Bereiche der Netzhaut befällt. Bei jemandem mit dieser Krankheit geht das zentrale Gesichtsfeld verloren, das periphere Gesichtsfeld bleibt erhalten, und in Degas' späten Gemälden sind Leben, Formen und Bewegung an den Rändern betont dargestellt, während die Bildmitte undeutlich, fast unwichtig wirkt.

Ärzte erfreuen sich auch an der Analyse von Bildern, die ihren eigenen Beruf illustrieren. Der amerikanische Realist Thomas Eakins studierte Medizin, bevor er sich der Kunst zuwandte. Er malte eine berühmt gewordene Szene in einem Operationssaal, in der die Ärzte einem Jungen ein Stück Knochen aus dem Oberschenkel entfernen, während die Mutter danebensitzt. Was die zugrunde liegende Krankheit betrifft, so haben Ärzte spekuliert, dass der Junge womöglich unter einer Knochenmarkentzündung oder Myelitis gelitten haben könnte, in deren Verlauf Knochenstücke absterben und von Eiter umgeben in einer Art Tasche im Gewebe lagern. Da das Gemälde zu Beginn des Jahrhunderts entstand, ist zu vermuten, dass die Ursache für die Knochenentzündung Tuberkulose gewesen ist.

Die vielleicht berühmteste Darstellung eines Arztes stammt von dem englischen Künstler Sir Luke Fields und heißt schlicht und einfach *The Doctor*. Sie zeigt einen Arzt, der auf einem Stuhl sitzt und ein Kind betrachtet, das auf zwei Stühlen ausgestreckt schlummert; die Eltern im Hintergrund schauen zu. Obwohl er eindeutig nicht viel für seinen jungen Patienten tun kann, ist der Blick des Arztes von vager Hoffnung erfüllt. Durch das Fenster dringt soeben das erste Licht des Tages – möglicherweise eine optische Metapher, die illustrieren soll, dass für das Kind das Schlimmste überstanden ist. Um welche Krankheit es sich gehandelt haben mag, ist unbekannt. Es wird jedoch spekuliert, dass es sich um eine plötzliche Infektion im Kindesalter gehandelt haben könnte, um Scharlach vielleicht oder um eine Lungenentzündung.

Auch viele Künstler ohne medizinische Ausbildung zeigten sich von Krankheiten und Missbildungen fasziniert. Velázques war berühmt für seine Darstellungen von Zwergwüchsigen, Krüppeln und Kindern mit auffälligen Geburtsfehlern. Die Schwester des norwegischen Expressionisten Edvard Munch starb an Tuberkulose, und er malte eine Reihe von Krankenbildern, unter anderem eines, das die Schwester eines guten Freundes zeigt. Das Mädchen sitzt mit geröteten Wangen in eine Wolldecke gehüllt, seine Hand umklammert eine einzelne Blume. Es scheint an einer Krankheit zu leiden – unter Tuberkulose vielleicht, die damals in Skandinavien weit verbreitet war. Kunsthistoriker haben lange um die Bedeutung der Blume gestritten. Die einen sehen sie als Symbol der Hinfälligkeit des Mädchens und als Zeichen des nahenden Todes, andere halten sie für ein Zeichen der Hoffnung.

Doch bei jeder noch so klugen Diagnose läuft der Arzt nichtsdestotrotz Gefahr, den großen Kontext zu vernachlässigen, in dem das Meisterwerk in all seiner Erhabenheit steht. Man weiß, dass Ärzte sich über Michelangelos römische *Pietà* beklagt haben, weil sie angeblich anatomisch inkorrekt sei. Sehen Sie Christi Arme an, sagen sie. Er soll tot sein, doch die Venen seiner Arme und Hände sehen aus, als seien sie mit Blut gefüllt. Jeder sollte wissen, so fahren sie fort, dass die Venen an der Peripherie sich sofort abplatten, wenn das Herz zu schlagen aufhört. Diese Kritik bringt Kunsthistoriker in Rage, die wissen, dass Michelangelo sorgfältig Leichen untersucht und seziert hat, um die Feinheiten des menschlichen Körpers zu studieren. Und sie sind sich gleichermaßen bewusst, dass Michelangelo keinerlei Interesse daran hatte, Jesus als ganz gewöhnliche Leiche darzustellen, als er die *Pietà* schuf. Man muss vielmehr die aufschlussreichen Details betrachten, die Geschichte der Auferstehung, die sich in der Kreuzigungsgeschichte verbirgt. Jesu rechte Hand hält Marias Gewand, eine Geste der Liebe, wie die eines Kindes. Und auch die Haltung seiner anderen Hand wirkt fast wie eine Geste, und, jawohl, die Venen sind mit Blut gefüllt. Die Diagnose: Aus Tod wird Leben hervorgehen, und der Menschheit tiefster Gram trägt in sich die Saat ihrer höchsten Freude.

33

Vom Wahnsinn
zum Kunstwerk

Solange es Dichter gab, die die Dunkelheit mit ihren diamantenen Gesängen durchdrangen, und Maler, die die Sonnenstrahlen auf den kühlen Steinen einer Kathedrale einfangen konnten, und Künstler aller Glaubensrichtungen, die sich den Göttern nahe fühlten und dieser Nähe beredten Ausdruck verliehen, so lange gab es auch Gesellschaftskritiker, die feststellten, dass ein großer Haufen von diesen kreativen Typen nicht ganz richtig im Kopf sei.

Aristoteles fragte im vierten Jahrhundert vor Christus, warum alle Männer, die in Philosophie, Dichtkunst oder anderen Künsten Herausragendes leisteten, Melancholiker sein müssten. Zweitausend Jahre später schrieb der englische Dichter John Dryden: »Ein großer Geist ist stets dem Irrsinn eng verwandt, und schmaler Grat nur trennt ihr festes Band« – ein hübscher Reim, der seither zu dem armseligen Klischee verkommen ist: »Genie und Wahnsinn liegen nahe beieinander.« Doch wie jedes Klischee, das der Wiederholung wert ist, so enthält auch dieses ein beträchtliches Körnchen Wahrheit. Nach vielen Jahrzehnten des Streits über die Definition so schwer fassbarer und subjektiver Begriffe wie Wahnsinn und Kreativität und trotz des unter Wissenschaftlern verbreiteten grundsätzlichen Widerstands gegen jedwede Idee, die die Fantasie der Allgemeinheit schon lange fesselt, haben Psychiater, Neurologen und Evolutionsgenetiker eindrucksvolle Beweise dafür erbracht, dass an der Verknüpfung zwischen einem labilen oder kranken Gemüt und künstlerischen Leistungen etwas dran ist. Eine Studie nach der anderen hat gezeigt, dass Menschen im Bereich der Kunst unverhältnismäßig häufig unter Gemütserkrankungen wie manisch-depressiven Störungen und Depressionen zu leiden haben.

Die Manisch-Depressiven schwanken zwischen höchsten Höhen und tiefstem Abgrund – zwischen einem Gefühl der Größe und Unbekümmertheit, unerschöpflichen Energiereserven, die sich aus sich selbst nähren und Schlaf unnötig machen, und massiver, von quälender Lethargie und Selbsthass beherrschter Depression. Viele der hervorragendsten Künstler scheinen von einer ausgewachsenen manisch-depressiven Erkrankung heimgesucht gewesen zu sein, andere haben offensichtlich unter leichteren Formen dieser Krankheit gelitten. Noch andere hatten einzig unter wiederkehrenden schweren Depressionen zu leiden, der gleichen Seelenqual, die sich auch im Tal der manisch-depressiven Störung einstellt, jedoch ohne das euphorische Gegenstück zu erleben.

Die Künstler, bei denen man eine manisch-depressive Erkrankung oder schwere Depressionen verlässlich diagnostizieren konnte, würden einen wahren Musentempel füllen: Lord Byron, Percy Bysshe Shelley, Herman Melville, Robert Schumann, Virginia Woolf, Samuel Taylor Coleridge, Ernest Hemingway, Robert Lowell, Theodor Roethke, um nur einige wenige zu nennen. Je nach Studie leiden die herausragendsten kreativen Persönlichkeiten zehn- bis dreißigmal so häufig unter einer manisch-depressiven Erkrankung oder Depressionen wie die übrige Bevölkerung. Und obwohl Kreativität für viele Berufe ein entscheidender Faktor ist, scheint die Verknüpfung zwischen Kreativität und geistiger Labilität in der Kunst auffälliger zu sein als auf anderen Gebieten. In einer Studie an eintausendvier prominenten Persönlichkeiten vom Schlag eines Aldous Huxley, Alexander Graham Bell, Albert Einstein und Henri Matisse stellten Psychiater fest, dass psychische Störungen bei Künstlern vergleichsweise häufiger vorkamen. Alkoholabhängigkeit beispielsweise wurde bei Schauspielern mit einer Häufigkeit von sechzig und bei Schriftstellern von einundvierzig Prozent festgestellt. Bei Physikern lag die Rate bei drei und bei Offizieren bei zehn Prozent. An manisch-depressiver Erkrankung litten bei den Schauspielern siebzehn Prozent und bei den Dichtern dreizehn Prozent, während bei Wissenschaftlern die Rate unter einem Prozent lag, das entspricht in etwa der Häufigkeit innerhalb der übrigen Bevölkerung.

Nichts von alledem ist ein Versuch, psychische Erkrankungen romantisch zu verbrämen oder den Eindruck zu vermitteln, dass man verrückt sein muss, um in seiner Kunst Großes zu vollbringen – oder umgekehrt, dass die Gedichte einer durchschnittlichen Irren eher unsterblich zu sein haben als die eines durchschnittlichen Versicherungsvertreters. Qualen und Gefahren von Gemütserkrankungen haben dramatische Dimensionen: Behandelt man Patienten mit manisch-depressiver Erkrankung nicht mit Lithium oder anderen Medikamenten, begehen sie in zwanzig Prozent aller Fälle Selbstmord. Und natürlich setzt eine künstlerische Leistung ein nie nachlassendes Streben und manches persönliche Opfer voraus, eine Hingabe, die über das hinausgeht, was die meisten Sterblichen zu leisten imstande sind, gleichgültig wie viele Neurosen sie auch für sich beanspruchen.

Ein Merkmal aller großen Künstler, bei denen man irgendeine Form von psychischer Erkrankung festgestellt hat, besteht ja darin, dass ihre manischen Ausbrüche oder depressiven Täler von langen Episoden der Normalität unterbrochen sind, in denen die Künstler ihre Arbeit voll und ganz im Griff haben. Während solcher gesunder Perioden geht es ihnen überdurchschnittlich gut. Sie sind dann zuversichtlicher und konzentrierter als die meisten anderen. Ihre Instrumente scheinen dann auf himmlische Tonleitern eingestimmt zu sein. Solange es ihnen gut geht, arbeiten sie hervorragend und sind produktiv. Doch wenn die Dunkelheit zurückkehrt, verfallen sie wieder in einen Zustand der Lähmung. Sie sind voller Narben und doch heil, von Krankheit geplagt und doch stark.

Während die gesunden Episoden für den Fortgang der schöpferischen Arbeit unabdingbar sind, geben meist die Momente des Wahnsinns dem Ganzen eine eigene, geniale Note. Die Neurobiologie einer Gemütskrankheit wirkt vielleicht im tiefsten Inneren dahin, kreatives Denken anzustoßen und zu nähren, und eventuell besteht eine Verknüpfung zwischen psychischer Labilität und Inspiration. Da manisch-depressive Menschen ständig die biochemische Achterbahn zwischen emotionalen Extremen fahren, könnte ihr Gehirn komplexer vernetzt sein und ein Leben lang flexibler bleiben als das Gehirn weniger quecksilbriger Personen. Die komplexere Verknüpfung zwischen einer neuralen Nachbarschaft und der nächsten sowie die permanente Empfänglichkeit für neue Informationen und neue Empfindungen erlauben es einer gemütskranken Person, scheinbar unzusammenhängende Ideen zusammenzuführen und das Gewöhnliche zum Ungewöhnlichen zu erhöhen – worin das eigentliche Wesen künstlerischen Schaffens besteht. Menschen, die emotionale Extreme erfahren haben und somit gezwungen waren, sich mit einem sehr großen Spektrum an Gefühlen auseinander zu setzen, und die es geschafft haben, die Konfrontation mit solchen Widrigkeiten erfolgreich zu überstehen, könnten über eine breiter gefächerte Organisation ihres Gedächtnisses verfügen, über eine buntere mentale Palette. Hinzu kommt, dass die unbändige Energie einer manischen Episode einen wahren Vulkan an Ideen ausbrechen lassen kann, die der Geist dann im Lauf der weniger rasanten, skeptischeren Augenblicke der Depression oder in einer Phase der Normalität zu Bedeutsamem zu formen vermag.

Als weiterer Hinweis darauf, dass die manisch-depressive Erkrankung nicht nur eine Geißel ist, sondern zumindest in ihren milderen Formen den von ihr Betroffenen auch Vorteile bringt, kann das unverminderte Fortbestehen dieser Krankheit gelten. Dieses lässt sich nicht durch Zufall allein erklären. Aus Familien- und Zwillingsstudien geht hervor, dass die Krankheit erblich ist. Doch ob sie durch Mutationen in einem einzigen Gen oder in einer Hand voll Gene zustande kommt, kann bislang niemand sagen. Man weiß, dass man die manisch-depressive Erkrankung, wenn sie eine zufällige, fehlgeleitete und vollkommen schädliche genetische Erkrankung wäre, höchstens bei einer Person von Tausend finden dürfte. Tatsächlich tritt sie jedoch mit einer Häufigkeit von eins zu hundert oder höher auf – und zwar unabhängig davon, ob man nun in New York City danach sucht oder in der Kalahari. Das spricht dafür, dass sie nicht ohne Grund existiert. Aus evolutionsbiologischer Sicht sollte man die manisch-depressive Erkrankung damit womöglich besser als Merkmal denn als Krankheit betrachten, als genetische Variation über ein Charakterthema, das zu prähistorischer Zeit dem, der es erbte, großen Vorteil einbrachte. Über das Wesen eines solchen Vorteils lässt sich nur spekulieren, doch sicher hätten Urmenschen, die ungewöhnlich kreativ, energiegeladen und geschickt im Lösen von Problemen waren, die furchtlos dem Unbekannten ins Auge blickten und sich zeitweise großspurig und selbstherrlich gebärdeten, die haarige Oberhand über ihre sanftmütigen Zeitgenossen gehabt. Selbst heute ist die manisch-depressive Erkrankung häufig im Schlepptau des Erfolgs zu finden, denn sie kommt um einiges häufiger unter Menschen von höherem sozioökonomischem Rang vor als in den unteren Schichten der Einkommenspyramide.

Wie sich die manisch-depressive Erkrankung und andere Gemütskrankheiten in der Topologie des Gehirns niederschlagen, wird erst in unseren Tagen allmählich deutlich. Vorläufige Studien mit bildgebenden Verfahren am Nervensystem deuten darauf hin, dass während der manischen und der depressiven Phasen unterschiedliche Gehirnbereiche gestört sind, und dieses spricht für die Vorstellung, dass eine psychische Erkrankung dieses Typs die geistige Aktivität insgesamt anregt. Bei einem Versuch erhielten Freiwillige ein Medikament intravenös injiziert, das emotionale Reaktionen von Euphorie und Energiegeladenheit bis hin zu Angst und Depressionen auslösen kann. Mit Hilfe der Positronen-Emissionstomographie lässt sich die relative Durchblutungsgeschwindigkeit im Gehirn bestimmen, und die Neurobiologen stellten fest, dass in Fällen, in denen die Versuchspersonen über Depressionen klagten, bestimmte Regionen des limbischen Systems eine Verringerung ihrer Aktivität zeigten, so unter anderem der Mandelkern, der limbische Cortex und der Gyrus cinguli. Diese Strukturen kontrollieren Gefühle wie Wut, Zufriedenheit und Aggressivität.

Versetzte das Medikament die Probanden dagegen in eine der manischen Episode ähnliche Euphorie, nahm die Aktivität im limbischen System zu. Dasselbe galt für Strukturen des Mittelhirns, die mit dem limbischen System in Wechselwirkung stehen, insbesondere der Hypothalamus, der Hauptregulator unserer Sexualität und anderer psychophysischer Zustände. Dass ein stimuliertes limbisches System und ein ebenfalls stimulierter Hypothalamus die Fantasie und andere assoziative Kräfte stärkt, ist keine Überraschung. Diese gesamte Region ist eine Hauptschaltstation, die externe Stimuli zu emotionalen Reaktionen und Letztere in Handlungen umwandelt. Sie gehört außerdem zu dem Teil des Gehirns, der sich parallel mit dem Sozialverhalten der Säugetiere entwickelte, das Individuen in einer Gruppe dazu bringt, einander zu erkennen und aufeinander zu reagieren. Als Region, die uns hilft, Neues aufzunehmen und in Vertrautes zu integrieren und aus dieser Übung eine neue Reaktion zu entwickeln, ist das limbische System in gewissem Sinn ein mikrokosmischer Schöpfer.

Das Porträt des gemütskranken Gehirns umfasst jedoch mehr als ein paar Knacke im limbischen System. Andere darstellende Verfahren am Gehirn manisch-depressiver Patienten haben bei den Stoffwechselprozessen der Großhirnrinde im vorderen Stirnhirnbereich, dem höchstentwickelten Teil unseres Gehirns und Sitz der menschlichen Intelligenz, deutlich erkennbare Muster ergeben. Sie können als Indiz dafür gelten, dass sich parallel mit der Veränderung emotionaler und physischer Zustände auch die biologischen Grundlagen unserer Gedanken verändern.

In Untersuchungen an Patienten mit Hirnläsionen, durch die die Betroffenen entweder ständig weinen oder ständig lachen, sind den Neurologen Unterschiede zwischen beiden Hemisphären aufgefallen. Menschen, die ohne Unterlass weinen, weisen Schäden in der linken Hemisphäre auf, derjenigen Gehirnhälfte also, von der man annimmt, dass sie für die Sprache und rationales Denken verantwortlich ist. Diejenigen, die unkontrolliert lachen, weisen Läsionen in der rechten Gehirnhälfte auf, in der man die Verarbeitung nonverbaler Kommunikation vermutet.

Wenn Künstler bei ihren manisch-depressiven Ausfällen oder deren sanfteren Varianten also zuerst auf der Steuerbord- und dann auf der Backbordseite durch die üppigen Wogen der Fantasie segeln, nimmt es kaum Wunder, dass sich in ihnen das Paradoxe zu großer Schönheit destilliert.

34

Wissenschaftler bei der Arbeit: Victoria Elizabeth Foe

Victoria Elizabeth Foe scheint mit der verkehrten Stimme auf die Welt gekommen zu sein. Am Telefon klingt sie klein und schüchtern, ein bisschen wie eine Figur aus einem düsteren Anita-Brookner-Roman, die einsam an einem Ecktisch sitzt, an ihrem Tee nippt und leidenschaftslos über die kleinen Enttäuschungen ihres Lebens nachsinnt. In persona aber, wenn sie auftaut und anfängt, von ihrer Arbeit als Entwicklungsbiologin zu erzählen, davon, wie sie Tag und Nacht am Mikroskop verbringt, um die ersten Augenblicke im Leben eines Embryos zu beobachten, jedes Zittern und Beben jeder einzelnen Zelle auflistet, dann nimmt ihre Schilderung epische Dimensionen an, und sie wirft mit Superlativen nur so um sich.

»Embryonen zu beobachten ist etwas Wunderbares und Aufregendes«, erklärte sie. »Es ist ein feierlicher Akt; es bereitet mir größtes Vergnügen.« Später erklärte sie: »Es ist wie bei einem Taucher, der ins Meer hinuntergeht. Jedes einzelne Mal bemerken Sie etwas Neues und überaus Erstaunliches. Es ist einfach ein Wunderland.« Noch später meinte sie: »Dies ist das goldene Zeitalter der Biologie. Es lässt sich vergleichen mit dem Zeitalter der großen Kathedralen, die vor tausend Jahren gebaut wurden. Wir bauen immer weiter an diesem großen Gebäude. Einige von uns mauern Bögen, andere befassen sich mit Wandmalereien, wieder andere betätigen sich als Bildhauer. Ich fühle mich ungemein privilegiert, heute zu leben und daran teilhaben zu dürfen.«

Diese Frau hat so viel Ausstrahlung und Präsenz, dass alles andere neben ihr verblasst. Sie trägt einen langen Rock, eine Trachtenbluse und Cowboy-Stiefel, die sie auf mindestens einen Meter achtzig strecken. Ihre Frisur besteht aus einem wilden Schopf langer schwarzer Haare, und ihre Züge wirken zart und herb zugleich.

Dr. Foe, Forscherin an der University of Washington, ist eine Berühmtheit unter den Entwicklungsbiologen und Genetikern, die sich mit der Taufliege Drosophila beschäftigen, um allgemeine Aufschlüsse darüber zu erhalten, wie Tiere wachsen. Ihre Kollegen kennen ihre Arbeiten und zitieren sie in ihren eigenen Veröffentlichungen. Sie wissen, dass sie diejenige war, die einst die epochale Beobachtung machte, dass verschiedene Zellgruppen in verschiedenen Regionen des frühen Embryos sich mit auffällig unterschiedlicher Geschwindigkeit teilen – eine Entdeckung, die Licht in das Rätsel brachte, wie aus einer einförmigen Gewebemasse etwas so Komplexes wie Körper und Gehirn hervorgehen kann. An den National Institutes of Health (NIH) schätzt man sie so hoch, dass man ihr als Einziger Fördermittel gewährt hat, die unabhängig von jeglichen Verpflichtungen an einer Universität oder einer anderen Institution sind. Überdies bekam Dr. Foe den MacArthur-Award verliehen, den so genannten »Genie-Preis«, eine fünfjährige Förderung, die mit keinerlei Bedingungen verknüpft ist. Es wird nur erwartet, dass die Arbeit mit gleich bleibend hoher Qualität fortgesetzt wird.

Dr. Foe ist eine Frau, die für sich einen neuen Weg in der Wissenschaft gefunden hat. Die meisten anderen Biologen im akademischen Bereich machen sich auf den mühseligen Marsch durch die Institutionen, bis sie einen Lehrstuhl ergattern, und scharen auf diesem Weg mehr und mehr Doktoranden, Habilitanden und technische Assistenten um sich. Die anderen nehmen einen Job in der Industrie mit festem Gehalt an.

Dr. Foe hat nichts dergleichen getan. Sie hat sich nie um eine Professorenkarriere gekümmert, weil sie nicht wollte, dass ihr Leben von Verwaltungstätigkeiten bestimmt wird, die sie von ihrer Forschung abhalten. Sie wollte nie für eine Firma arbeiten, weil sie sich nicht gern herumkommandieren lässt. Und sie selbst spielt auch nicht gern den Chef. Erst 1993, mit achtundvierzig Jahren, nahm sie den ersten Doktoranden an, bis dahin hatte sie keinen einzigen technischen Assistenten, Studenten oder sonst jemanden, der für sie arbeitete. Ihre Fördermittel von den NIH decken ihr Gehalt und Geld für Laborausrüstung und Verbrauchsmaterial ab, dadurch sind ihre Beziehungen zur University of Washington relativ lose. Im Prinzip ist sie eine freischaffende Wissenschaftlerin, und was sie getan hat, hat sie großenteils allein getan, als Einfraubetrieb, als Foe-GmbH. Ihr Arbeitsstil unterscheidet sich zutiefst von der Art und Weise, wie die meiste Forschung heutzutage betrieben wird. Er ähnelt mehr dem jenes einsamen Erbsenzählers Gregor Mendel als dem der großen disziplinierten Gruppenunternehmungen, zum Beispiel des internationalen Goliath-formatigen Human Genome Project.

Doch ihre zarte Telefonstimme verrät einiges über ihren Charakter. Trotz ihrer Leistungen, ihres Mutes zur Unorthodoxie und der festen Überzeugung, dass die Arbeit, die sie leistet, gut und solide ist, verfügt Dr. Foe in etwa über das Ego eines Teenies bei seinem ersten Rendezvous. Sie wird leicht nervös und gerät sofort ins Schwitzen. Ständig hat sie Angst, dass ihre Mittel auslaufen und nicht erneuert werden. Sie arbeitet wie besessen und sorgt sich anschließend, nicht genug getan zu haben oder falsch zu liegen oder töricht und verworren gedacht zu haben. Sie hält sich für eine langweilige und unfähige Rednerin, obwohl jeder, der sie sprechen hört, völlig in ihrem Bann steht. »Sie weiß hundertprozentig, dass das, was sie tut, das Richtige ist«, erzählt Dr. Garrett

M. Odell, ein Entwicklungsbiologe an der University of Washington. »Doch das ist gepaart mit ihrer verblüffend anhaltenden Unsicherheit. Sie fragt sich ständig, ob sie gut genug ist, um mit klugen Leuten reden zu können. Sogar jetzt sorgt sie sich noch, dass die MacArthur-Leute sie anrufen könnten und sagen: ›Sie sind *Victoria* Foe? Tut uns Leid, wir hatten *Victor* gemeint.‹« Dr. Odell ist Dr. Foes Mitarbeiter und lebt mit ihr zusammen – wobei das meistenteils heißt: im Labor wohnen.

Die Mischung aus Angst und Stärke ist nur einer der vielen Widersprüche, die Dr. Foe in sich vereint. Auf einem Gebiet, in dem die meisten Biologen ihr Handwerk mit einem reduktionistischen Ansatz betreiben und ein Problem in seine kleinstmöglichen Komponenten zerlegen, wirkt Dr. Foe wie ein altmodischer Naturforscher, der die Nuancen des gesamten Organismus im Auge hat, wenn dieser sich an das Geschäft des Wachsens macht. Sie mustert die Embryonen von Taufliegen, Schmeißfliegen, Moskitos, Fröschen, Schmetterlingsraupen und Fischen; die Abenddämmerung weicht dabei dem Dunkel der Nacht, das Dunkel dem Morgen, und noch immer schaut sie. Doch ist sie alles andere als eine unpräzise Empirikerin. Neue Techniken eignet sie sich rasch an, und mit Hilfe der Molekularbiologie verleiht sie ihren Beobachtungen immer mehr Schärfe.

»Wenn ich so viele Stunden am Mikroskop verbringe, benutze ich die Techniken des zwanzigsten Jahrhunderts, um einen Ansatz aus dem neunzehnten Jahrhundert zu verfolgen«, erklärt sie. Inzwischen bekommt die Technologie einen Anstrich von einundzwanzigstem Jahrhundert, denn sie und Dr. Odell haben ihre Beobachtungsmikroskope an Computer und Kontrollgeräte angeschlossen, die es Dr. Foe erlauben, einzelne Zellen eines Fliegenembryos zu markieren und dann deren gesamte Odyssee von ihren Anfängen in der Blastula bis zu ihrem Endziel als Bestandteil von Fühlern,

Beinen, Thorax oder Auge zu verfolgen. Beendet wird das Unternehmen voraussichtlich gegen Ende der neunziger Jahre sein. Der daraus resultierende Zellatlas wird die detailliertesten Aufzeichnungen aller Zeiten über embryonales Wachstum enthalten und jenen Zellstammbaum, den die Wissenschaftler von dem weit primitiveren Nematoden C. elegans angelegt haben, an Komplexität um ein Vielfaches übertreffen. Dr. Foe und all die anderen Taufliegenspezialisten, die die Fertigstellung ihres Meisterwerks erwarten, werden dann die minutiösen Beschreibungen des einzelnen zellulären Schicksals verwenden können, um zu bestimmen, welche Gene im Lauf der Reifung das Verhalten von Zellen kontrollieren. Und es ist ein unerschütterlicher Glaubenssatz für die Wissenschaftler, dass die Entdeckung der Gene, die für das Wachstum von Fruchtfliegenlarven verantwortlich sind, die Entdeckung äquivalenter Entwicklungsgene beim Menschen beschleunigen wird.

Der Ansatz des Beobachters kommt überdies Dr. Foes ästhetischem Empfinden entgegen. »Es gibt immer Wege, die Sie nicht gegangen sind, und andere Pfade, die Sie locken, und für mich war dieser andere Pfad die Kunst«, so Dr. Foe. »Wenn Sie meine Wissenschaft betrachten, so ist sie extrem visuell.« Sie fertigt detaillierte Zeichnungen von dem an, was sie sieht, und ihre fein gestrichelten und brillant kolorierten Zeichnungen von Fliegenembryos sind so ansprechend und eine solche Augenweide, dass es ein Jammer ist, ihnen nur in wissenschaftlichen Zeitschriften zu begegnen. Dr. Foe ist außerdem Perfektionistin. Während andere Wissenschaftler sich beeilen, in möglichst kurzer Zeit so viele Publikationen wie möglich zu produzieren, arbeitet sie jahrelang an einem Projekt und berichtet über ihre Ergebnisse erst, wenn sie zufrieden und der Ansicht ist, dass die Ergebnisse solide und komplett sind. Ihr Lebenslauf liest sich deshalb kürzer als der vieler anderer Wissenschaftler ihres Alters, doch die meisten der aufgelisteten Artikel kommen eher Büchern als Forschungsberichten gleich. Anlässlich der Publikation eines ihrer erschöpfend-ausführlichen Artikel warnte die Zeitschrift *Development* künftige Autoren, sich bezüglich der Länge ihrer Beiträge auf keinen Fall ähnliche Freiheiten zu erlauben, wenn sie nicht mit gleicher Solidität und Breite ihrer Forschung aufwarten könnten. »Ihre Arbeit setzt eine Art von Geduld voraus, über die so gut wie niemand mehr verfügt«, erklärt Dr. Odell. »Das hat etwas Klösterliches.«

Und noch ein Widerspruch: Dr. Foe mag eine wissenschaftliche Einsiedlerin sein, aber sie verfügt über ein ausgeprägtes politisches Bewusstsein. Einer der Gründe dafür, dass sie sich nie um eine feste Dauerstelle im Wissenschaftsbetrieb bemüht hat, war ihr Wunsch nach der Freiheit, rasch umsatteln zu können, wenn sie politische Aktivitäten weiterzuverfolgen gedachte. Als Doktorandin an der University of Texas in Austin pausierte sie anderthalb Jahre, um als politische Beraterin tätig zu sein und das Abtreibungsgesetz des Staates zu kippen. Sie war in der Frauenbewegung und in der Anti-Vietnam-Bewegung aktiv. In jüngster Vergangenheit gingen sie und Dr. Odell gegen den Golf-Krieg auf die Barrikaden und reisten nach Kanada, wo Dr. Foe ein Stück Land besitzt, um gegen Pläne der kanadischen Regierung zu protestieren, nach denen die Abholzung gewachsenen Waldes erlaubt werden sollte. »Die meisten Wissenschaftler versuchen, den Rest der Welt zu ignorieren, aber sie hat einen ungeheuren Schuldkomplex«, erzählt ihr einstiger Betreuer Bruce Alberts. »Sie fühlt sich schuldig, dass sie die ganze Zeit über Forschung betreiben darf und andere Menschen verhungern oder in den Krieg ziehen müssen.« Sogar in ihrer Wissenschaft entdeckt sie eine politische Moral. »Das Wunderbare, das wir in den vergangenen paar Jahren aus der Biologie gelernt haben, ist die Tatsache, dass die gleichen Gene, die gleichen Teile wieder und wieder auftauchen, von einer

Art zur anderen«, erklärt sie. »Die wichtige Lehre, die wir daraus ziehen können, lautet, dass wir alle aus demselben Stoff gemacht sind. Wir sind Teil eines einzigen Netzes, und in dieser Vorstellung liegt eine gewisse Demut, die überaus angebracht ist.«

Dr. Foe verdankt ihre facettenreiche Perspektive ihrer Kindheit: Ihre Familie zog von Wyoming zunächst nach Mexiko, dann nach England und von dort wieder in die Vereinigten Staaten zurück, während ihr Vater aus der Rechtsprechung in die Landwirtschaft und dann in den Lehrerberuf wechselte. Er war der leuchtende Held ihres Lebens. Ihn faszinierte alles, und denselben intellektuellen Wissensdurst stimulierte er auch in seinen drei Kindern. Er starb an einer Stauungsinsuffizienz des Herzens, als sie einundzwanzig war. Er fehlt ihr noch immer, und es betrübt sie, dass er nicht lange genug gelebt hat, um miterleben zu können, was sie als Taucherin ins Innerste des mikroskopischen Reiches alles entdeckte. »Er hat unsere Larvenstadien ertragen. Uns als menschliche Wesen zu erleben, blieb ihm versagt.«

Dr. Foes unkonventionelle wissenschaftliche Karriere begann während ihrer Ehe mit Dr. Michael Dennis, einem Neurophysiologen von der University of California. Als ihr Ehemann beschloss, aus der Wissenschaft auszuscheiden und Bildhauer zu werden, entschied sich die damalige Doktorandin Foe, zusammen mit ihm und seiner Tochter Kalifornien zu verlassen und auf die kanadische Insel Denman Island zu ziehen. Aus lauter Sorge, sie könnte die Wissenschaft ebenfalls an den Nagel hängen, verhalf ihr Betreuer Dr. Alberts ihr zu einem Arbeitsplatz bei den Friday Harbor Laboratories, einer Forschungsstation von spektakulärer Schönheit nahe der kanadischen Insel. »Ich hielt es für eine unglaubliche Talentverschwendung, wenn sie da oben ihr Leben als Töpferin oder so etwas fristen würde«, erzählt er. Dr. Foe blieb auch die Zeit nach ihrer Promotion in Friday Harbor und brachte die NIH Mitte der achtziger Jahre dazu, ihr die unabhängige Mittelzuweisung zuzugestehen, die sie noch heute erhält. Sie ist inzwischen von Dr. Dennis geschieden, besucht ihn und seine Tochter jedoch regelmäßig und hat sich auf der Insel eine eigene kleine Blockhütte gebaut.

Sie hat ihr Talent nicht verschwendet. Mit den Befunden, auf die sich ihr Ruf gründet, zeigte sie Ende der achtziger Jahre, dass es in der Entwicklung eines Embryos früh zu einer spektakulären Wende kommt. Die ersten dreizehn Teilungsrunden machen sämtliche Zellen des Embryos einträchtig durch: Sie teilen sich wieder und wieder, bilden ein einziges pulsierendes Bündel. Doch mit der vierzehnten Teilung hat die Synchronie ein Ende. An diesem Punkt beginnen verschiedene Zellgruppen, sich mit bemerkenswert unterschiedlicher Geschwindigkeit zu teilen. Diese verschiedenen Teilungszonen werden als mitotische Domänen bezeichnet (abgeleitet von Mitose, der wissenschaftlichen Bezeichnung für die reguläre Zellteilung), und im frühen Fliegenembryo gibt es davon fünfundzwanzig Stück, wobei zwischen den einzelnen Domänen klare Abgrenzungen bestehen. Die Domänen sind die Schatten kommender Ereignisse, erste sichtbare Zeichen künftiger zellulärer Spezialisierungen, die letztlich in unterschiedliche Organe münden werden. Viel, viel später im Verlauf des embryonalen Wachstums wird aus der einen Domäne das Nervensystem hervorgehen, aus der nächsten entstehen die Gliedmaßen des Lebewesens. »Es sieht so aus, als sei dem Embryo in diesem Stadium sein weiteres Schicksal bereits aufgemalt«, so Dr. Foe. Doch selbst mit diesem Einblick in die zelluläre Bestimmung können die Wissenschaftler derzeit noch nicht genau sagen, wie die einzelnen Domänen die jeweiligen Körperteile entstehen lassen. »Wir haben eine grobe Karte, aber all die kleinen Flecken darauf kennen wir noch nicht genau«, erklärt sie. »Wir wissen vielleicht, dass diese Domäne in einem Gebiet liegt, aus dem letztlich das Nervensystem hervorgeht, aber wir haben keine Vorstellung davon, welchen Bestandteil des Nervensystems sie bestimmt.«

Diese Einzelheiten zusammenzutragen, das wird die nächste Phase ihrer Karriere in Anspruch nehmen. Dr. Foe wird dann das Leben der einzelnen Zellen in den verschiedenen mitotischen Domänen verfolgen – in klösterlicher Abgeschiedenheit, oft allein, aber mit großer Freude an dem, was sich da vor ihren Augen abspielt.

35

Wissenschaftler bei der Arbeit: Mary-Claire King

Mary-Claire King, Genetikerin von internationalem Renommee und nuklearen Energiereserven, sitzt in ihrem sonnigen, wenig einladenden Büro an der University of California in Berkeley und berichtet über die derzeitige Nummer eins ihrer vielen Leidenschaften. Sie ist auf der Suche nach dem Gen für die erbliche Form von Brustkrebs, ein Gen, das für Hunderttausende von Frauen, bei denen das Risiko für einen frühen Ausbruch der Krankheit erhöht ist, von größter Bedeutung sein könnte. Seit siebzehn Jahren hat sie nach dem Gen gesucht und aller Skepsis ihrer Kollegen und oft auch eigenen Zweifeln die Stirn geboten. Im Jahr 1990 entdeckte sie die ungefähre Lage des Gens, und nun ringen sie und ihre Studenten darum, sich der Trophäe zu bemächtigen. Sie will sie um jeden Preis, und sie glaubt, dass ihr Labor ganz dicht dran ist. Sie weiß auch, dass andere Labors sich seither an dem Rennen beteiligt haben, und es würde ihr schwer missfallen, sollte irgendein Seiteneinsteiger im letzten Augenblick dazukommen und den Sieg davontragen.

»Es könnte direkt vor unserer Nase, auf irgendeiner unserer Platten liegen«, erklärt sie mit Blick auf die Petrischalen, in denen Abschnitte isolierten genetischen Materials auf eine Analyse warten. Ihre Stimme wird beschwörend, und zusammen mit ihrem Lächeln verschwinden ihre Grübchen. »Wir sind von der Idee besessen, dieses Gen zu finden. Ich will, dass es in unserem Labor passiert.«

Einer ihrer Studenten, ein junger Asiate, steckt seinen Kopf durch die Tür und teilt ihr mit breitem Lächeln mit, er habe ihr etwas zu sagen. Sie entschuldigt sich und folgt ihm in das Labor nebenan. Plötzlich erfüllt Freudengeschrei den Flur: »Ja! O wie schön! Das ist *wunderbar*!« Sie kehrt ins Büro zurück, ihre Wangen glühen, und ich frage mich für einen Augenblick, ob ich das große Los des Wissenschaftsjournalisten gezogen habe und zur rechten Zeit am rechten Ort einer spektakulären Entdeckung bin. »Ist das Gen gefunden?«, frage ich sie. Sind die Wissenschaftler ihrem Ziel womöglich näher als gedacht? »Er hat mir gerade erzählt, dass er heiraten wird«, berichtet sie. »Ich freue mich ja so für ihn.«

Dass Dr. King mit so unbändiger Freude auf die Freude ihres Studenten reagiert, überrascht kaum. Hinter ihr liegt zwar eine Ausbildung als Mathematikerin, und sie ist heute als Molekularbiologin nicht weniger als andere Grundlagenforscher strikter Genauigkeit, Abstraktion und dem Konkurrenzgedanken verpflichtet, aber so ziemlich alles, womit sie sich in ihrer Arbeit je beschäftigt hat, reflektiert letztlich ihren tief verwurzelten Sinn für Menschlichkeit. Erste Berühmtheit erlangte sie durch ihre Arbeit mit einer argentinischen Menschenrechtsgruppe, den Abuelas de Plaza de Mayo, die versuchte, Kinder, die in den siebziger und zu Beginn der achtziger Jahre von der Militärjunta entführt worden waren, wieder mit ihren Familien zusammenzuführen. Durch Erbgutanalysen bei den Kindern, ihren Großmüttern und anderen Verwandten, die Argentiniens achtjährigen »schmutzigen Krieg« überlebt hatten, konnten Dr. King und ihre Mitarbeiter beweisen, dass viele als Säuglinge ihren Familien entrissen und anderen Familien überlassen worden waren, nachdem man ihre leiblichen Eltern entweder erschossen oder auf mysteriöse Weise hatte verschwinden lassen.

Auch im Fall des Dorfes Al Mozote in El Salvador hat Dr. King sich engagiert. Dort waren im Jahr 1981 mindestens

794 Bauern, viele davon Kinder, von salvadorianischen Soldaten mit amerikanischer Militärausbildung ermordet worden. Die ersten Skelette von Opfern waren 1992 ausgegraben worden, und die Regierung von El Salvador hatte einer gründlichen gerichtsmedizinischen Untersuchung der Überreste zugestimmt, sobald die Exhumierung abgeschlossen war. Dr. King und andere Wissenschaftler versuchen, die Skelette zu identifizieren, indem sie aus Zähnen und Knochen extrahierte DNS mit der von lebenden Verwandten vergleichen. Die Ergebnisse sollen, wenn möglich, in späteren Strafverfahren eingesetzt werden. »Dieser Fall liegt sehr viel schwieriger als der argentinische«, erklärt sie, »denn es gibt sehr wenige Überlebende des Massakers.« Und damit nichts, womit sich die DNS vergleichen ließe.

Dr. King ist Jahrgang 1946 und von unbeirrt liberaler Gesinnung. Es erfüllt sie mit Befriedigung, dass ihr Quartier im Herzen eines Gebäudes, das eigentlich den Forstwissenschaften gehört, auf ein wenig Geschichte zurückblicken kann. In eben diesem Raum organisierte sie zusammen mit anderen Studenten im Jahr 1970 eine Protestbriefaktion gegen die amerikanische Invasion in Kambodscha: Sie sammelten fünfunddreißigtausend Unterschriften von den nordkalifornischen Wählern. Doch Dr. King hat keinen Hang zur politischen Prinzipienreiterei, und mit einigem Amüsement berichtet sie, dass sie inzwischen mit der amerikanischen Armee zusammenarbeitet. »Wir arbeiten mit unserer eigenen Regierung zusammen an militärischen Fällen, ich schäme mich fast, es zu sagen«, erklärt sie. Unter anderem gehört zu diesen Fällen der Versuch, einen Mann zu identifizieren, der im Zweiten Weltkrieg mit seinem Kampfflugzeug abgeschossen wurde und dessen Leiche im Sumpf mumifizierte. Das King-Labor sieht sich nicht als gerichtsmedizinisches Labor im eigentlichen Sinn, aber seine Wissenschaftler haben eine Methode perfektioniert, DNS aus Zähnen zu extrahieren. Sie entnehmen dabei ihre Proben aus dem verbliebenen Rest an Nervengewebe. Die Zähne haben sich als bessere Konservierungsstätten für Erbgutproben erwiesen als die Knochen.

Auch ist Dr. King Pragmatikerin genug, um selbst stets auf der Höhe der neuesten Wissenschaft zu bleiben. Sie war in der Nachfolge von Dr. James Watson in der engeren Wahl als Leiterin des Human Genome Project, jenes berühmten Unternehmens zur Kartierung und Analyse aller hunderttausend menschlichen Gene. Die Stelle ging schließlich an Dr. Francis Collins, einen Genetiker von der University of Michigan, der mit Dr. King auf der Jagd nach dem Brustkrebsgen zusammenarbeitete. Man hat sie auch gebeten, sich um die Stelle der Direktorin der National Institutes of Health zu bewerben, als Nachfolgerin für die scheidende Bernadine Healy. Sie lehnte dieses Ansinnen jedoch ab. »An einem Job mit einem solchen Ausmaß an administrativer Verantwortung bin ich nicht interessiert«, erklärte sie. »Er wäre zu weit weg von dem, was ich am liebsten tue, und das ist Forschen.«

Doch für einen reinen Wissenschaftler hat Dr. King einen ausgesprochenen Hang zur Praxis. Sie und zwei andere Forscher publizierten einen Bericht in *The Journal of the American Medical Association*, in dem sie über die bevorstehende Isolierung des Gens für die früh einsetzende Form von Brustkrebs berichteten und die möglichen Optionen für Betroffene diskutierten, bei denen das mutierte Gen nachgewiesen wurde. In den Vereinigten Staaten handelt es sich dabei um schätzungsweise sechshunderttausend Frauen. Bei diesen Frauen ist das Risiko, noch vor dem fünfzigsten Lebensjahr an Brustkrebs zu erkranken, extrem erhöht, und die Betroffenen müssen für sich abwägen, ob sie zu so drastischen Maßnahmen greifen wollen wie einer prophylaktischen Mastektomie oder einer Teilnahme an den gegenwärtig laufenden Tamoxifen-Studien. Wissenschaftler hoffen, dass das Medikament hilft, viele Brustkrebsfälle zu verhindern, aber seine Langzeitwirkung ist bislang unbekannt. Zudem wirft sein Einsatz auch verschiedene Gesundheitsrisiken auf; darüber hinaus beginnt bei den betroffenen Frauen die Menopause früher.

Weiterhin laufen in Dr. Kings Labor zwei Projekte zur Aids-Forschung, in deren Rahmen geklärt werden soll, ob genetische Unterschiede dafür verantwortlich sind, dass manche Menschen die Krankheit sehr viel länger überleben als andere. Ihre Arbeitsgruppe untersucht die Genetik des Lupus erythematodes, einer Autoimmunkrankheit, bei der Haut und Gelenke allmählich zerstört werden, und fahndet nach einem Gen für eine angeborene Form der Taubheit.

Dr. King ist eine leidenschaftliche Befürworterin des Human Diversity Project unter der Federführung von Dr. Luca Cavalli-Sforza, einem Populationsgenetiker von der Stanford University. Die Forscher planen, das Erbgut von etwa vierhundert verschiedenen menschlichen Populationen weltweit zu analysieren, wobei ein besonderes Augenmerk den ältesten und am wenigsten vermischten Völkern wie den Basken oder den Keten und Giljaken (Niwchen) Sibiriens gelten soll. Aus den chemischen Runen der Gene hoffen die Forscher, Antworten auf Fragen von evolutionärer, linguistischer und anthropologischer Bedeutung lesen zu können: Woher kamen die modernen Menschen? Wie sind sie um den Globus gewandert? Gibt es irgendeine Korrelation zwischen genetischen Veränderungen und sprachlichen Variationen? Und sind die unterschiedlichen Krankheitshäufigkeiten in verschiedenen Ländern durch genetische Unterschiede zu erklären? Dr. King verbringt allmonatlich mehrere Tage in Washington, um Geld und Unterstützung für dieses äußerst komplexe Projekt einzuwerben.

Diese bunt gescheckte Sammlung an Projekten wird von einem relativ kleinen Labor von zwanzig Leuten, Dr. King mitgerechnet, betreut. Obendrein lehrt sie an der Universität und hält einen Anfängerkurs in Genetik für Nichtnaturwissenschaftler. Sie sieht ihre Lehrverpflichtungen keineswegs als Frondienst, sondern betrachtet sie als Vergnügen, was für jemanden in der Forschung durchaus ungewöhnlich ist. Darüber hinaus bringt sie es fertig, für ihr Alter jung auszusehen – sie trägt einen dunklen Haarschopf, der durch seine Fülle fast unbeweglich wirkt. Ob sie sich nie überfordert fühlt? »Natürlich fühle ich mich überfordert!«, erwidert sie mit sich überschlagender Stimme und klingt dabei ein bisschen wie Julia Child. »Was hat Überforderung damit zu tun?« Sie geht und spricht dermaßen rasch, dass man im Vergleich dazu von sich selbst das Gefühl bekommt, in Kunstharz eingegossen zu sein.

Ihren wissenschaftlichen Stil führt Dr. King auf ihren Mentor und Promotionsbetreuer Dr. Allan Wilson zurück, einen intellektuellen Unruhestifter ersten Ranges, der im Jahr 1991 im Alter von fünfundsiebzig Jahren an Krebs starb. Dr. Wilson wurde durch seine Arbeiten über die so genannte genetische Eva berühmt, eine Frau, die vor ungefähr hunderttausend Jahren in Afrika lebte und der Theorie zufolge die Mutter aller heute existierenden Menschen ist. Wer in Dr. Wilsons Labor gearbeitet hat, beherrscht die Kunst, evolutionäre Rätsel mit molekularer Artillerie anzugehen. Das Labor befasste sich in diesem Zusammenhang vor allem mit den Genen der Mitochondrien, der winzigen Kraftwerke der Zelle. Dr. Wilson war es auch, der Dr. King davor bewahrte, die Wissenschaft aufzugeben, noch bevor sie richtig damit begonnen hatte. »Nie kriegte ich meine Projekte ins Laufen, ich war wirklich deprimiert und durcheinander«, erinnert sie sich. »Er meinte, wenn jeder, der sein Vorhaben nicht in Gang bekommt, aus der Wissenschaft ausscheiden würde, gäbe es schon längst keine Wissenschaft mehr.« Solchermaßen getröstet, vollendete sie ihre Doktorarbeit und zeigte zu ihrem eigenen Erschrecken und dem der wissenschaftlichen

Welt, dass Menschen und Schimpansen über neunundneunzig Prozent ihrer DNS gemein haben. »Ich dachte die ganze Zeit, ich hätte ein negatives Ergebnis, weil ich keine Unterschiede finden konnte«, berichtet sie. »Irgendwann dämmerte es mir, dass dies daran lag, dass es so gut wie keine Unterschiede gab.«

Anschließend ging sie mit ihrem Ehemann, dem Zoologen Robert Colwell, nach Chile, wo beide einen Lehrauftrag hatten. Doch nachdem die linke Regierung Salvador Allendes gestürzt worden war, kehrten sie in die Vereinigten Staaten zurück. Dieser Südamerikaerfahrung, ihrer Vertrautheit mit Sprache, Land und Leuten, ist es zu verdanken, dass sie, als die Abuelas de Plaza de Mayo bei ihren Bemühungen um die verlorenen Kinder die Hilfe der Wissenschaft suchten, als Molekulargenetikerin auf den Fall angesetzt wurde. Die Arbeit war ebenso aufreibend wie spannend. Sie erforderte häufige Reisen nach Argentinien, 18-Stunden-Tage und das Rückgrat, sich gegen die finster-ablehnende Haltung des Militärs durchzusetzen. Das argentinische Projekt dauert noch an und wird dies auch in absehbarer Zukunft tun. Bisher sind dreiundfünfzig Kinder wieder mit ihren Familien zusammengeführt worden, weitere einhundertfünfzig aber müssen noch gefunden werden. Inzwischen sind sie junge Erwachsene und können sich überall auf der Welt befinden: in Südamerika, Europa und den Vereinigten Staaten. Das ganze Projekt hindurch ließ Dr. King der Gedanke nicht los, dass die entführten Kinder im selben Alter waren wie ihre eigene Tochter Emily Colwell. Dr. Kings Ehe zerbrach, als Emily fünf Jahre alt war, und es blieb Dr. King überlassen, als junge allein erziehende Mutter auf einem Gebiet zu bestehen, das für seine langen und unregelmäßigen Arbeitszeiten und sein gnadenloses Tempo berüchtigt ist. Sie glaubt, dass einer der Gründe dafür, dass ihre Ehe scheiterte, damit zu tun hat, dass man als Wissenschaftler »nur zwei von drei Dingen gut machen kann. Ich war eine junge Mutter, eine junge Wissenschaftlerin und eine junge Ehefrau. Irgendetwas musste danebengehen, und das war die Ehe.«

In ihrem eigenen Labor versucht Dr. King, Mitarbeitern mit Familie so weit wie möglich entgegenzukommen. Dem weltoffenen Geist Berkeleys getreu, vereint sie in ihrem Labor stets eine Menge Doktorandinnen und Habilitandinnen sowie Afroamerikaner, Chinesen, Latinos und Schwule. »Ich war viele, viele Jahre im Geschäft, bis ich den ersten ganz normalen weißen Studenten im Labor hatte«, berichtet sie. Doch in einem hochrangigen Labor hat die Großzügigkeit auch ihre Grenzen, und viele ihrer Studenten schlafen mehr oder weniger unmittelbar neben ihrem Arbeitsplatz, vor allem diejenigen, die an der Jagd nach dem Brustkrebsgen beteiligt sind, bei der der Konkurrenzdruck von außen am härtesten ist. Dr. King erklärt, sie hasse den Konkurrenzkampf und betrachte ihn als eine der Unarten, durch die Männer diesem Beruf einen unnötig und lähmend maskulinen Stempel aufgedrückt hätten. Einmal beendete sie einen Vortrag damit, dass sie ein Federmäppchen in Gestalt eines Haies aus der Tasche zog, das sie von dem Kind einer Freundin geschenkt bekommen hatte. Sie legte es vor sich auf den Tisch und sagte: »Das hier ist für all die Haie unter den Zuhörern«, ein Satz, der ihr verkniffenes Gelächter und wenig Beifall eintrug. Doch, wie die Männer, die sie kennen, sich beeilen hinzuzufügen, Dr. King ist kein schüchternes Mauerblümchen. Sie sagt, was sie denkt, geht dem nach, was sie interessiert, und gibt keine Handbreit Boden ab. »Was den Konkurrenzkampf anbelangt«, so Ray White, ein Sparringspartner auf dem Gebiet der Genetik, »so ist Mary-Claire keineswegs im Nachteil, ganz und gar nicht.«

Nachtrag: Im Herbst 1994 wurde das Brustkrebsgen endlich gefunden, allerdings nicht vom King-Labor. Das Rennen machten

Mark Skolnick von der University of Utah und seine vierundvierzigköpfige Arbeitsgruppe. Obwohl Dr. Skolnik und Dr. King einander bekanntermaßen nicht mögen – Folge einer Zusammenarbeit, die vor zwanzig Jahren unschön geendet hatte –, gratulierte Dr. King ihm in allen Interviews, die sie zu geben hatte, wohlwollend zu seiner guten Arbeit. Sie erklärte, dass sie eigentlich erwartet hatte, traurig zu sein, wenn nicht sie den Sieg davontrüge, dass sie aber, als es so weit war, zu ihrer Verwunderung nichts als Erleichterung verspürte, weil das Rennen endlich vorbei war. Nun stehen die Genetiker vor einer weit massiveren Herausforderung: Sie müssen die Entdeckung des Gens zu etwas machen, das für die Frauen auf der ganzen Welt, die sich um ihre Gesundheit und ihr Leben sorgen, von praktischer Bedeutung ist.

36

Mit Stephen Jay Gould
im Naturkundemuseum

Stephen Jay Gould sitzt in der Cafeteria der kalifornischen Akademie der Wissenschaften, einem verträumten Westküsten-Ableger des American Museum of Natural History in New York, und versucht, was schon Generationen von Kindern vor ihm mit großer Freude versucht haben, wann immer sie sich in einem Speisesaal aufhielten: die Papierhülle von einem Strohhalm an die Decke pusten, damit sie dort oben hängen bleibt. Er tunkt ein Ende des Strohhalms samt Papier in ein Glas Wasser, und die Hüllenspitze bildet eine lustige durchweichte Mütze – den klebrigen Teil. Vorsichtig reißt er das andere Ende der Hülle auf, damit er den Halm gleichzeitig festhalten und in ihn hineinpusten kann. O ja, den Strohhalmtrick liebt er, dieser hoch geschätzte Harvard-Professor für Geologie, Biologie und Wissenschaftsgeschichte, dieser nimmermüde Verfasser dichter, höchst eleganter Wissenschaftsaufsätze, die eine breite populäre Zuhörerschaft erreichen, diese internationale Autorität für eine kleine tropische Schnecke aus der Familie der Cerionidae.

Doch als er den Strohhalm an seine Lippen hebt und kurz hineinbläst – *ffft!* –, passiert überhaupt nichts. Die Hülle ist von zahllosen winzigen Löchern durchsiebt und kann die zum Davonstieben nötige Luft nicht halten. Dr. Gould wirft das Ganze mit einer komischen Miene des Widerwillens zur Seite. Er hat lange und intensiv über die Evolution nachgedacht, und ihm missfällt die weit verbreitete falsche Vorstellung gründlich, derzufolge die Evolution einem Fortschritt gleicht und sämtliche Kreaturen unweigerlich einem immer perfekteren Daseinszustand zuführt. Wenn einer einen Rückschritt auf den ersten Blick erkennt, dann er, und dieses Produkt ist einer. »Erst haben sie richtige Strohhalme durch Plastik ersetzt«, klagt er, »und nun können sie nicht einmal mehr vernünftige Hüllen herstellen. Es ist ein Skandal.« Achselzuckend schnappt er sich einen Plastiklöffel und macht sich über seine Suppe her.

Dr. Gould ist in San Francisco, um für seine sechste Aufsatzsammlung *Eight Little Piggies* (»Acht kleine Schweinchen«) zu werben. Die meisten dieser Aufsätze wurden in *Natural History* erstmals veröffentlicht, dem Magazin, das er in den vergangenen neunzehn Jahren Monat für Monat ohne Unterbrechung herausgegeben hat, wie er stolz in einem eben dieser Aufsätze verkündet. Er schreibt auch für andere Magazine, unter anderem für *The New York Review of Books*, *Discover* und die britische Zeitschrift *Nature*. Über einzelne Themenbereiche hat er obendrein Bücher verfasst, unter anderem *Zufall Mensch*, einen Bestseller über die Neuinterpretation des Burgess-Schiefers, einer Lagerstätte an den Steilhängen der kanadischen Rocky Mountains, in dem sich eine ungeheure Vielfalt an Fossilien aus dem Kambrium, das heißt von vor fünfhundertfünfzig Millionen Jahren, erhalten hat. Er tippt und tippt: Er ist der Anthony Trollope, die Joyce Carol Oates unter den Wissenschaftsautoren. Und er lehrt. In seinen Seminaren an der Harvard University reicht der Platz oft nur zum Stehen. Und er forscht und verfasst Wissenschaftsartikel. Selbst als er vor zehn Jahren an einem Mesotheliom erkrankte – einem in vielen Fällen bösartigen Tumor des Bauchraumes –, vermochte dies Dr. Gould nicht merklich zu bremsen. Er erklärt, dass er nun, da er seine Krankheit besiegt habe, das Werk vollenden wolle, mit dem er vor dem Beginn seiner Erkrankung angefangen hatte: eine ausführliche Neubewertung der darwinschen Evolutionstheorie. So war er schon immer, sagen seine Freunde. Er arbeitet und arbeitet und arbeitet.

Für einen Wissenschaftler ist Dr. Gould eine Berühmtheit, und Passanten, die in der Cafeteria an ihm vorüberschlendern, erkennen ihn, kommen an seinen Tisch, schütteln ihm die Hand und rufen: »Professor Gould! Was treibt Sie nach Kalifornien?« Er ist einer der Pioniere unter den wenigen aktiven Wissenschaftlern, die es für ihre Pflicht und Schuldigkeit hielten, die Freuden der Wissenschaft mit der akademisch ungebildeten Masse zu teilen. Noch kann er nicht auf den monumentalen Verkaufserfolg eines Stephen Hawking zurückblicken, jenes Astrophysikers, dessen Bändchen *Eine kurze Geschichte der Zeit* sich allein in den Vereinigten Staaten und Kanada über 1,7 Millionen Mal verkaufte und hier und im Ausland jahrelang auf der Bestsellerliste stand. Dr. Gould ist auch nicht Gastgeber seiner eigenen Fernsehshow wie der Astronom Carl Sagan von der Cornell University mit *Cosmos*. Und wenn auch sein Stil verständlich, manchmal überaus charmant und völlig frei von jeglicher Herablassung ist, so geht ihm doch die Ausstrahlung und Musikalität eines Lewis Thomas – Physiker und Autor von *The Lives of a Cell* – ab. Dennoch ist der Stephen-Jay-Gould-Fanclub von internationalem Rang. Seine Bücher sind in fünfzehn Sprachen übersetzt worden, unter anderem ins Französische, Japanische, Ungarische, Finnische, Deutsche und Griechische. Seine Schriften haben mehr als die jedes anderen dazu beigetragen, Charles Darwin zu einem Alltagsheiligen, zu einer wissenschaftlichen Lichtgestalt vom Format eines Albert Einstein zu machen.

Dr. Gould schreibt für sein Leben gern, aber Lesereisen verabscheut er, weshalb er sich während seines Besuchs bei der Akademie, Teil der Rundreise, ein bisschen zappelig und unruhig fühlt. Ein Fan, ein junger Mann von ungefähr fünfundzwanzig Jahren, kommt an seinen Tisch herüber und stellt sich vor. Als er geht, fragt Dr. Gould: »Was ist los mit dieser jungen Generation? Wann immer diese Leute etwas sagen, heben sie ihre Stimme zum Satzende an, als würden sie eine Frage stellen. Was immer sie sagen, klingt so, als wenn sie dafür Bestätigung suchen.« Er tut so, als hielte er einen Telefonhörer in der Hand : »Ungefähr so: ,Hallo? Dr. Gould? Hier spricht Amy? Von der AP?' Ist ja gut, also ich habe wirklich keinen Augenblick daran gezweifelt.«

Bei der Dinosaurier-Ausstellung des Museums bleibt Dr. Gould kurz stehen und erklärt mit einer wegwerfenden Handbewegung: »Dinosaurier sind langweilig geworden. Sie sind ein Klischee. Man hat sie überstrapaziert.« Beim Anblick einer Gruppe Kinder, die unter heiserem Gebrüll von einer Bedienungsleiste zur nächsten flitzen, brummelt er: »Lernen die auch was? Oder drücken sie bloß Knöpfe?« Vor dem Pendel, einer riesigen Stahlkugel, die an einem Drahtseil von der Decke hängt, meint er: »Ich habe noch nie verstanden, warum jedes Wissenschaftsmuseum den Drang hat, so ein Ding aufzuhängen. Ich kapiere noch immer nicht, wie es funktioniert, und ich glaube, den meisten Besuchern geht es nicht viel besser.« Das Pendel soll demonstrieren, dass das Gewicht in gerader Linie weiterpendelt, während die Erde sich unter ihm dreht. Aber, so Dr. Gould, das Pendel hängt seinerseits in einem Gebäude, das sich mit der Erde dreht, warum also sollte die Kugelachse nicht ebenfalls rotieren? Eine gute Frage, die die Informationstafel hier nicht beantwortet.

Doch selbst in dieser widerborstigen Laune ist er ein wortgewandter Unterhalter, und er erzählt genauso flüssig, wie seine Artikel sich lesen. Er nimmt ein Ideenfädchen auf, folgt ihm ein kurzes Stück, verknüpft es mit einer anderen Einsicht und wieder einer und noch einer, bis genügend Fäden zusammengesponnen sind, um ein üppiges, zusammenhängendes Muster zu bilden. »Jeder hat irgendeine seltsame kleine Geistesgabe«, erklärt er. »Meine besteht darin, solche Verknüpfungen herstellen zu können. Wenn Sie Glück haben, lernen Sie, diese Fähigkeit zu Ihrem beruflichen Vorteil auszubauen. Andernfalls bleibt sie ein Partytrick.«

Als prominenter Kritiker übereifrigen genetischen Determinismus und zahlloser Versuche, angeborene Fähigkeiten und Intelligenz mittels standardisierter Methoden zu testen, hat Dr. Gould mehr als genug von den anhaltenden Versuchen, die alte Debatte um Angeborenes und Erworbenes einer Lösung näher zu bringen. Er dachte, er hätte diese Themen in *Der falsch vermessene Mensch*, seinem Bestseller aus dem Jahr 1981, ein für alle Mal abgehandelt. Doch wo immer er auftaucht, fragen die Leute ihn: Wie viel von unserer Intelligenz ist ererbt? Wie viel ist Ergebnis unserer Erziehung? Ist kriminelles Verhalten angeboren oder erlernt? Wir wollen Zahlen! Wir wollen Antworten! Dr. Gould betont, dass Biologie und Umwelt unauflöslich miteinander verknüpft sind und der Einfluss des einen nicht vom Einfluss des anderen zu trennen ist. »Es ist sowohl logisch als auch mathematisch und philosophisch unmöglich, sie voneinander abzukoppeln«, erklärt er. »Sie üben tatsächlich einen gemeinsamen Einfluss aus, aber ich verzweifle bei dem Versuch, den Menschen das begreiflich zu machen.«

Dr. Goulds Vorstellungen von der Evolution und vom Wesen der Natur sind recht populär, aber ein paar Kollegen sind sie sauer aufgestoßen. Vor allem seine Theorie vom durchbrochenen Gleichgewicht – der von ihm und Dr. Niles Eldredge formulierten Überlegung, derzufolge die Evolution schubweise abläuft und sich nicht schön glatt und allmählich entfaltet. In einer wissenschaftlichen Welt, die den einzelnen Organismus als Insel sieht, als ein auf sich gestelltes, erbarmungswürdiges Selbst, das sich um seines Überlebens willen nicht nur mit Räubern, die es auffressen, oder Parasiten, die es schädigen könnten, misst, sondern mit allen anderen seiner Art, besitzt Dr. Gould die Unverfrorenheit, die

Vermutung zu äußern, dass manche der Attribute, die wir in der Natur beobachten, womöglich aus eher gemeinnützigen Gründen entstanden sein könnten – nicht, um allein dem Individuum zu dienen, sondern um der ganzen Art zugute zu kommen. Mit anderen Worten: Er vertritt den Standpunkt, dass die alte Redensart »zum Wohle der Art«, die ihrer Idee nach von vielen Evolutionsbiologen der Gegenwart spöttisch beiseite gewischt wird, vielleicht doch von einer gewissen Gültigkeit sein könnte.

Manche seiner Gegner murren, Dr. Gould habe genau genommen nicht allzu viel zur Forschung beigetragen. Andere wiederum behaupten, das, was er beigetragen habe, sei nicht unbedingt zum Guten gewesen. Wieder andere beklagen, seine Aufsätze hätten den Ruch von reinem Selbstzweck. Niles Eldredge hält Dr. Gould für ein zweifaches Opfer: Einerseits werde er hochgejubelt als das Orakel der Evolutionstheorie, andererseits als müder Halbsozialist und dreister Demagoge gebrandmarkt. »Manche Leute würden Steve am liebsten verbannen«, erklärt er. »Sie versuchen ständig, sich mit ihm zu arrangieren, um ihn emotional zu verdauen.«

Was ihn betrifft, erklärt Dr. Gould, so gebe er nicht allzu viel auf seine Gegner, und er betont, dass er von der großen Mehrheit seiner Kollegen respektiert werde. Sein Benehmen ist noch immer eine Mischung aus einem Hauch New Yorker Rauflust und Defensive. Er war ein Junge aus der unteren Mittelklasse, aufgewachsen in einem Wohngebiet von Queens. Sein Vater, ein Gerichtsstenograf, erwarb sich sein Wissen und seine Bildung im Alleingang, und er fühlte sich sein Leben lang unterlegen, weil er keinen College-Abschluss hatte. Dr. Gould lebt mit seiner Frau und seinen beiden Kindern, über die er in der Öffentlichkeit selten spricht, in Cambridge, Massachusetts. Er schweigt sich ganz allgemein über sein Privatleben aus, nur seine Passion für Baseball, Wagner und Mozart hat sich weithin herumgesprochen.

Meist wirkt Dr. Gould jedoch zufrieden und mit sich im Reinen. Er ist auf gemütliche Art ein bisschen untersetzt und ein Freund so unkomplizierter Gerichte wie Pommes frites und Chili. Er erklärt, er habe eine neue Einstellung gegenüber der Schlamperei, den Ungenauigkeiten und Redundanzen entwickelt, die in der Natur überall zu beobachten seien. *Eight Little Piggies* variiert das Thema Wiederholung, Trägheit und Zufall in der Naturwelt. Der Titelaufsatz beispielsweise stellt Überlegungen zu der Frage an, warum moderne Wirbeltiere fünf Finger und Zehen haben und nicht acht, wie dies bei einigen prähistorischen Arten der Fall war. Er kommt zu dem Schluss, dass das Ganze ein Zufall der Evolution ist. Und er schreibt, dass das überschüssige Erbgut, das wir in unseren Zellen mit uns herumtragen, jene DNS, die von vielen als Junk-DNS abgetan wird, womöglich der Stoff sein könnte, aus dem evolutionäre Fantasie und Veränderungen schöpfen.

»Als ich jung war, steckte ich bis über beide Ohren in der Macho-Vorstellung von Wissenschaft als etwas Solidem, Handfestem, Quantifizierbarem«, erinnert er sich. »Heute interessieren mich die wunderbaren, sprunghaften Zufälle der Natur.« Nichts währt ewig, so ist das nun einmal: Die Strohhalmhüllen, die er vor mehr als vier Jahrzehnten als Junge an die Cafeteriadecke des New Yorker National History Museum gepustet hatte, trockneten zu kleinen Stalaktiten und blieben über Jahre hinweg an ihrem Platz. Doch als der Erwachsene danach suchte, ließ sich dort oben kein einziges Papierfossil seiner Kindheit mehr entdecken.

VII

Sterben

37

Der Zelltod als Schlüssel
zum Leben

Es ist ein Paradoxon, das sich nie und nimmer lösen oder
aufheben lassen wird: die Unentbehrlichkeit des Todes für
den Fortbestand des Lebens. Ob wir in aller Anmut der Jugend heranwachsen oder uns mit dem Fatalismus des Alters
dahinschleppen – unsere Zellen sterben tagtäglich zu Millionen, und dafür müssen wir dankbar sein. Wenn sich das Gehirn eines Babys im Mutterleib entwickelt, gehen etwa achtzig Prozent der Nervenzellen wenige Stunden nach ihrer Entstehung wieder zugrunde. Ihre fein verästelten Ranken wel-
ken nutzlos dahin, ihr Fortbestehen würde dem fertigen Organ schaden. Die während der Entwicklung entstehenden
Häutchen zwischen einzelnen Fingern und Zehen müssen
vor der Geburt aufgelöst werden. Und beim Erwachsenen
sind Immunzellen, die irrigerweise körpereigenes Gewebe
angreifen würden, ohne viel Aufhebens aus dem Verkehr zu
ziehen.

Zelltod ist ein universales Merkmal allen Lebens, dennoch
hat die Wissenschaft dieses Problem lange Zeit als entweder
zu uninteressant oder als zu komplex vernachlässigt. Eine
tote Zelle zu untersuchen ist so gut wie sinnlos – schließlich
ist sie ein lebloses Ding, inaktiv, nicht mehr von Interesse.
Eine sterbende Zelle hingegen wurde, wenn man so will, als
zu interessant betrachtet: ein Waldbrand, in dem der einzelne brennende Baum inmitten des flammenden Infernos
nicht mehr auszumachen ist – ein Zustand, der sich der Re-
duktion und Analyse entzieht.

In jüngster Zeit haben Wissenschaftler jedoch eine Form des Zelltods entdeckt, der sich der Untersuchung nicht zu verschließen scheint. Es handelt sich um eine Art des Sterbens, die man unter der Bezeichnung Apoptose oder programmierter Zelltod kennt. Offenbar kontrolliert das programmierte Sterben die Beseitigung von Zellen und Geweben unter den verschiedensten Umständen. Diese aktuellen Erkenntnisse haben das Studium des Todes mit neuem Leben erfüllt. Biologen haben Gene entdeckt, die in unerwünschten Blutzellen wie Zeitbomben wirken und Kettenreaktionen auslösen, durch die Immunzellen rasch abgebaut werden, bevor sie sich zu gefährlichen Kolonien identischer Zellen auswachsen. Sie haben Proteine entdeckt, die abnorme Auswüchse von Leber und Prostata zurückstutzen, die Kriechmuskeln einer Raupe lahm legen, wenn das Insekt bereit ist, zum Falter zu werden, und dazu beitragen, weibliche Genitalien einzuschmelzen, wenn das Tier ein Männchen werden soll.

Diese Entdeckungen könnten zu neuen Ansätzen bei der Behandlung pathologischer Formen von Zelltod beitragen, mit denen wir es bei Alzheimer-Patienten oder Menschen mit Parkinson, amyotrophischer Lateralsklerose und anderen neurodegenerativen Krankheiten zu tun haben. Wenn wir die Gene verstehen, die für den Zelltod verantwortlich sind, liefert uns dies vielleicht auch Hinweise darauf, was passiert, wenn diese Gene versagen und die Zelle sich einen Mantel der Unsterblichkeit überstreift, wie es für Tumorzellen typisch ist. Ein genaues Verständnis vom Sterben einer einzelnen Zelle gibt uns möglicherweise Aufschluss darüber, warum der ganze Mensch – Sie, ich und jeder in unserem Umkreis – letztlich sterben muss.

Zu ihrer Überraschung haben die Wissenschaftler festgestellt, dass der Tod einer Zelle in vielen Fällen alles andere als eine chaotische Feuersbrunst ist, wie man dies lange Zeit gemutmaßt hatte. Vielmehr ist er ein sorgfältig aufeinander abgestimmtes genetisches Programm – ähnlich dem, das eine unreife Zelle zu einem funktionstüchtigen Mitglied von Bauchspeicheldrüse oder Niere werden lässt. Es ist eine ziemlich große Herausforderung für eine Zelle, ihr Leben rasch und mit Stil auszuhauchen, und eine dem Untergang geweihte Zelle muss zuerst ein Dutzend oder mehr Gene aktivieren, um diese Leistung zu vollbringen. Es ist, als würde die Zelle sich sagen: »Ich werde jetzt sterben« und diesen Entschluss sodann in dezidierter, konzentrierter Weise in die Tat umsetzen. Das bedeutet nicht, dass der Akt des Zelltods in irgendeiner Weise gelassen verläuft. Ganz im Gegenteil: Eine apoptotische Zelle verabschiedet sich mit einem großen Knall, sie zerfällt abrupt und entlässt ihren Inhalt zur raschen Absorption ins Blut.

Mittlerweile sind die Wissenschaftler einhellig der Meinung, dass das Thema Zelltod eine höchst lebendige Angelegenheit ist. Geprägt hat den Begriff Apoptose Dr. Andrew Wylie von der Universität Edinburgh, der die Charakteristiken dieser Art von Zelltod erstmalig beschrieben und nach dem altgriechischen Begriff für »herabfallen« (in dem Sinn, wie Blätter von den Bäumen fallen) benannt hat. Inzwischen albern die Biologen allerdings herum, dass das Wort eigentlich mehr mit Haarausfall zu tun habe, denn die meisten männlichen Wissenschaftler auf diesem Gebiet scheinen einen Hang zur Glatzenbildung zu besitzen.

Die Entdeckung der Apoptose warf eine lang gehegte Vorstellung über Bord, der zufolge Zelltod eine einfache Angelegenheit sei: die Abwesenheit von Leben, das Ende des Informationsflusses – der zelluläre Verweigerungszustand eben. Und es entspricht schon der Wahrheit, dass in manchen Fällen – beispielsweise bei der Gewebedegeneration als Reaktion auf eine schwere Verletzung des Körpers – Zellen einfach anschwellen und sterben: wahllos, planlos, ohne ersichtliches Programm. Immunologen aber gefiel diese Erklärung nicht, sofern sie den Tod ihrer Lieblingszellen, der B- und T-Zellen des Immunsystems, betraf. Der Körper verbreitet diese Zellen routinemäßig zuhauf. Jede von ihnen ist maßgeschneidert, um ein jeweils etwas anders gestaltetes fremdes Protein anzugreifen. Die überwiegende Mehrzahl der Immunzellen aber – etwa fünfundneunzig bis achtundneunzig Prozent – erweisen sich als Saat des Bösen. Sie haben die Eigenschaft, körpereigene Organe anzugreifen oder ihrem Heimatorganismus etwas anderes Missliebiges zuzufügen, wenn sie am Leben blieben. Die Immunologen wussten, dass der Körper diese Zellen genauso rasch beseitigt, wie er sie herstellt, und sie begannen nach den Mördern zu fahnden – den Schlägertrupps des Körpers, die, wie man annahm, das Geschäft der Eliminierung unerwünschter Immunzellen erledigen müssen.

Auf der Suche nach der Tatwaffe stießen die Forscher jedoch auf einen Abschiedsbrief. Die üblen T- und B-Zellen wurden nicht umgebracht, sondern begingen Selbstmord. Bald darauf waren die Strophen des zellulären Schwanengesangs in groben Umrissen zu Papier gebracht. Einem – noch zu identifizierenden – Signal gehorchend, setzt eine Zelle, die dem Körper Schaden zufügen könnte, beherzt ihr Selbstmordprogramm in Gang. Sie schaltet im Zellkern Enzyme ein, die als Heckenscheren wirken und die Chromosomen zu winzigen Stückchen zerschnipseln. Die Zelle aktiviert andere Enzyme, die Löcher in die schützende Zellmembran reißen. Sie stößt einen gellenden chemischen Schrei aus, der die Putzkolonne des Körpers herbeiruft, und schließlich zerreißt sie sich selbst und begibt sich in die Fänge der Makrophagen. Wie ein Biologe es ausdrückte: Die Apoptose ist ein ritualisierter Totentanz.

So unerbittlich und grausam sich dieses auch anhören mag – das Fehlen von Apoptose ist noch schlimmer. Wissenschaftler haben festgestellt, dass an manchen Arten von Lymphomen des Menschen ein Gen schuld ist, dessen Produkt am Apoptoseweg beteiligt ist. Das Gen trägt den Namen bcl-2. Sein Produkt bewirkt unter normalen Umständen eine Blockade des Zelltods bei einigen der B-Zellen, sodass diese als Teil des Langzeitgedächtnisses ins Immunsystem eingehen. Damit wird dessen Fähigkeit garantiert, wiederholt auftretende mikrobiale Angreifer zu erkennen und abzuwehren. Wenn dieses Gen jedoch mutiert ist, bleibt es permanent in allen B-Zellen aktiv – nicht nur in einigen wenigen. Die Folge hiervon ist, dass weiße Blutkörperchen dem Auftrag, Selbstmord zu begehen, nicht mehr gehorchen, wenn ihre Zeit gekommen ist, sondern endlos weiterarbeiten und schließlich bösartige Dimensionen annehmen.

Auch einfachere Organismen als der Mensch sind auf die Apoptose angewiesen. Bei dem durchsichtigen millimetergroßen Fadenwurm C. elegans werden genau 131 der Zellen seines Körpers nur geboren, um zu sterben. Biologen haben in diesen 131 Zellen eine Reihe von Todesgenen ausgemacht, die sie aufgrund der Beobachtung, dass einige ihr tödliches Spiel erst beginnen, wenn andere ihnen dies befohlen haben, zu einer Art Hierarchie der Zerstörung anordneten. In Anlehnung an »Alices Restaurant« erklären die Wissenschaftler, dass der erste Schritt darin bestehe zu töten, der zweite darin, die Leiche loszuwerden, und der dritte, die Spuren zu beseitigen, die das Gemetzel hinterlassen hat. In jedem Stadium kommen daher andere Gene ins Spiel: Manche brechen die Zelle auf, und andere ermutigen die Nachbarzellen, sich an den Trümmern gütlich zu tun.

Warum macht sich der Wurm überhaupt die Mühe, diese Zellen herzustellen, wenn sie doch nur zum Opfer bestimmt sind? Es sieht so aus, als würden die Zellen so etwas wie Michelangelos Marmorblock bilden, aus dem schließlich die ruhmvolle Wurmform gehauen sein wird. Ein Großteil des überschüssigen Gewebes entsteht in den Genitalknospen des Wurms, und die Zellen sterben nach unterschiedlichem Muster ab, je nachdem, ob am Ende eine Er-Knospe oder eine Sie-und-Er-Knospe, ein Hermaphrodit also, stehen soll.

Im Verlauf seiner Metamorphose bemüht der Tabakschwärmer einen anderen Fall von Zelltod. Er benötigt mehrere Schichten aus riesigen Muskelzellen, um aus seinem Kokon zu schlüpfen. Sobald der Falter sich aus seiner Puppenhaut befreit hat, braucht er die Muskeln nicht mehr, und die Zellen vermindern sich über Nacht im besten Apoptose-Stil. Bei der Sektion der Zellen – die mit einem Durchmesser von fünf Millimetern dem bloßen Auge gut sichtbar sind – stießen die Wissenschaftler auf mehrere Proteine, die unmittelbar vor dem Einsetzen des Zelltods zu dramatisch hohen Konzentrationen aufliefen. Eines dieser aktivierten Henkermoleküle ist das Protein Ubiquitin, das sich an Hunderte anderer Proteine im Zellinneren anheftet und diese zum Abbau vormerkt. Sind so viele ihrer Proteine zerstört, stirbt die Zelle rasch. Diese Korrelation zwischen dem Auftreten von Ubiquitin und einem zellulären Massenselbstmord beschränkt sich allem Anschein nach nicht auf Schwärmer. Spuren von Ubiquitin-Müll finden sich in den neurofibrillären Bündeln im Gehirn von Alzheimer-Patienten. Womöglich wurde hier dieses Protein stimuliert und bewirkte den vorzeitigen Niedergang von Nervenzellen. Warum das Protein jenem mörderischen Ruf gefolgt ist und was getan werden kann, diesen Schritt zu verhindern, gehört zu den zahllosen offenen Fragen auf der endlosen Liste der Wissenschaft. Die Geheimnisse des Zelltods werden sich nicht kampflos ergeben.

38

Das myc-Gen, Richter über Leben und Tod

Inmitten des verknäulten Chromosomengewirrs, das sich im Kern so ziemlich aller menschlichen Krebszellen befindet, gibt es eine Hand voll molekularer Abweichungen, die allem Anschein nach nicht zufälliges Nebenprodukt der malignen Transformation sind. Vielmehr sind es jene fundamentalen Defekte, die das Tumorwachstum überhaupt erst ausgelöst haben. Zu den gefährlichsten und verbreitetsten Mutationen, die man bislang gefunden hat, gehören solche, die ein Gen namens myc lahm legen. In Tumoren von Brust, Gehirn und Blase, in bösartigen Veränderungen des Blutes, der Lunge und des Darms und allen möglichen anderen Körperteilen ist das myc-Gen in miserabelstem Zustand. Manchmal wurde es in Stücke zerrissen und wild durcheinander wieder zusammengefügt, manchmal wieder und wieder verdoppelt, in seinem genetischen Überschuss zu zahllosen wirren Kringeln – kleinen myc-Geschwüren – in der Zelle angehäuft. Das Gen ist in Tumorgewebe derart häufig mutiert und trägt dabei gleichzeitig in seinem normalen Gewand so viele Merkmale einer entscheidend wichtigen Persönlichkeit für Leben und Wohlergehen sämtlicher Körperzellen, dass manche es McGene genannt haben: Wo immer Sie hinschauen, es ist bereits da, das myc-Gen.

Nach beinahe zwei Jahrzehnten der Wechselbäder, in denen man zeitweise mit dem Gen herumspielte, um es gleich darauf als zu schwer zu entschlüsseln zu den Akten zu legen, haben die Wissenschaftler Entdeckungen gemacht, die dieses so extrem wichtige Molekül nun in das Rampenlicht rücken. Viele der Befunde vermitteln grundlegende Erkenntnisse über so wichtige Fragen wie die, wann eine Zelle weiß, wann es an der Zeit ist, sich zu teilen, zu reifen oder bei passender Gelegenheit auch zum Wohl des Körpers Selbstmord zu begehen. Die Erkenntnisse sind von Bedeutung für die Behandlung von Krebs, vor allem als prognostisches Hilfsmittel zur frühzeitigen Unterscheidung zwischen Mammakarzinomen, die durch einen einfachen chirurgischen Eingriff zu beheben sind, und äußerst aggressiven Krebsarten, die mit hoher Wahrscheinlichkeit wieder auftreten und mit der schärfsten verfügbaren Chemotherapie behandelt werden sollten. Untersuchungen aus den Niederlanden zeigen, dass Frauen, bei denen der Anteil an myc-Genen im Tumor aufgrund einer Mutationsform, die man als Gen-Amplifikation bezeichnet, ungewöhnlich hoch ist, mit weit größerer Wahrscheinlichkeit ein Wiederauftreten ihrer Krankheit zu befürchten haben als Frauen, bei denen keine myc-Redundanzen in den Tumoren festzustellen sind.

Experimente im Reagenzglas und an Mäusen lassen ebenfalls darauf schließen, dass der myc-Defekt sich unter all den genetischen Fehlern einer durchschnittlichen Tumorzelle durch eine derart auffallende Gemeinheit auszeichnet, dass allein seine Beseitigung ausreichen würde, einen beträchtlichen Teil der Tumoren zu heilen oder doch zumindest im Zaum zu halten. Mit der Hilfe von Medikamenten, die seit den sechziger Jahren verfügbar sind, haben die Wissenschaftler es fertig gebracht, myc-Defekte in kultivierten Tumorzellen zu korrigieren. Diese Präparate bewirken, dass die Zelle ihre überschüssigen Genkopien rauswirft, sie rundweg vor die Tür des Zellkerns setzt, auf dass sie im Zytoplasma ohne viel Federlesens abgebaut werden können. Sobald diese überschüssigen Genkopien beseitigt sind, beruhigen sich die Zellen wieder und kehren in einen ungefährlichen Zustand zurück. Eines dieser Präparate wird derzeit bei Frauen mit fortgeschrittenem Eierstockkrebs, bei denen sich im Tumor Hinweise auf eine Gen-Amplifikation finden, auf seine Eignung getestet.

Wie so häufig, ist auch hier unser grundsätzliches Verständnis des Hauptkrebsgens jeglicher klinischen Umsetzung oder Anwendung weit voraus. Wir haben inzwischen ziemlich genau begriffen, was das von myc kodierte Protein im Normalfall in der Zelle zu tun hat und warum die Störung dieser häuslichen Aufgaben so katastrophale Folgen zeitigt. Das myc-Protein ist eine Art Kippschalter an der Schnittstelle zweier Möglichkeiten, zwischen denen eine aktive Zelle wählen muss: Entweder sie teilt sich mit sportlichem Elan, oder sie wird sesshaft und entwickelt sich zu einem reifen Angehörigen von Lunge, Darm, Brust oder einem anderen Organ. Das myc-Protein ist offenbar notwendig, damit eine Zelle anfangen beziehungsweise fortfahren kann, sich zu teilen, und es muss zuerst völlig zum Schweigen gebracht worden sein, bevor die Zelle zu ihrem Endstadium reifen kann. Doch dieser proteinöse Meister der Zellteilung ist auch ein Meister der Selbstzerstörung. Wenn die Zelle unter Schock steht, wenn das Bombardement von Botschaften auf ihrer Oberfläche durcheinander gerät oder wenn ihr die Nährstoffe ausgehen, beendet myc die Konfusion, indem es den Knopf für die Selbstzerstörung drückt. Es löst die dramatische Kettenreaktion der Apoptose aus, die im Dahinscheiden der Zelle endet.

Dieser Tod verläuft nicht minder dramatisch als der eines Sterns oder einer Stadt. Die Zelloberfläche wirft Blasen und Falten, die DNS im Zellinneren stürzt in sich zusammen wie ein Brückenpfeiler bei einem Erdbeben, und die zellulären Innereien ergießen sich nach außen. Binnen fünfundzwanzig Minuten ist die Zelle dahin. Die Vorstellung, dass der Zelltod auf das Innigste mit dem Zellwachstum verknüpft sein soll, scheint der Intuition zuwiderzulaufen, doch die Evolution hatte gute Gründe für diese Verbindung. Die Zellen eines gesunden Körpers müssen in der Lage sein, sich zu teilen, damit sie verlorenes Gewebe ersetzen können. Doch wenn diese Teilung auf irgendeine Form von Schwierigkeiten stößt oder mit irgendeiner Störung der biologischen Signale konfrontiert wird und die Gefahr besteht, dass es zu unkontrolliertem Wachstum kommt, ist es für die Zelle am sichersten, das Selbstmordprogramm in Gang zu setzen. Schließlich ist es so ziemlich das Gefährlichste, was einem Körper widerfahren kann, wenn eine seiner Zellen maligne wird. Ihnen kann eine Menge Gewebe absterben – Sie können Ihre Gliedmaßen verlieren, drei Viertel Ihrer Leber oder beträchtliche Teile Ihres Gehirns –, und Sie werden dennoch überleben. Jedoch eine einzige Zelle mit dem Drang nach Unsterblichkeit kann Ihr Schicksal besiegeln. Wie ließe es sich besser sicherstellen, dass die potenziell psychotische Zelle auch tatsächlich Selbstmord begeht, als durch den Einsatz desselben Proteins, das normalerweise ihre Teilung gewährleistet?

Der Renaissance auf dem myc-Sektor gingen Jahre der Stagnation bei der Analyse der Gene voraus. Erstmalig identifiziert wurde es von Wissenschaftlern, die sich mit einer Krebserkrankung im Rückenmark von Hühnchen beschäftigten, und so verdankt es seinen Namen der Tatsache, dass es Myelome bei Hühnchen (englisch: *chicken*) entstehen lässt. Schon bald entdeckte man bei vielen Krebserkrankungen des Menschen ebenfalls myc-Anomalien. Besonders aufregend war für die Biologen die Entdeckung aus den achtziger Jahren, dass manche menschlichen Leukämien und Lymphome durch Chromosomenunfälle – so genannte Translokationen – zustande kamen.

An einem gewissen Punkt im Frühstadium maligner Entartung tauscht das Chromosom, auf dem myc liegt, Teile von sich selbst mit einem anderen Chromosom, und das myc-Gen wird aus seiner korrekten Position an eine Stelle verschoben, an die es nicht gehört. Diese Umstellung befreit das myc-Gen von den konventionellen chromosomalen Signalen, die es normalerweise in Schach halten, und setzt es unter den Einfluss anderer, stärkerer Genschalter wie denen, die für die unerschöpfliche Flut von Antikörpern im Organismus sorgen. An diese neue Position verpflanzt und auf Dauer in aktivem Zustand gehalten, kann das myc-Gen hinfort sein Protein nonstop produzieren, ein Missgriff, der in malignem Wachstum gipfelt.

Bei anderen Tumoren stellte sich heraus, dass sie die Folge einer Amplifikation des myc-Gens waren. In den Tumorzellen drängten sich Dutzende oder gar Hunderte überzähliger Genkopien, und auch dies führt zur Überproduktion von myc-Protein und damit zu unbotmäßigem Wachstum.

Ende der achtziger Jahre kam die myc-Forschung jedoch zum Stillstand. Es war zwar klar, dass das Protein unglaublich wichtig war, aber es erwies sich als dermaßen schwer zu isolieren, dass niemand herausfinden konnte, was es eigentlich genau tat und warum es zur Entstehung von Tumoren beitrug, sobald es im Überschuss produziert wurde. Dieser Zustand der Mutlosigkeit hatte im Jahr 1990 schlagartig ein Ende, als deutlich wurde, dass das myc-Protein verschiedene charakteristische Domänen besaß, unter anderem eine, die man als Leukin-Zipper (*zipper* ist das englische Wort für Reißverschluss) bezeichnete. Das Zipper-Motiv war schon bei anderen Proteinen beobachtet worden, und zwar bei solchen, die einen Proteinpartner benötigten, bevor sie in der Zelle ans Werk gehen konnten. Teile dieser Proteine ragen heraus wie die Zähne eines Reißverschlusses, und diese Anordnung sorgt dafür, dass sich das Protein mit einem anderen Protein über gebleckte Leukin-Zähne verbinden kann. Sobald die beiden ineinander gegriffen haben, werden sie zu einer Funktionseinheit, die imstande ist, ein Werk zu vollbringen, das jedes für sich allein nicht hätte leisten können.

Aus verschwindend geringen Proteinmengen und nach mühsamem Durchprobieren von Zehntausenden potenzieller Partner machten die Biologen schließlich den Proteingefährten des myc-Genprodukts aus. Sie nannten ihn max – zum einen, weil er auf myc wirkte, zum anderen, weil die beiden Namen myc und max zusammen so gefällig klingen. Mit dem funktionierenden myc-max-Komplex im Reagenzglas wurde den Wissenschaftlern dann auch klar, warum die beiden sich überhaupt zu verzahnen trachteten. Der Komplex erwies sich nämlich als Transkriptionsfaktor, ein Proteingebilde, das sich an bestimmte Bereiche des DNS-Moleküls anheften und eine Reihe von Genen an- oder abschalten kann und damit in der Lage ist, umwälzende Veränderungen innerhalb der Zelle zu bewirken.

Noch ist unklar, welche Gene die myc-max-Oligarchie zur Aktivität abkommandiert und welchen sie Schweigen auferlegt. Hunderte, wenn nicht gar Tausende von den hunderttausend Genen auf der menschlichen DNS enthalten womöglich die von dem Komplex erkannte Sequenz, und es kann Jahre dauern, bis man weiß, mit wie vielen dieser Gene das Paar kommuniziert und wodurch dieser Dialog zu zellulärem Wachstum, zu zellulärer Reifung oder, wenn es sein muss, auch zu zellulärem Harakiri führt. Zumindest ein Konversationspartner der beiden ist jedoch identifiziert. Myc und max scheinen das Zellwachstum anzuschalten, indem sie das Genprodukt eines Gens namens Rb abschalten. Dieses Protein dient im Normalfall dazu, die Spaltung einer Zelle in zwei Zellen zu unterbinden, indem es die Aktivität von Zellteilungsproteinen blockiert. Mit anderen Worten: Myc und max bringen Zellwachstum dadurch in Gang, dass sie denjenigen zum Schweigen bringen, der das Zellwachstum unterdrückt – genau die Art von verschränkter Maschinerie, an der die Natur offenbar so viel Gefallen findet.

39

Die andere Seite des Selbstmords

Auf den ersten Blick läuft Selbstmord den Gesetzen der Natur zuwider. Er widerspricht zutiefst jenem robusten Instinkt, der alle Wesen dazu befähigt, bis zum Äußersten für ihr Leben zu kämpfen.

Doch wenn man es einmal kühl evolutionär überdenkt, kann Selbstmord nicht einfach als gewaltsame Verirrung oder als rein pathologisches menschliches Verhalten abgetan werden, das völlig außerhalb der Gezeiten von natürlicher Selektion und Anpassung abläuft. Selbstmord mit all seinen höchst privaten, überaus komplexen Ängsten und Sorgen ist in den meisten Ländern überraschend häufig: Ein Prozent aller Todesfälle geht auf sein Konto. Und wenn man die Zahl der fehlgeschlagenen Selbstmordversuche mit berücksichtigt, liegt die Häufigkeit um etliches darüber. Selbstmord, so die Meinung mancher Evolutionsgenetiker, ist zu verbreitet, als dass er sich durch Standarderklärungen wie soziale Missstände oder sporadische Fälle von psychischer Erkrankung erklären ließe.

Die gleichmäßige Verbreitung einer relativ hohen Selbstmordrate in den meisten Kulturen der Welt lässt vielmehr eine tiefere evolutionäre Komponente, eine möglicherweise darwinistisch fundierte Begründung für einen Akt vermuten, der allzu häufig vollkommen unbegründet erscheint. Der Hang zum Selbstmord könnte eine Begleiterscheinung eines Merkmals oder einer Gruppe von Merkmalen sein, das oder die an einem gewissen Punkt der evolutionären Historie denen, die damit gesegnet waren, gewisse Vorteile verschaffen konnte.

Eine weitere Unterstützung für das Argument einer genetischen Grundlage für die Neigung zum Selbstmord ist dessen Tendenz, familiär gehäuft vorzukommen. Obwohl in nahezu allen Ländern Selbstmord verübt wird, so ist er doch bei bestimmten ethnischen Gruppen weit häufiger als bei anderen. Ungarn und Finnen haben beispielsweise mit Selbstmordraten zu kämpfen, die zwei- bis dreimal so hoch liegen wie die der Vereinigten Staaten und der anderen Teile Europas. Bezeichnenderweise geht man davon aus, dass beide (neben den linguistischen Wurzeln, die die beiden Sprachen miteinander verbinden und von den indogermanischen Sprachen absetzen) auf gemeinsame genetische Wurzeln in ferner Vergangenheit zurückblicken. Hinzu kommt, dass diese erhöhte Selbstmordneigung nicht allein in Nationen zu beobachten ist, in denen die sozioökonomischen Bedingungen möglicherweise dafür verantwortlich sein könnten, sondern auch für Finnen und Ungarn gelten, die in andere Länder emigriert sind, was wiederum als Zeichen für eine biologische Grundlage gewertet wird.

Niemand würde behaupten, dass es ein einzelnes Selbstmord-Gen gäbe oder dass man Selbstmord und psychische Erkrankungen in irgendeiner Weise als positiv zu betrachten hätte. Viel zu häufig erscheint Selbstmord ausgerechnet den Jungen als eine verlockende Alternative, die ihn, mit dem romantischen Schleier der Würde und Poesie verbrämt, als sinnvollen Schritt erachten, wenn sich der Übergang ins Erwachsenendasein für sie allzu traumatisch darstellt – Vorstellungen, die kein vernünftiger Erwachsener teilen würde.

Dennoch mag es plausible evolutionäre Erklärungen für zumindest einige dieser selbstzerstörerischen Handlungen geben. Eine Reihe von Theoretikern ist der Ansicht, dass der Trieb, sich selbst zu töten, möglicherweise Ausdruck eines

Instinkts zur Selbstaufopferung zugunsten überlebender Verwandter ist – entweder weil die Verwandten auf diese Weise selbst vor dem Tod bewahrt werden oder weil sie von den ihnen nunmehr reichlicher zufallenden Ressourcen profitieren können. Die überlebenden Verwandten ihrerseits könnten auf diese Weise die Gene des opferbereiten Artgenossen weitergeben. Um ein kurzes und zugegebenermaßen höchst vereinfachtes Beispiel zu geben: Ein Hominide im Dschungel könnte sein genetisches Überleben erhöhen, wenn er sich einem Leoparden opfert, der andernfalls sechs seiner Brüder und Schwestern erlegen würde. Da wir jedoch in komplexen sozialen Gruppen leben, könnte sich ein solcher Drang zum Märtyrertum gelegentlich zu komplex verzerrten Formen auswachsen und auch die Seelen derjenigen elend zerreißen, die selbst keine Familie haben, die von ihrem Tod profitieren oder dafür sorgen könnte, dass ihr genetisches Erbe überleben wird.

In einem anderen Szenario wird Selbstmord nicht als erblich betrachtet, sondern als das überaus tragische Ergebnis eines anderen Merkmals, das die natürliche Selektion scheinbar begünstigt hat: den Hang zu Depressionen. Manche darwinistischen Theoretiker vertreten den Standpunkt, dass bereits die extrem schwarze Stimmungslage bei weitem zu häufig sei, um ein rein pathologisches Vorkommnis darzustellen. Sie glauben, dass der gelegentliche Ausbruch von Depressionen nützlich ist. Er zwinge die Menschen in eine Art emotionalen Winterschlaf und verschaffe ihnen Zeit, über ihre Fehler nachzudenken. Doch wenn eine solche Strategie zu lange oder zu häufig angewandt werde, verkehre sie sich ins Schlechte, wenn nicht gar Tödliche und äußere sich dann als jene quälende Krankheit, die wir unter dem Namen Major Depression kennen.

Mit dem Argument, dass Menschen Merkmale in der Regel nicht neu erfinden, sondern vielmehr komplexe Versionen von Verhaltensweisen zeigen, die an anderer Stelle im Tierreich zu beobachten sind, haben sich die Biologen anderen Arten zugewandt, um nach den Ursprüngen von Selbstmord und Depressionen zu suchen. Diese Praxis ist nicht frei von Gefahren. Nicht menschliche Tiere hinterlassen natürlich keineswegs etwas so Eindeutiges wie einen Brief oder eine Nachricht. Auch ist es wenig wahrscheinlich, dass sie über genügend Reflexion verfügen, um so weit zu gehen, wie sich freiwillig von einem Felsen zu stürzen. Dennoch gibt es eine Menge Beispiele dafür, dass ein Geschöpf sich zugunsten seiner Verwandten opfert – Termiten beispielsweise, die ihren Darm explodieren lassen, sodass sich dessen faulig-schleimiger Inhalt über einen Feind ergießt, der das Nest bedroht. Oder Nagetiere, die sich freiwillig zu Tode hungern, um nicht riskieren zu müssen, dass sich in ihrem Bau eine Infektion ausbreitet. Überzeugender noch als das mag die Tatsache sein, dass viele nicht menschliche Primatenarten ebenfalls an schweren Depressionen leiden, wenn sie unter Stress stehen. Während einer solchen melancholischen Phase zeigen die Affen unter Umständen alle möglichen lebensbedrohlichen Verhaltensweisen: Sie verweigern das Essen, bis sie an Unterernährung eingehen, oder sie turnen an gefährlichen Ästen herum, in deren Nähe sich kein normaler Affe wagen würde. Die Depressionen eines Affen haben solche Ähnlichkeiten mit den unseren, dass sich auch bei ihnen die Symptome durch die Gabe eines Antidepressivums wie Prozac lindern lassen.

Zugegeben, man muss dieses theoretische Terrain mit höchster Vorsicht beschreiten, wirkt es doch nur allzu leicht unsensibel oder oberflächlich, wenn man Selbstmord oder Depressionen dem Wirken der natürlichen Selektion zuschreiben will. Psychiater haben lange und hart darum gekämpft, die Allgemeinheit dahin zu bringen, psychische Erkrankungen als organische Störung und nicht als Schwäche oder Charakterfehler zu betrachten. Und so zögern die meisten von ihnen sehr, mit so etwas wie Depressionen anders umzugehen als in höchst krankheitsorientierter Weise – sie sehen sie als die Krebs- oder Diabetesversion des Geistes. Wissenschaftler wissen zu gut, wie leicht eine darwinistische Erklärung für eine komplexe Verhaltensweise überzogen und übertrieben vereinfacht ausfällt.

Gewiss wurde das, was die sehr viel einfacher als wir Menschen strukturierten Tiere tun, in der Vergangenheit oft missinterpretiert. Der Verweis auf Selbstmord bei nicht menschlichen Arten ruft beispielsweise unweigerlich den berühmten Fall der Lemminge ins Gedächtnis – jener Nagetiere, von denen man lange Zeit hindurch angenommen hat, dass sie Massenselbstmord verüben, indem sie sich ins Meer stürzen, als habe ihnen eine gruppeneigene Uhr mitgeteilt, dass heute ein guter Tag zum Sterben sei. Neuere Forschungen ergaben jedoch, dass an der Geschichte von den lebensmüden Lemmingen gar nichts dran ist. Die lohfarbenen, pummeligen Pelztiere sterben tatsächlich in Gruppen, aber das ist das Ergebnis einer Fehleinschätzung. Lemminge sind die Heuschrecken unter den Säugetieren und fressen ein Gebiet ratzekahl leer. Dann machen sie sich auf den Weg, um neue Fressgründe aufzutun. Sie schwärmen aus, klettern über Felsen, Bäume und alles, was ihnen im Weg steht. Wenn sie an ein Gewässer gelangen, durchqueren sie es schwimmend – eine Praxis, die bei Flüssen und Teichen gut funktioniert. Wenn sie allerdings auf einen großen See oder ein Meer stoßen, geht ihnen zu spät auf, dass ihr Gepaddel dafür nicht ausreicht.

Oftmals ist nicht klar, ob ein Tod in freier Wildbahn Absicht oder Zufall ist. Manche Verhaltensforscher haben Modelle entwickelt, die beispielsweise vorhersagen, dass ein schlüpfendes Küken in einem größeren Gelege vom Standpunkt seines genetischen Erbes aus betrachtet unter bestimmten Umständen besser dran ist, wenn es sich von seinen Geschwistern umbringen lässt, als sich zu wehren. Bei den Felsenpinguinen legt das Muttertier beispielsweise stets zwei Eier pro Saison, ein großes und ein kleines. Angesichts der Unerbittlichkeit ihrer arktischen Umgebung kann sie nur einen Vogel großziehen und in die Unabhängigkeit entlassen, und in der Regel stammt der Glückspilz aus dem großen Ei. Dennoch legt sie das zweite als eine Art Versicherung für den Fall, dass das erste irgendeinem Räuber zum Opfer fällt. Sollten beide Eier es bis zum Schlüpfen schaffen, täte der kleinere Vogel theoretisch am besten daran, sich von seinem größeren Geschwister ohne langes Hin und Her töten zu lassen, sich quasi in dessen Schwert zu stürzen. Schließlich können kaum beide überleben, warum also dem mit den größeren Erfolgschancen Ressourcen vorenthalten?

Die Theorie kann mit einigen Beobachtungen aufwarten, die ihre Argumente stützen: Bei Begegnungen zwischen Pinguingeschwistern scheinen die kleineren tatsächlich klein beizugeben, ohne irgendwem eine Feder zu krümmen. Kritiker dieser These kaufen deren Befürwortern jedoch nicht ab, dass der kleinere Wettbewerber sich sanftmütig in sein Schicksal ergibt. Wenn beispielsweise, so ihr Einwand, ein ganz normaler Durchschnittstyp mit Mike Tyson ein Rettungsboot und eine sehr beschränkte Nahrungsmenge zu teilen hätte, dann wäre es überaus töricht von dem Nichtboxer, Tyson zum Kampf herauszufordern. Vielmehr würde sich der kleine Kerl höchstwahrscheinlich mucksmäuschenstill verhalten und auf eine Gelegenheit warten, um den anderen über Bord werfen zu können, oder einfach darum beten, dass Tyson der Blitz trifft.

Im Allgemeinen bezeichnen Wissenschaftler einen Tod nur dann als Selbstmord, wenn das Tier von diesem Schritt in reproduktiver Hinsicht viel zu gewinnen und wenig zu verlieren hat. Einigen Biologen zufolge gehören in diese Kategorie auch gewisse seltsam gefärbte Schmetterlinge, die sich dem Gefressenwerden dadurch entziehen, dass sie sich ihrer Umgebung perfekt anpassen. Sobald ein erwachsenes Tier seinen reproduktiven Zenit überschritten hat, wird es für seinen Nachwuchs zum Sicherheitsrisiko, denn wenn das ältere Insekt von einem Vogel entdeckt wird, könnte dieser aus dessen Muster Rückschlüsse ziehen und lernen, das Beutetier von seinem Untergrund zu unterscheiden, sodass hinfort Gefahr für die Jungen bestünde. Man weiß, dass die nicht mehr fruchtbaren ausgewachsenen Tiere sich auf den Boden fallen lassen und intensiv mit den Flügeln zu schlagen beginnen, bis sie vor Erschöpfung sterben. Sie löschen sich selbst und ihr Geheimnis aus, bevor sie geschnappt werden.

Es gibt noch eine Fülle anderer Beispiele für die Selbstaufopferung bei Tieren. Bei einigen Gallmücken – winzigen Insekten – bringt das Muttertier seinem Nachwuchs den eigenen Körper als Nahrung dar, und Letzterer verzehrt diesen genüsslich bis auf den letzten Krümel. Bei den Nacktmullen, unbehaarten, blinden Nagetieren, die unter der Erde leben und miteinander fast so eng verwandt sind wie die Bienen in einem Bienenstock, weiß jedes Tier, was es zu tun hat, wenn es von Parasiten befallen ist: Es wird sich in die Kotecke des Baus begeben und dort warten, bis es stirbt. Sobald dieser Entschluss gefallen ist, bewegt es sich keinen Millimeter mehr. Man kann es nicht einmal unter Laborbedingungen zwangsernähren. Der todkranke Nacktmull wird nicht riskieren, die ganze Kolonie zu infizieren.

Bei ihrer Übertragung der Idee von der Selbstaufopferung zugunsten der eigenen Sippe auf den Menschen berufen sich die Wissenschaftler auf zahlreiche Beispiele: Mütter, die bereitwillig sterben, um ihre Kinder zu retten, Kriegshelden, die sich für ihre Kameraden in die Flammen stürzen, sogar die jüngste Welle sozusagen »vernünftiger« Selbstmorde, Fälle, in denen ältere oder unheilbar kranke Patienten fordern, rasch sterben zu dürfen, um ihren Familien nicht zur Last fallen zu müssen. Wenn es jedoch um das Verhalten von Selbstmordpatienten geht, die psychisch krank sind, die allein im Leben stehen und denen, die sie lieben, in vielen Fällen entfremdet sind, gehen die Forscher weit vorsichtiger mit dieser Art von Argumenten um. Dennoch beobachten Wissenschaftler, dass Menschen, die einen Selbstmord erwägen, dies in vielen Fällen aus völlig selbstlosen Motiven tun. Sie halten ihn im Interesse ihrer Freunde und Familien für die beste Lösung. Menschen, die unmittelbar nach einem ernsthaften Selbstmordversuch mit den Betroffenen gesprochen haben, berichten, dass die Patienten sehr häufig mit altruistischen Erklärungen für ihre Tat aufwarten und den Selbstmord für einen weisen, klugen und überlegten Schritt halten. In diesem Sinn sieht unsere menschliche Version von Selbstmord der Reaktion des Nacktmulls bemerkenswert ähnlich. Wer in Betracht zieht, sich umzubringen, fühlt sich ausgestoßen, unrein, infiziert und hält es womöglich für das Beste, die Krankheitsursache aus der Welt zu schaffen, bevor die davon befallen werden, die ihm nahe stehen.

Natürlich ist die Mehrzahl derjenigen, die einen Selbstmordversuch unternehmen, krank. Die Betreffenden leiden unter einer Gemütskrankheit. In den meisten Fällen handelt es sich dabei um Depressionen oder eine manisch-depressive Erkrankung. Diese Störungen sind durch einen starken Abfall an Neurotransmittern wie Noradrenalin oder Serotonin gekennzeichnet. Beides sind Moleküle, die es Nervenzellen ermöglichen, miteinander zu kommunizieren, und die unter anderem auch zur Regulation von Emotionen und Aggressionen beitragen.

Auch bei Untersuchungen an anderen Primaten haben

Wissenschaftler offenbar viele Symptome schwerer Depressionen feststellen können, unter anderem das Nachlassen des Selbsterhaltungstriebs. Die berühmte Schimpansenforscherin Jane Goodall beobachtete einst, dass ein siebeneinhalbjähriges Männchen durch den Tod seiner Mutter von einer solch tief greifenden Verzweiflung erfasst wurde, dass es ihren Leichnam nicht einmal mehr verließ, um zu fressen. Der Schimpanse siechte langsam dahin, verkroch sich und starb – an gebrochenem Herzen, wie Frau Goodall es formulierte.

Depressionen bei Affen ähneln den unseren nicht nur in verhaltensphysiologischer, sondern auch in biochemischer Hinsicht. An einer wild lebenden Kolonie von Rhesusaffen haben Wissenschaftler festgestellt, dass etwa zwanzig Prozent der Tiere eine Prädisposition für schwere Depressionen besitzen, das entspricht in etwa unserem eigenen Risiko für diese Erkrankung. Die Affen erleben ihren Einbruch, wenn sie einen Verwandten oder Partner verlieren oder wenn ihr sozialer Status schlagartig sinkt. Alles Ereignisse, die auch beim Menschen Depressionen auslösen können. Überdies zeigen die depressiven Affen in ihrer Hirnchemie einige derselben Veränderungen, die man auch bei menschlichen Patienten beobachtet, unter anderem einen starken Abfall des Norepinephrinspiegels.

Depressionen haben ihren Ursprung somit in früheren Tagen der Evolution, weit vor dem Auftauchen der Hominiden. Vielleicht hatten sie eine Art Schutzfunktion. Sie erlaubten es Menschen und anderen Tieren mit höher entwickelten kognitiven Fähigkeiten, ihre Situation zu beleuchten, darüber nachzudenken, wie ihre Taktik aufgegangen oder sich gegen sie selbst gewendet hat, und einen Weg zu finden, die Wiederholung kostspieliger Fehler zu vermeiden. Andererseits könnten Depressionen aber auch die unausweichliche Kehrseite einer Persönlichkeit sein, die sich in guten Zeiten ungemein auszahlt. Im Fall der Rhesusaffen stehen gerade die für Depressionen anfälligen Tiere aufgrund ihrer erhöhten sensorischen Fähigkeiten und ihrer erhöhten emotionalen Sensitivität häufig an der Spitze der sozialen Hierarchie. Sie nehmen kritische Veränderungen ihrer Umgebung – das Geräusch eines sich nähernden Räubers, die vorsichtigen Annäherungsversuche eines möglichen Verbündeten – deutlicher wahr als ihre Artgenossen. Sie sehen, hören und riechen alles. Sie gleichen den straff gespannten Saiten einer wundervollen Violine. Werden sie zu stark beansprucht, reißen sie.

40

Nur ein Körnchen Sand

Ich glaube nicht, dass es so etwas gibt wie eine gute Art zu sterben. Für mich ist der Tod eine obszöne Verschwendung: Man verbringt sein Leben damit, Aufgaben zu meistern, Wissen und Meinungen zu kultivieren, Stück für Stück den Bogen herauszukriegen, wie es sich mit dem eigenen Körper und Hirn leben lässt, und dann muss all das dran glauben, um Platz zu machen für das neueste Modell, das aus dem Hintergrund die Szene betritt. Die Natur ist eine verwöhnte Göre, die einen permanenten Nachschub an neuen Spielsachen benötigt. Wie also kann man gut sterben, wenn der Tod eine solche Zumutung ist?

Doch wenn es jemanden gibt, von dem ich sagen kann, er sei mit Stil gestorben – einem Stil zudem, der seiner zappeligen, sorglosen, extravaganten Persönlichkeit absolut entsprach –, dann war dies Rodney Holmes, seit meinem vierten Lebensjahr ein Freund meiner Familie. Rod starb rasch und katastrophal – binnen weniger Tage, nachdem er sich eine Lungenentzündung zugezogen hatte, die so schwer war, dass er darüber ins Koma fiel. Die Ärzte versuchten, ihn ins Leben zurückzuspritzen. Sie probierten jedes Antibiotikum in ihrem Medikamentenschrank, doch er erlangte das Bewusstsein nie wieder. Er siechte nicht dahin, welkte nicht allmählich – er reagierte einfach nicht. Nicht allzu lange vor seinem Tod hatte ich ihn in einem Fitness-Center getroffen, und er wirkte gesund und munter. Doch als er ins Krankenhaus kam, lag seine T-Zellen-Zahl bei fünfundzwanzig, normale

Werte liegen bei um die eintausend. Rod starb an den Folgen von Aids, aber er hatte nie gewusst, dass er mit HIV infiziert gewesen war. Er wusste es nicht, weil er es nicht wissen wollte.

Ich vermute, dass es zwei Gründe für Rod gab, sich nicht um seinen HIV-Status zu kümmern. Der eine ist, dass er sich selbst kannte. Er wusste, dass er kein Kämpfer war, kein Herausforderer, kein Mann, der aufsteht und sich lautstark Gehör verschafft. Er war nicht der Typ, der die medizinische Literatur durchforsten und sich mit jedem neuen Präparat vertraut machen würde, das auch nur ein Fünkchen Hoffnung versprach. Er hatte vielmehr den Hang – den ich im Übrigen nur allzu gut kenne –, Probleme zu ignorieren, um mit ihnen fertig zu werden. Wenn das Unglück auf deiner Schwelle steht, schlag ihm die Tür vor der Nase zu. Wenigstens verschafft dir das ein bisschen Raum zum Luftholen, während das Unglück versucht, dein Schloss zu knacken. Eine Krankheit wirksam zu bekämpfen erfordert einen peinlich genau organisierten Plan für das eigene Leben, und Rod hatte alles, bloß das nicht. Er war ein Holterdipolter und Schmierenkomödiant. Als Innenausstatter und Schreiner war er brillant, aber wenn er an einem Projekt arbeitete, versuchte er es dermaßen schnell hinter sich zu bringen, dass er Ecken unbearbeitet und Kanten ungestrichen ließ und manchen Nagel vergaß. Einer Krankheit entgegenzutreten verlangt auch ein gewisses Maß an Selbstvertrauen, und Rod lebte seine Unsicherheit ungehobelt und aggressiv aus. Er war ein kleiner, nicht sehr gut aussehender Mann, sein Gesicht eine Mischung aus Bulldogge und Porzellanpüppchen, und ich gehe jede Wette ein, dass es härter ist, ein hausbackener Schwuler zu sein als eine unattraktive Frau. Sein Witz war ätzend, seine Fantasie grenzenlos, und er strengte sich sehr an, seinen Nächsten ein guter Gastgeber zu sein. Dennoch hatte er wenige enge Freunde, und diejenigen, die er hatte, wussten um seine Fehler, um sein unmögliches, unvergleichliches Wesen. Sogar bei seiner Trauerfeier wurde der Pastor, der Rod gut gekannt hatte, von einem Anfall von Begräbniswahrheiten gepackt und fand mindestens ebenso viele Worte für Rods Unarten wie für seine Tugenden.

Rod hatte es geschafft, ein schweres Problem niederzuringen: Er war Alkoholiker gewesen. Einen großen Teil seines Erwachsenenlebens hatte er als zügelloser Säufer zugebracht. Doch dann schloss er sich den Anonymen Alkoholikern an und blieb für die letzten acht Jahre seines Lebens nüchtern. Manchmal glaube ich, dass er das Gefühl hatte, zwischen Nüchternheit und Selbstbewusstsein wählen zu müssen. Kurz nachdem er mit dem Trinken aufgehört hatte, zeigten sich bei ihm die ersten Anzeichen für eine mögliche HIV-Infektion: Er erkrankte an Gürtelrose. Doch obwohl wir alle ihn drängten, sich auf das Virus testen zu lassen, lehnte er jedwede Diskussion über dieses Thema ab. Vielleicht wäre ein positives Ergebnis für ihn mit einem nicht von Schnaps umnebelten Kopf unerträglich gewesen. Vielleicht versuchte er ab einem gewissen Punkt auch, andere zu schützen, wusste er doch zu gut, dass er im betrunkenen Zustand sehr viel leichter versucht wäre, unter die Leute zu gehen und das Virus zu verbreiten. Oder vielleicht wurde ihm auch in einem Augenblick reinster Panik hin und wieder klar, dass Aids viel, viel größer war als er – als sein Wille, sein Witz oder seine Vorstellungskraft. Aids ist größer als alles, was wir je erlebt haben. In seiner Ansteckungsgefährlichkeit, in seiner Unbarmherzigkeit, in der Art und Weise, wie es sich ausgerechnet unserer Künstler und Dissidenten, unserer Quellen des Kreativen und erfrischend Neuen, bemächtigt und sie ihrer Kraft beraubt, ist Aids eine der bösartigsten Krankheiten, der die Menschheit je begegnet ist.

Ein Teil ihrer Hässlichkeit verdankt die Krankheit der Methode des Virus, das heißt der Unaufhaltsamkeit, mit der es den Körper zugrunde richtet. Das Virus funktioniert so gut, weil es gelernt hat, was keine Mikrobe des Menschen in solcher Perfektion beherrscht: Es unterhöhlt systematisch die gegen ihn gerichtete Verteidigung seines Wirts. Das Virus infiziert und tötet T-Helferzellen, die Generäle der gesamten Immun-Armee, und die Zahl eben dieser T_4-Zellen ist es, die als stellvertretendes Omen für die eigenen Zukunftsaussichten gelten kann. Das Virus tötet Killer-T-Zellen und Makrophagen. Es hängt mit Haut und Haaren vom Zytokinnetzwerk des Körpers ab, jenen Signalmolekülen, die es den Immunzellen ermöglichen, miteinander zu kommunizieren. HIV mutiert unablässig: In dem Augenblick, wenn sein Anblick den Antikörpern, die es auszuschalten versuchen, anfängt, vertraut zu werden, legt es eine neue Proteinmaske an und entkommt ungesehen. Selbst wenn es latent vorhanden zu ruhen scheint, wenn Sie von ihm keine Spur im Blut entdecken können, ist es still und leise dabei, das Immunsystem durcheinander zu bringen. Über Jahre hinweg verbreitet es sich in den Lymphknoten, wo es aus dem Hinterhalt T-Zellen überfällt, die dort auf ihrer Reise durch den Körper unweigerlich vorbeikommen.

Indem es das Immunsystem zerstört, vernichtet das Virus die Festung des Ichs. Immunzellen manifestieren die Grenze zwischen dem Ich und den anderen. Sie unterscheiden zwischen Fleisch vom eigenen Fleische und unrechtmäßigen Eindringlingen, Blutsaugern und Dieben. Wenn es kein Immunsystem gibt, stehen die Tore weit offen und erlauben es allem und jedem, das Allerheiligste zu stürmen. Sekundärinfektionen, die normalerweise wie lästige Mücken abgewehrt werden, schlagen ihr Lager auf, und ihre Erreger vermehren sich zu erdrückenden Heerscharen an Pilzen, Bakterien, Viren, Protozoen, Hefen. Aids ruft uns mehr als jede andere Krankheit ins Gedächtnis, dass wir aus organischer Materie bestehen, dass wir eine reichhaltige natürliche Ressource sind, eine willkommene Mahlzeit für die unsichtbaren Massen. Normalerweise beginnt die Plünderung erst mit unserem Tod; der Aids-Patient wird bei lebendigem Leib verzehrt.

Aids hat aus diesen Gründen eine Menge Menschen dahingerafft. Ende 1994 waren allein in den Vereinigten Staaten bereits zweihundertfünfzigtausend Menschen daran gestorben. Doch das Elend reicht sehr viel weiter, als es der Stapel von Totenscheinen ahnen lässt. Aids hat unseren Mut so gründlich angekratzt, dass wir kaum mehr bemerken, dass er uns abhanden gekommen ist. Aids hat unseren intimsten Ausdruck der Liebe in etwas verkehrt, das hart an Mord oder Selbstmord zu grenzen scheint. Es war ein Fest für die Sittenwächter, Klatschbasen und Moralapostel unter uns, die Erotik und sexuelle Abenteuerlust schon immer als Übel betrachtet haben und nun für sich in Anspruch nehmen, Wissenschaft und Historie auf ihrer Seite zu wissen. Die konservative Revolution mag zwar bereits vor dem Bekanntwerden der Krankheit begonnen haben – Ronald Reagan wurde 1980 gewählt, ein Jahr, bevor die ersten Berichte über die Krankheit an die Öffentlichkeit drangen –, aber Aids hat die Flammen rechter Gesinnung, des Jahrtausendscheiterhaufens, erst richtig zum Lodern gebracht. Schließlich blieb die Krankheit vor allem auf solche Hochrisikogruppen wie Schwule und Fixer beschränkt – genau die Art von Leuten, die in der öffentlichen Meinung ohnehin schon dämonisiert und an den Rand gedrängt werden. Allen frühen Voraussagen zum Trotz ist die große Masse des heterosexuellen Amerikas im Großen und Ganzen vor der Katastrophe bewahrt geblieben, was neue Nahrung für die bigotte Überzeugung liefert, dass Gott weiß, heterosexuell und vermutlich auch noch Christ ist.

Eine düster-freudlose, neoviktorianische Stimmung macht sich im Aids-Zeitalter ringsum breit. Niemand wird heutzutage sexuelle Freiheit und Leidenschaft als eine Form der Selbstfindung und des Auslebens eigener Bedürfnisse verteidigen. Selbst der outrierteste Künstler wird sich vermutlich als sexueller Puritaner entpuppen. Jungfräulichkeit vor der Ehe ist wieder in Mode – zumindest im Geiste, wenn schon nicht in der Praxis. Menschen, die verzweifelt versuchen, in diesem schwärzesten aller Stürme einen Silberstreif am Horizont auszumachen, erklären, die Bedrohung durch Aids habe sie gelehrt, sich selbst ernster zu nehmen und nach tieferen und substanzielleren Bindungen zu ihrem Partner zu suchen. Das sind schöne Worte, wenn sie dazu beitragen, dass Sie sich besser fühlen. Aber hängen Sie ja nicht Ihr Herz daran! Es gibt eine Menge großartiger Gründe dafür, demjenigen, den Sie lieben, treu zu sein – Angst gehört jedoch nicht dazu. Sie lässt eher noch leichter Geringschätzung aufkommen als vertraute Gewohnheit.

Ich habe nichts als Abscheu für die Krankheit Aids übrig, eine Krankheit, die sich in perverser Weise die Jungen, die Lebenslustigen, die Lichtblicke unseres Lebens aus unserem Umfeld herauspickt. Aids hat Hoffnungen zerschlagen und die Medizin verunsichert. Es hat die kurze Illusion, dass das Zeitalter der Infektionskrankheiten für immer vorbei sei, gründlich zerstört. Auch hat uns die Tragödie einander nicht näher gebracht. Sie hat uns nicht zu neuen Höhenflügen des Großmuts, der Einsicht und des Mitleids inspiriert. Im Gegenteil: Aids hat alte Gräben zwischen den Menschen wieder aufgerissen und noch ein paar eigene hinzugefügt: zwischen Schwulen und Heterosexuellen, Armen und Reichen, zwischen den Entwicklungsländern, in denen die galoppierende Rate neuer HIV-Infektionen längst komplett außer Kontrolle geraten ist, und den Industrienationen, in denen sich die Zahl der Fälle allmählich stabilisiert. Selbst bei den Schwulen wirkt HIV als Trennwall. Es schafft auf perverse Weise Lager und trennt jene, die positiv sind – und damit zu-

rechtkommen, sich ängstigen und bei jeder neuen Bekannt-
schaft überlegen müssen, zu welchem Zeitpunkt sie ihre Situation am besten offenbaren –, von denjenigen, die nega-
tiv sind und dies auch bleiben wollen.

Rod wollte nichts zu tun haben mit dieser neuen Form sozialer Klüngelwirtschaft, dieser neuen Methode der Diskriminierung innerhalb jener Subkultur, deren Teil er war und
sich dabei ohnehin schon unsicher fühlte. Er konnte ein
fürchterlicher Snob sein und jene verhöhnen, denen seiner
Ansicht nach sein Sinn für Ästhetik, sein Wahrnehmungs-
vermögen und sein giftgetränkter Witz entgingen. Doch das
alles war nur Ausdruck schlichter menschlicher Eitelkeit und
Unsicherheit – und keine Diskriminierung auf Leben und
Tod zwischen den Verdammten und den zum Heil Bestimmten. Seine Trunksucht, sein seltsames Aussehen, seine stache-
lige Persönlichkeit und sein unregelmäßiges Einkommen ließen Rod ohnehin ein Leben im Abseits, am Rand der Gesellschaft führen, und so brauchte er nicht noch ein weiteres
Stigma, das ihn einsam machte. Rod ignorierte die Aids-Epi-
demie, soweit dies einem New Yorker Schwulen überhaupt
möglich ist. Er hatte nicht viele schwule Freunde, also musste er auch nicht auf viele Beerdigungen. Als er seinen jungen
Geliebten bat, zu ihm zu ziehen, scherte Rod sich keinen
Deut um dessen Krankengeschichte – um seine HIV-Infektion und seine Tuberkulose. Er war bis über beide Ohren ver-
liebt, er war verrückt vor Liebe, und nur darüber wollte er reden.

Damals hielt ich Rod für einen Narren, weil er seine Gesundheit so leichtsinnig aufs Spiel setzte, doch wenn ich die
Ereignisse im Rückblick betrachte, glaube ich, dass er bereits
infiziert war, als der junge Mann in sein Leben trat. Vielleicht
ahnte er es selbst, doch wenn dem so war, so unternahm er
trotzdem nichts – kein AZT, kein ddI, kein Pentamadin-Ae-
rosol gegen seine Lungenentzündung. Das Resultat seiner

Weigerung, Aids zur Kenntnis zu nehmen oder irgendwelche Medikamente zu schlucken, die dessen Verlauf hätten verlangsamen können, war, dass Rod im Jahr 1993 so starb wie die Opfer am Beginn der Epidemie, als die Ärzte überhaupt noch nicht wussten, was sie sahen. Er ging nicht allmählich, Stück für Stück. Aids kam und verschlang ihn mit Haut und Haaren.

41

Die Furcht einer Enkelin

Ich redete eines Spätnachmittags mit einem Kollegen über ein paar berufliche Dinge, als der erste Anruf kam. Die Stimme am anderen Ende klang so laut und angsterfüllt, dass mein Kollege sie ebenfalls hören konnte und mich erschrocken ansah. »Natalie, bist du es?«, rief meine Großmutter. »Natalie, du musst mir einen Gefallen tun!« Ich deckte die Hand über die Hörermuschel. »Was ist passiert, Großmama?« Sie fing an zu weinen, ihre Stimme überschlug sich, sie rang nach Luft. Sie erzählte mir, dass sie seit zwölf Uhr allein sei – fünf ganze Stunden! – und dass sie vor zehn Uhr abends keinen Besuch erwarte. Sie könne es nicht ertragen. Sie sei dabei, durchzudrehen. Alle hätten sie allein gelassen, und sie habe solche Angst. Sie habe wirklich jeden angerufen – ihren Sohn (meinen Onkel), ihren Stiefsohn, ihre Enkel. Und nun mich. »Also, was soll ich tun?«, brummelte ich, obwohl ich die Antwort bereits kannte. »Bitte, Schatz, komm her! Kannst du nicht kommen? Bitte, Natalie! Ich bin *ganz allein*!«

»Okay, okay«, seufzte ich. »Ich komme vorbei. Ich komme, sobald ich kann.«

Ich hängte auf und erklärte meinem Kollegen, dass ich in ein paar Minuten gehen müsse. An eine unmittelbare Krise glaubte ich jedoch nicht. Meine Großmutter lebt in einem Appartementhaus an der Upper East Side. Eine Menge Leute kennen sie und schauen oft kurz bei ihr vorbei, um zu fragen, wie es ihr geht. Sie wollte Gesellschaft – aber, verflixt noch mal, ich hatte zu tun. Ich führte mein Gespräch zwanzig Minuten fort. Dann kam der zweite Anruf. Diesmal war meine Großmutter absolut hysterisch. »Natalie, *wo bleibst du*?«, schrie sie. »Du hast gesagt, du kommst! Bitte, Schatz!«

Nun beeilte ich mich wirklich. Ich rannte aus dem Büro und schnappte mir ein Taxi. Doch als ich in ihrer Wohnung ankam, wäre ich am liebsten umgekehrt. Sie krallte sich an meinem Arm fest und zerrte mich hinein. Ihr Gesicht war grau und tränenverschmiert. Ihr dünnes weißes Haar stand zerzaust in alle Richtungen. Ihr Bademantel war halb heruntergerutscht, und ich wandte mich peinlich berührt ab. Noch nie hatte ich den nackten Körper meiner Großmutter gesehen. Das Zimmer roch muffig; es schnürte mir die Luft ab. Ich riss das Fenster auf und setzte mich steif auf die Couch.

Die nächsten paar Minuten sagte ich kein Wort, während meine Großmutter im Wohnzimmer umherschlurfte und gegen die ganze Welt wetterte. Sie schimpfte über meinen Onkel, der sie früher am Tag verlassen hatte. (Er war zur Arbeit gegangen.) Sie schalt über meine Mutter – ihre Tochter –, die Ferien in Australien machte. Sie redete wirr darüber, dass sie versuchen würden, ihr Geld zu stehlen, dass sie ihr die Schlüssel weggenommen hätten und niemals länger als zehn Minuten bei ihr blieben – obwohl sie nur allzu gut wusste, dass beide Kinder ihre Tage und Nächte einzig nach ihren Bedürfnissen ausrichteten.

Je mehr es aus ihr heraussprudelte, umso hilfloser und aufgebrachter fühlte ich mich. Schließlich war mein Zorn stärker als mein besseres Wissen. Ich stand auf und schrie sie an. Ich erklärte ihr, dass nichts und niemand ihr helfen könne. »Der einzige Mensch, der dir helfen kann, bist du selbst!«, fauchte ich in blinder Wut. »Verstehst du mich? Du musst aufhören, so verdammt abhängig von anderen zu sein!« An diesem Punkt stieß sie einen schrillen Schrei aus und kauerte sich auf ihrem Bett zusammen. Das Einzige, was ich mit meiner idiotischen Lektion erreicht hatte, war, dass ich sowohl ihre Hysterie als auch mein Gefühl der Ohnmacht vergrößert hatte.

Meine Großmutter ist achtzig, aber sie wirkt sehr viel älter. Obwohl sie eine Reihe physischer Beschwerden hat – leichter Diabetes, grüner Star, Asthma, Arthritis –, sind ihre eigentlichen Probleme neurologischer und psychologischer Art. Vielleicht hat sie Alzheimer; vielleicht hat sie auch ein paar kleine, unbemerkte Schlaganfälle gehabt. Ihr Arzt ist sich dessen nicht sicher, und er erklärt, dass die genaue Diagnose, offen gestanden, auch gleichgültig sei: Ihr Zustand sei irreversibel. Klar ist, dass sie es hasst, alt zu sein, dass sie es nicht erträgt, auch nur für Minuten allein zu sein, und dass sie alles tun würde, um sich mit Menschen zu umgeben, insbesondere mit Verwandten, die ihr, als Verwandte eben, ihr Leben verdanken.

Dieser Tage kreisen die Gespräche in der Familie häufig um sie. Was sollen wir mit Großmama machen? In ein Altenheim geben? (Zu grausam.) Eine Betreuerin einstellen? (Zu teuer.) Neue Psychopharmaka ausprobieren? (Es scheint ohnehin nichts zu wirken.) Meine Großmutter fordert nicht nur während des Tages Gesellschaft, sie braucht auch nachts jemanden. Eine andere Frage, die meine Familie ständig umtreibt, lautet daher, wer dran ist, auf Großmamas Sofa zu übernachten. Die bei weitem enervierendste Folge des Ganzen ist das permanente Gefühl von Schuld. Da wir meine Großmutter nicht zufrieden stellen können, sind wir frustriert. Die Frustration veranlasst uns entweder dazu, vor Wut in die Luft zu gehen oder von der Bildfläche zu verschwinden – unreife Reaktionen, die Schamgefühl nach sich ziehen. Wie viel sie auch tut, meine Mutter hat stets die Sorge, nicht genug zu tun. Gleichzeitig beklagt sie sich bitter über die pausenlosen Forderungen ihrer Mutter, die nun einmal von Beleidigungen und Anschuldigungen durchsetzt sind. Die Folge ist, dass meine Mutter meine Großmutter ständig besucht und anruft und dies meist damit endet, dass meine Mutter sie in sinnloser Empörung anschnauzt. Mein Onkel unterdrückt in der Regel seine Gefühle, aber er legt deutlich an Gewicht zu, und man beginnt, ihm seine sechsundfünfzig Jahre anzusehen.

Ich kriege es fertig, die schlimmstmöglichen Optionen in mir zu vereinen. Ich rufe meine Großmutter oft wochenlang nicht an. Wenn ich sie besuche, verfalle ich in die Rolle des Feldwebels. Als Fitness-Fanatikerin erkläre ich ihr, es sei nie zu spät, Sport zu treiben. Ich beachte ihre Tränen nicht. Mitten in einem ihrer aufgebrachten Monologe schnappe ich mir ein Buch und fange an zu lesen. Meine Mutter beschuldigt mich, herzlos zu sein, und sie hat Recht.

Meine Großmutter ist der erste Mensch, den ich habe alt werden sehen. Ich betete sie an. Sie besitzt noch immer die liebevollen Gedichte und Briefe, die ich ihr als Kind schrieb. Sie war stets eine sehr lebhafte, energische Frau. Sie verkaufte Israel-Anleihen und arbeitete endlose Stunden auf Wohltätigkeitsbasars. Geschichten aus ihrem Leben gab sie mit der erzählerischen Fülle eines Isaac Bashevis Singer zum Besten. Wo immer sie auftauchte, hatte sie sogleich Scharen von Freunden – ein Charakterzug, den ich, ein einsames und widerspenstiges junges Mädchen, zutiefst bewunderte.

Doch irgendwann fingen die Härten des Lebens an, sich in erdrückenden Schichten um sie zu legen. Drei Ehemänner hatte sie unverdrossen durch unheilbare Krankheiten hindurch gepflegt, doch als ihre Geschwister – alle älter als sie – eines ums andere starben, wurde sie depressiv. Als sie im Jahr 1982 ihre letzte Schwester verlor, kam meine Großmutter fast um den Verstand. Zwar hatte sie noch immer viele Freunde, aber sie forderte immer mehr Zuwendung von ihren Kindern und Enkeln. Sie wurde unglaublich empfindlich, bekam auf verschiedensten Familienfesten Wutausbrüche, so bei der Hochzeit meiner Schwester.

Je schlimmer es um meine Großmutter steht, desto schlimmer ist auch meine Reaktion auf sie geworden. Meine Mutter fleht mich an, Anstand zu zeigen und ab und zu nach ihr zu sehen, und ich flüchte mich in alle möglichen Ausreden, es nicht zu tun. Aber meine Ausflüchte klingen hohl und leer, sogar in meinen eigenen Ohren. Die Wahrheit ist, dass meine Großmutter mir Angst macht.

In meiner Vorstellung habe ich ein pastellfarbenes Bild von der vollkommenen alten Dame: weise und würdevoll, im Frieden mit sich selbst und erfüllt von stillem Stolz auf das Leben, das sie gemeistert hat. Sie verschwendet keine Zeit damit, nach Bestätigung zu verlangen oder die Welt zu verfluchen, sondern widmet sich ihrer Kunst. Sie ist die malende Georgia O'Keeffe, die formende und meißelnde Louise Nevelson, die schreibende Marianne Moore. Oder auch eine weniger berühmte Frau, die liest, Bach hört und die verflossenen Tage zu einem ureigenen Ganzen verwebt.

Natürlich gibt es eine Menge Dinge, die meine Fantasie-Doyenne nicht besitzt. Sie leidet nicht unter Geldmangel, ihre Gelenke schmerzen nicht, und ihr Atem rasselt nicht. Sie verliert weder ihr Gedächtnis noch ihre Sehfähigkeit, noch ihren Verstand. Alles in allem gleicht sie in nichts der alten Frau, die ich am besten kenne.

Ich liebe meine Großmutter. Sie hat noch immer ihre guten Stunden, dann ist ihr Geist flink und klar. Doch unweigerlich bricht sich irgendwann wieder ihre wahnsinnige Verzweiflung Bahn. Sie findet einen neuen Grund, zu weinen, andere zu beschuldigen oder zu intrigieren, und ich finde einen neuen Grund, ihr fernzubleiben.

Ich will auf großartige Weise altern, so wie O'Keeffe und Moore. Ich will in einem halben Jahrhundert ein besserer Mensch sein, als ich es heute mit einunddreißig bin, aber ich habe meine Zweifel, dass es so kommen wird. Wenn ich meine Großmutter anschaue, so zerbrechlich, verängstigt, unglücklich, beseelt von dem Wunsch zu sterben, aber dennoch verzweifelt am Leben festhaltend, sehe ich mich selbst – und ich halte es nicht aus.

Meine Großmutter starb im September 1991, einen Tag vor ihrem dreiundachtzigsten Geburtstag. Ich träume noch immer von ihr, heute sogar häufiger als unmittelbar nach ihrem Tod. In meinen Träumen ist sie stets sehr viel jünger als zum Zeitpunkt ihres Todes, und sie ist geistig immer völlig auf der Höhe und stark. Sie wird wieder sie selbst, meine Großmutter zu ihrer besten Zeit, und ich blicke sie mit Staunen und Erleichterung an. Mein träumender Geist ist der eines Kindes – sentimental, grandios, er schreibt Geschichten neu, auf dass ihr Ende sich ertragen lässt.

Register

GOLDMANN

SCIENCE MASTERS

John Barrow
Der Ursprung des Universums 15061

Richard Dawkins, Und es entsprang
ein Fluß in Eden   12784

Richard Leakey
Die ersten Spuren   15031

Paul Davies
Die letzten drei Minuten   15008

Goldmann • Der Taschenbuch-Verlag

GOLDMANN

Herausforderung Zukunft

Edward O. Wilson
Die Einheit des Wissens   15079

Jeremy Rifkin
Das biotechnische Zeitalter   15090

Nicholas Negroponte
Total Digital   12721

Gero von Boehm
Odyssee 3000   15060

Goldmann • Der Taschenbuch-Verlag